以荣西为开山祖师的京都建仁寺（建于1202年）

鹿苑老衲漢九拝書

以塞仲首座之請
佛光國師所讃之諺
謹書
建仁開山千光禪師頂相
兩國水中之月
于載花上之春道播
法雨雷施電掣形雷
此謁歸來三雯前山
一錫浮滄滇南詢還
法中之英僧中之傑

1.荣西明庵绘像
2.象征北山文化时代的“金阁寺”
3.煎茶道茶席

1. 京都茶庵
2. 静冈牧之原茶园里的日莲上人（右）塑像
3. 京都宇治万福寺内普茶料理老铺"白云庵"
4. 京都宇治古茶园的采茶女
5. 京都宇治高山寺泷川古茶园
6. 埼玉县狭山茶园

1、2.织部烧茶碗

3.精美绝伦的建州宋盏,古法烧制复原品（本照片由王凯先生提供）

4.长崎有田烧

5.古法龙窑复原的建盏（本照片由王凯先生提供）

能体验王朝时代古法琉球茶道的冲绳料理店

清水寺前的茶屋一条街

日本茶道一千年

周朝晖 著

茶の湯：千年のこよみ

文化发展出版社
Cultural Development Press

图书在版编目（CIP）数据

日本茶道一千年/周朝晖著. —北京：文化发展出版社，2022.4

ISBN 978-7-5142-3256-1

Ⅰ．①日… Ⅱ．①周… Ⅲ．①茶道－文化史－日本 Ⅳ．①TS971.21

中国版本图书馆CIP数据核字(2020)第213033号

日本茶道一千年 RIBEN CHADAO YIQIAN NIAN

周朝晖　著

出 版 人：武　赫		特约策划：脉　望	
责任编辑：肖贵平　孙　烨		责任校对：岳智勇	
责任印制：杨　骏		责任设计：郭　阳	
排版设计：辰征·文化			

出版发行：文化发展出版社（北京市翠微路2号　邮编：100036）

网　　址：www.wenhuafazhan.com

经　　销：各地新华书店

印　　刷：天津嘉恒印务有限公司

开　　本：880mm×1230mm　1/32

字　　数：258千字

印　　张：9.75

版　　次：2022年4月第1版

印　　次：2022年4月第1次印刷

定　　价：59.80元

I S B N：978-7-5142-3256-1

◆　如发现任何质量问题请与我社发行部联系。发行部电话：010-88275710

目录

中国茶何以成日本道

茶是世界三大饮料作物，原产于中国。起初是作药用，故写作"荼"，在古文献中，"茶"字的出现是中唐以后的事。不过，饮茶的历史应该更早。据顾炎武在《音学五书》中对"茶"字的考证，"自秦人取蜀而后，始有茗饮之事"。茶饮在中国历史既长，范围亦广，最早的茶具出现于东晋、南朝。据说，在浙江瓯窑窑址出土的碎片中，便有茶具的碎片，且"釉色青绿泛黄，玻化程度高"（学者孙机语），说明即使在中国文明的早期，饮茶也已然超越了一般的生活，而成为一种文化。

对茶文化最初的系统梳理，是唐人陆羽于公元775年定稿的《茶经》，以三卷十门的篇章，确立了茶的法度和标准，堪称茶事的百科全书，陆羽也被后世茶人尊为茶圣。1906年，冈仓天心在波士顿用英语出版的《茶之书》（*The Book of Tea*）也被视为一部划时代的著作，至今仍以各种文字不断再版，但"缺乏《茶经》的简洁之美，终究无法与《茶经》相媲美"（日本学者熊仓功夫语）。两部茶书，相隔1100多年，中间刚好是一部中日茶文化交流史和日本茶道发展史。

日本最早的饮茶记录见于平安时代初期（弘仁六年）的《日本后记》，其中有对梵释寺永忠和尚为嵯峨天皇献茶的记事："大僧都永忠手自煎茶奉御。"永忠曾作为遣唐使，在长安生活过三四十年。后来，嵯峨天皇还写过"不厌捣香茗"的诗句(《凌云集》),其所描绘的场景并不拘于饮茶,还涉及制茶工艺。当时,出了运输、携带的方便,制茶时须先将茶叶捣碎后做成饼状,然后晾干成团茶。除了永忠,最澄、空海等有过遣唐经历的名僧,也都留下过各自的品茗体验谈。

另据日本历史学者东野治之的文化考古:

> 茶在日本普及的早期标志,是小孔绿釉陶灶的出现,这在茶道中成为"风炉",是饮茶时煮水的工具。八世纪下半叶,唐朝的陆羽在《茶经》中就记载过风炉。(东野治之《遣唐使》,新星出版社,2020年11月第一版,178页)

可以说,被称为"弘仁茶风"的平安朝茶文化,基本上是"唐风"的"拿来",以风炉为代表,天目茶碗、青瓷壶、白瓷水注、茶叶筒等等,茶器是清一色的"唐物",茶会也只设在大内中,作为一种官廷文化,与一般民众无关。所以,扶桑茶事,在"嵯峨帝之后,遂告终绝"(黄遵宪语)。

接下来,是近三个世纪的沉寂期,直到明庵荣西和尚从南宋带回茶种,饮茶之风遂再起。不过这一次,"高大上"的唐风退潮,代之以后来被定义为"侘(wabi)寂(sabi)"的和(国)风。这场国风浩荡,长驱直下,拂过之处,雾散云开,文化景观为之一变。其中之显例,是室町幕府第八代将军足利义政主导的东山文化,不仅酝酿出如银阁寺那样美轮美奂的视觉奇迹,而且孕育了有"茶汤鼻祖"之称的一代茶人村田珠光,诚可谓"东山再起"。更意味深长的是,这一波茶文化的兴起,恰好与禅宗舶来轨迹重合,而荣西本人就是将临济一派接入日本的始祖,其倡导茶禅的建仁寺,是临济宗的总本山,也是京都最古老的禅寺。

茶与禅,有如一体两面,彼此交融,难以分割。千利休有个弟子叫山上宗二,喜欢记录老师在茶会上说的话,后刊行过一册手记《山上宗二记》。据说，禅语"一期一会"最初便出自其手记。书中还写道："因茶道出自禅宗，所以茶人都要修禅，珠光、绍鸥皆如此。"事实上，以茶悟道的观念由来已久，可追溯到珠光的老师一休宗纯和尚，所谓"茶事以禅道为宗"。冈仓天心说："所有伟大的茶人，都是禅宗的追随者，都努力把禅的精神引入现实生活。因此，和茶道仪式的其他器物一样，茶室也反映着诸多禅宗教义。"铃木大拙也曾注意到禅与茶道的相通之处，"在于都追求事物的纯化，摒除不必要的繁文缛节"：

> 这一点，在禅，体现为以直觉来把握事物的终极本真；而在茶道，则表现为一种生活艺术，即把在茶室吃茶这种类型化的享乐方式，扩大到日常生活中。茶道之美，原始、单纯而洗练。人们置身于茅草屋檐下，在虽然狭小逼仄，但在空间结构和陈设上却极富禅意的蜗居中盘坐，不为别的，只为接近与自然亲密接触的理想。（《禅与日本文化》，岩波书店1964年版，笔者译）

正因了这种"禅茶一味""禅茶并举"的禅门茶风，才形成珠光之后，武野绍鸥、千利休、古田织部、小堀远州、片桐石州等茶人荟萃、代有人才的局面。当初，千利休把珠光的"谨敬清寂"改为"和敬清寂"，一字之易，凸显了茶道冲淡平夷的气质。至此，茶汤才从寺院茶、书院茶，发展到侘茶、草庵茶，茶器也从曾几何时象征"唐物庄严"的天目茶碗，"下凡"到胎土粗粝、上釉不匀的"糙货"，甚至改用看上去更上不档次的朝鲜陶碗。但在茶人心目中，那才是金不换的荞麦茶碗，堪称草庵茶室版侘茶的标配。

最是那个草庵茶室，令中国人感到困惑不已：茶室的"门"只有七十厘米见方，客人须匍匐爬行方可入室。如此待客之道，在国人看来无异于侮辱，可日人却认为，茶室作为超凡脱俗的世界，那道"窄门"恰恰是与现实的隔离，有如鸟居对异空间的分割。非如此，便不可体味侘茶之意趣。

这种与"唐物"之美"反弹琵琶"式的美学，极大影响了日本的艺术，也是茶道为什么居于东洋艺术核心地位的答案。日本造园享誉世界，但全国没有一处名园，不是茶人的建造。千利休亲手打造的窘迫寒素的草庵（"待庵"），是日本近代建筑的原型。小堀远州出生于世袭的建筑职人世家，他自己既是大名，又是幕府建设工程主管，当然，还是一名趣味高冷的茶人，是意大利文艺复兴意义上的通才，日本的达·芬奇。其参与设计、建造的名城、名园，从大坂城、名古屋城、熊本城，到京都御所和二条城中的名园、桂离宫……简直不胜枚举。日本制陶史上著名的"远州七窑"，也是按他的制作标准来烧制。

茶在中国，经历了茶寮文化和茶馆文化，但基本未脱世俗的性格。王安石在《议茶法》中说："夫茶之为民用，等于米盐。"南宋有句谚语，"早辰起来七般事，油盐酱豉姜椒茶"，道出了茶的日常性。国人以务实的眼光看待茶，没人大惊小怪。茶来自中国，而茶道则成于日本。个中区分真是耐人寻味。对此，周朝晖认为：

> 在中国，茶是日常饮料，是从日常生活提升的文化；而日本则直接从中国拿来茶文化，这种文化是与禅宗文化一起捆绑带入的，一开始就站在很高的文化起点，也就容易成为"道"。

天心说茶，却不拘于茶，但其所谓"茶是一种审美主义的宗教"，是"超越饮用形式理想化以上的东西，是关于人生的宗教"，却是关于茶道的最精准定义，不可易一字。

《日本茶道一千年》是一部大书，既是去专业化的茶道史，也不失为一部中日文化交流史和日本文化史。作者善于讲故事，各种掌故传说，信手拈来，从容不迫，左右逢源。文字深入浅出，富于灵动感，且不乏洞见。如谈到日本文化中的"二律背反"现象：

在江户时代，锁国体制下日本内外和平稳定，国内商品经济迅猛发展，"太平盛世"达两个半世纪之久，却偏偏孕育了最具残酷性的武士道；而战国时代却在征伐杀戮、血腥风雨一百多年的乱世中，催生了最风雅的闲寂、最具和平主义色彩的茶道艺术。更不可思议的是，如此极尽侘寂风雅之道的艺术之花，竟然在铜臭味十足的商业城市大阪堺港傲然开放，最终使之得以确立的师徒两代茶人武野绍鸥和千利休，以及当时一流的茶人群体，也都是出身于锱铢必较的商人之家……

他发现，"这类看似矛盾的现象背后，预示着一个不同于以往的社会形态已经悄然出现"，时代变了，权力在易手：

原先由贵族、僧侣、武士阶级把持的文化特权，已经转移到由商人、手工业者和自由职业者为主流的町人手中，他们成为文化艺术的创造者和主导者，茶道因之自上而下广泛传播，并在民间深深扎根。

诸如此类的"见"，看似平常，却赋予文字以"识"的魅力，借用时下的网络流行语，叫"上了价值"。除此之外，对以往如神祇一般的"天下茶人"千利休的性格，包括最后被丰臣秀吉设局的那场致命茶席背后各种角力关系的描绘，亦颇有新意，对理解千利休不无祛魅之功。

刘柠

2022年3月2日

于望京西园

茶源华夏与茶事东传日本

　　中国是茶的故乡，也是世界饮茶文化的起源地。

　　茶树，这一诞生于地球洪荒年代的神奇物种，在经历漫长的冰川世纪之后，在历尽种种毁灭和劫波之余，在几千年前终于和华夏先民相遇，进而如影相随。饮茶习俗也在广袤的时间与空间的延续中，与中国人的生命自觉相感应，不断带动了技术的进化和精神的提升：从药用、食用到饮用，再到价值层面的功用层层递进，人们不但关注茶香、茶味、茶色，而且从茶中提炼出许多超越口腹之需的情感和思想——茶一旦与人的心灵建立关联，就从"开门七件事"的日用中脱颖而出，开始向更深邃的精神王国延伸，最终形成蔚为大观的茶道一门。

　　茶香流动，因缘际会。这株"南方嘉木"，在传遍九州大地之后又经由古老的海陆丝绸之路传遍世界。正是伴随着人与物的文明交流，从隋唐时代起，原本起源于中国的茶文化漂洋过海进入扶桑列岛，一直到明清两代，中国茶文化在各个不同时期所创造出来的新形式都波及并深刻影响了日本茶文化，并在经过一系列与日本传统文化相融合的本土化改造之后，最终在16世纪后期形成了具有日本文化底蕴和审美特色的茶道艺术。

因此，无论是梳理日本茶道的发生发展脉络，还是探究其文化内涵和审美特色，既要在茶文化的历史变迁中进行动态的研究，又要放在东亚海域的文明大交流这一历史大背景中去考查，同时又要注意到各个不同时期的日本文化对饮茶习俗的渗透，才能对日本茶道文化有一个比较充分的认知。

"茶者，南方之嘉木也。"

何种植物在哪里扎根生长，取决于适当的生存条件，包括树种、土壤、降水、光照、湿气、海拔、纬度等，其中既有偶然的因素，冥冥中似乎也暗含了某种神秘的定数。

陆羽所著的《茶经》中"一之源"首论茶树产地之起源，包括茶树的生物习性、自然风土条件与茶的本质关系，开头就说："茶者，南方之嘉木也。"指出茶生长于中国南方。这里的南方是广义上的，确切地说，是指中国西南部的广大云贵川地区，那一带正是地球上茶的自然分布中心。如果进一步扩大，这个中心可以涵盖喜马拉雅山南麓的印度阿萨姆邦的布拉姆普特拉河（流经中国境内则称为"雅鲁藏布江"）上游，缅、泰北部，中南半岛和中国西南接壤部分等。

从地质学上看，这些地区多在喜马拉雅山南麓。大约在3000万年以前，印度次大陆和欧亚板块撞击，以喜马拉雅山脉为主的亚洲大陆西南部高山从海洋深处高高隆起，形成一系列山脉、高原河谷，其形态有如肠道里的褶皱。1888年，江西贡生出身的黄懋材奉四川总督丁宝桢之命到印度考察，途经此地，为之命名"横断山脉"，从此广为流传。这一地带大致相当于中国的滇黔川交界的云贵高原的主体部分，属于亚热带气候，气温较高，终年艳阳朗照，年内雨水停匀，域内水系发达，天长日久，这一地带云蒸霞蔚草木葱茏——这正是世界野生茶树孕育的天然温床。

　　大约在250万年前，北半球进入了严酷的冰河期，全球经历数次冰河期，地球上的植物历尽磨难。就中国而言，位于西南横断山脉的云贵高原受害最轻，所以原来生长在云南的大叶种茶树，没有受到严重影响，侥幸逃过致命的一劫。那古老的原始森林由此成为古热带植物区系的劫后余生之所，并在第四纪开始横空出世。又因为横断山脉的独特地貌，山间谷地纵横交错，分割成了许多小小的地貌区，形成了独特的垂直气候。原来生长在这里的茶种植物，不知不觉被分置在寒带、温带、亚热带和热带气候中，这种同源分居的现象，使得同一源头的茶种各自向着与环境相适应的方向进化，造就了同一茶种千差万别的生物形态。从植物学角度来看，茶树属于种子植物中的被子植物门，双子叶植物，原始花被亚纲，山茶目，山茶科，山茶属。如果从茶叶形状来看，可分为铍针椭圆形和铍针倒卵形两类；按树型来划分，可以分为乔木、半乔木、灌木三种类型。

　　国际生物学界将茶树分中国种（Camellia sinensis）、印度阿萨姆种（Camellia sinensis assamnica）两个品种。前者主要指的是原产地在华南地区的茶树；后者是南亚和东南亚湿热地带，主要集中在中国西南地区和印度阿萨姆邦和斯里兰卡。其中sinensis是拉丁语"中国"的意思，这说明无论是前者还是后者，源头上都与中国有着天然的关联，归结起来的正式结论就是：中国云南是世界茶树原产地；中国西南地区是茶文化习俗的起源地。

　　云南位于中国西南部，而华夏茶文化的发展最终在南方的荆楚、闽粤、江浙地区迎来鼎盛，因此在茶文化意义上，"南方"是茶人心中的圣地。顺便提及，日本茶道历史上的著名经典《南方录》（立花实山辑录一名《南坊录》）一书的命名即典出于此。

"溢味播九区"：茶在华夏的繁衍

中国人利用茶的历史源远流长，从"解毒良药"起步到"以茶为道"的飞跃，中间经历了几千年漫长的演化发展历程。饮茶作为一种精神文化得以确立，首先是一种物质的存在，然后以此为基础形成的风俗习惯和思想文化内涵的形成。具体而言，就是以饮茶方式的发展变迁为基础所形成的品饮方式习俗和精神文化的表现。从这个原点出发，可以将中国茶文化发展分为以下几个时期。

史前期——从远古时代到战国后期

茶文化语境中的史前期，指的是没有文字记录的战国时期以前。在远古时期，茶树的原产地，几乎无一例外远离中华古代文明的中心，这使得茶叶的利用在很长一段历史时期内处于一种自然、粗放的状态；又因文字记载的阙如，有关这一时期的茶事状况多为传说和间接推测，总之，是尚未得到文献学确认上的假说居多。陆羽《茶经》中"六之饮"所谓"茶之为饮，发乎神农氏，闻于鲁周公"，就是一例。传说、假说虽然无法等同信史，但对理解中国茶文化的发展史并非全无意义，神农为华夏农耕与医药之神，他是远古时期农耕与医药学形成时期的先哲的象征性存在，也是华夏文明的一大源头。这些传说也从一方面说明了茶叶在华夏最早被利用正是发生于中华古代文明的延伸带与原始茶树生长地域的重合带。

酝酿期——从战国后期到秦汉

"自秦人取蜀而后，始有茗饮之事"，顾炎武在《音学五书·茶》中考据"茶"字的起源，推断在巴蜀被秦国所灭，饮茶习俗才向中原传播。

顾炎武这一推论所涉及的史实是，公元前316年秦人沿着千里蜀道进入四川灭了巴蜀，并于两年后设置蜀郡，从此将巴蜀的政治、经济、社会及文化纳入帝国的统辖之下。可以说，饮茶在中国大地的传播，始终与国家迈向统一的进程同步，政治统一带来的民族融合与文化交流，带动了茶文化的传播。秦汉时期，巴蜀的饮茶习俗沿长江向东，经荆楚之地向广阔的吴越地区，是为水路；陆路，沿蜀道、陈仓道、褒斜古道、子午道向北，进入首都咸阳、长安等中原华夏文明中心。茶在走出巴蜀文化圈后，首先被自然、风土和人文条件相似的荆楚文化圈和吴越文化圈所接受。因此，茶沿着长江传播的结果是在湘、鄂、皖、苏、浙等广义上的"南方"形成了早期最具规模的产茶区。

迄今为止，有关饮茶的确切文献，见于西汉末年西蜀人王褒写的《僮约》一文中。王褒是益州资中人，后来官至谏议大夫，也是著名的散文家。神爵三年（公元前59）王褒从成都买来一个童仆，在为他规定的各种日常职事中有"烹茶尽具""武阳买茶"两条与茶事有关联的记载。从中可知当时饮茶起码已经在上层社会人家普及，不但吃茶有专门的道具；而且还出现了专门买卖茶叶的集散市场。据日本京都学派汉学家青木正儿考证，王褒所在的资中，即今日之成都，而买茶的武阳，即今之眉山彭山区，两地相去70千米，只能说明武阳之地必有专门的茶叶集散地，也显示了蜀地吃茶饮茶已经一般化。

有关这一时期的文字资料记载很少，但《僮约》中的记载，标志着中国茶文化发展进入有史可证的阶段。

成立期——从魏晋南北朝持续到《茶经》诞生以前

从东汉末期到中唐以前，这500年的漫长时光是中国茶文化的确立期。隋唐统一前的魏晋南北朝时期被认为是中国历史上"大动荡、大分裂与大融合"的时代，以中原为中心的北方长期被南下的塞外胡族政权所占据；由于逃避战祸的北方士民大规模南迁，南方的社会生产文化得以迅速发展。这一时期，饮茶文化在南北所呈现的状况迥然异趣。原来处于中华文明中心的北方中原地区，由于各种因素的制约，饮茶文化迟迟没有获得发展。首先，在当时，以华北为中心的广大黄河中下游流域无论气候水土都不利于茶树的种植繁衍，北魏农学家贾思勰的《齐民要术》中对茶事涉笔少之又少，甚至作为"不产中国（中原）"的物种列于最后一章可为佐证；其次，长期的南北分裂对峙也严重阻碍了饮茶文化向北传播，特别是民族饮食习俗的差异也限制了饮茶在北方的流行。南北朝时期，统治北方中原的是以鲜卑族为首的塞外胡族政权，他们在生活习俗上顽强地保留着游牧民族"人食畜肉，饮其汁，衣其皮"的习性，对代表鱼米之乡"饭蔬食，饮茗汁"的习俗不但陌生，而且蔑视。太和十八年（494）从南齐投奔北魏的王肃将茶汁自嘲为酪奴即是例证。直到中唐以后，饮茶才渗入到塞外游牧民族的日常生活中，从此他们一日不离的奶茶，就是酪浆与茗汁的折中。

与北方茶事发展的缓慢相比，南方的饮茶文化发展却是一枝独秀。两晋之交杜育所撰的《荈赋》是记录这一时期茶文化发展所达高度的标志性文献。这篇赋体文，从茶树生长环境、采摘时间、用水选择、饮茶道具、茶汤茶色的鉴赏以及利于身心的功效等方面都一一涉笔，虽是抒情文学作品，如单从其中所展示的内容和结构上看，则不难看出唐代陆羽《茶经》的基本内容在《荈赋》里已大致具备了，而从《茶经》中对这篇文学作品的引用频繁（达五次之多）不难看出它对陆羽的深刻影响。可以说《茶经》所反映出来的中国茶文化体系，在魏晋时期就已经初步成形，它为唐代茶业的飞跃做了一个长期的铺垫。

这一段时期是中国茶文化的成立期。

兴盛期——唐建中以后到五代时期

经过前代的积累和巩固，从唐朝中后期开始，饮茶在人们日常生活中所占的地位日益重要。正如当时一部烹饪著作《膳夫经手录》（唐杨晔撰）所说："至开元天宝之间稍有茶，至德、大历遂多，建中后已盛矣。"唐玄宗时代编撰的《开元文字音义》一书收录了茶叶的专用汉字"茶"，并在后来陆羽所著的《茶经》里正式确认。在陆羽及周边诗僧、文人及艺术家的推动下，茶作为一种新兴饮料开始在社会各阶层之间普及。这一时期，以蒸青团饼茶为代表的制茶技术日趋成熟，饮茶习俗普及，以煎茶道为中心的茶文化形成，茶业经济兴盛，不仅在帝国境内达到"比屋之饮"的地步，还被周边的民族和国家所接受。茶叶首先从陆地上沿着古老的商道往西传到印度，后来又进一步传到中亚、西亚；向东传到朝鲜半岛和位于世界最东端的日本列岛。中国茶文化发展至此，无论形式还是精神，体系都已大备，这一时期是中国茶文化的兴盛期，也是世界茶文化的源头。

在唐代流行着三种主要的品饮方式：一是粗茶，将茶叶、茶枝、茶梗切碎后放到铁制炊具里煎煮。二是散茶，是指将新鲜茶叶采摘后，直接放入锅具里煎煮。以上两种都属于"饮汁法"，就是只喝通过煎煮后从茶叶里分离出来的茶汁液体。三是"食叶法"，是将茶叶连同枝、茎一同吃下的吃茶法。先制茶饼。将茶叶采摘后蒸熟，再捣烂，压模成形做成饼状后干燥、贮藏，饮用时将饼茶在火里烤，然后再放入杵臼或药研钵里研磨成粉末，再放入铁釜里煎煮，加入葱、姜、橘皮、茱萸、薄荷、盐等调味品提味。陆羽提倡喝茶贵在本味，对传统食叶法的煮茶方式进行改良，去除在茶中添加调味料，只加少量盐，使茶成为单一饮品，在形式上开始向清雅的境界迈进，并且开始与人的精神伦理相联系，这是千年饮茶方式的第一次革命。明代茶学家张萱对此给予很高评价，在《疑耀》中赞道：

"盖自陆羽出，茶之法始讲。"意思是说，中国的茶文化，到了陆羽手中才开始有章法程式可言。

中唐以后，陆羽改良的煎煮法成了唐代占主导地位的茶艺，也是宋代点茶法和日本抹茶道的源头。

巅峰期——两宋时期

饮茶之风在宋代迎来鼎盛并臻于"造极之境"，在此基础上宋代饮茶方法发生了第二次革命。如果将唐代视为茶文化的自觉时代，宋代就是朝着更高级阶段和艺术化境界昂然迈进的时代。

宋代茶事的鼎盛，具体表现在几个方面，首先是建茶的异军突起，茶文化中心南移，以北苑贡茶御苑生产的团茶制造技术向极致发展，出现了龙茶、凤茶、京铤、石乳等十几个超高端名茶；另外一个显著特色就是散茶、叶茶生产比重不断加大；而最具革命性意义的是饮茶技法的飞跃性提升，在斗茶之风盛行的南方产茶区出现了高度技艺化的点茶技术。

点茶是在唐代陆羽煎茶上提炼的升级版。点茶用的还是饼茶（或团茶），采摘新鲜茶叶后，蒸熟、捣烂，在模子里做成饼茶，晒干、炙烤后收藏。饮茶时，把饼茶放入药研钵里碾成粉末状，称"绿尘"。至此为止的手法，与陆羽的煎茶如出一辙。宋代的点茶不用煮，而用一套"点茶"的技术来完成。首先是"点"，即把汤瓶（陶制或铁制）里煮沸的热汤注入茶盏；其次是"击拂"，即在点汤的同时，用茶笼有节奏地旋转击拂茶盏中的茶汤，产生丰富的"茗渤"（茶泡沫），形成"乳雾汹涌，溢盏而起"的"翠涛"，在色泽幽微黑亮的建盏的映衬下，不但极富美感，而且用这种技法点出来的茶，口感润滑细腻，非常好喝。从点茶技术中，又衍生出斗茶的竞技。斗茶又称"茗战",是以竞赛的形式品评茶质优劣的一种风俗。斗茶对用料、器具及烹茶、点茶方法都有严格的要求,以茶面汤花的色泽和均匀程度、盏的内沿与汤花相接处有没有水的痕迹来衡量斗茶的效果。点茶进一步升级,又出现了在汤盏的茗渤上画出各种图案文字的"分茶"娱乐。这种巧夺天工的"分茶",被视为茶匠的最高技艺,也标志着中国茶艺发展到登峰造极的境界。

宋代的茶艺,在南宋时期经渡宋禅僧带回日本,特别是荣西、圆尔辨圆、南浦绍明、道元等人把点茶、茶会、茶台子和茶典等传播到日本,为形成日本茶道奠定了物质和技术基础。

饮茶的近代化——明清时期

物极必反,宋代的社会文化在达到巅峰的同时也是走下坡路的开始,宋朝人喝茶越来越精致,也越来越烦琐,最终失去了生机和创造力。随着蒙元入主中原,中原陷入蒙古人的金戈铁马之中,传统社会文化受到激烈冲击,宋代的点茶在失去了皇族、士大夫官僚和文化人的拥趸和倡导之后,不再具有流行的合理性。一种更符合游牧民族简约便捷的喝茶方式在兴起。元初,武夷山御茶园取代北苑贡茶苑成了贡茶产地,生产的还是团茶。但与此同时,蒸青的散茶或叶茶后来居上,在一些产茶区,饮茶方式多倾向于煎煮或冲泡的瀹茶法(又称淹茶法),品饮时,将一小撮散叶茶放入茶釜或杯盏里,加水煎煮或用沸水冲泡淹浸,只饮茶汁。这样饮茶变得简捷明快,很具有现代感。无须复杂的工艺和技艺,饮茶变得简单易行,到这一阶段才前所未有地普及社会各阶层。虽然尚未全面普及,却奠定了后来彻底取代抹茶法的基础。总的来看,元代是中国古典主义饮茶向近代化饮茶的过渡期。

明初朱元璋以国家法律的形式废止自唐代以来实行的团饼茶法,

将各地产茶区的贡茶改为蒸青叶芽、散茶，可以看作是对元末以来茶文化发展趋势的回应。自唐宋以来流行的制为饼茶、饮为末茶的方式，被用茶叶直接冲泡的瀹茶法取代。这一转型在中国饮茶历史上可谓划时代的变化，堪称饮茶法的第三次革命。因为它所引发的影响，并不仅仅限于饮茶习惯的变化，连锁引发的还有制茶类型、茶器制作、赏味方式等领域的技术革新，并引起社会经济形态和文化意识形态的变化。晚明学者沈德符评价这是"遂开千古茗饮之宗"的巨变，日本茶文化学者布目潮沨则称之为"中国茶文化的文艺复兴"。

在工艺上，制茶方式也在依照自己的进化逻辑发生嬗变。比起食叶法的末茶，用蒸青散茶、叶茶冲泡出来的茶汁在浓度和味道上远不如前者，为了增加茶的香和味，从蒸青发展出炒青法，做成不发酵的绿茶后大为改善。

明末清初，在饮茶文化底蕴深厚的武夷山地区诞生了乌龙茶工艺。乌龙茶属半发酵茶，制作工艺极其繁复精妙。优质岩茶采摘后先进行晒青萎凋，然后再加翻摇揉捻，叶子边缘由于适度摩擦发生红变，茶叶的清香被激发出来。此时再进行烘焙，茶香尽在其中，沏出来的茶汤浓酽香醇，余味悠长，这就是乌龙茶的雏形。品饮乌龙茶，需要一整套茶具和烦琐的程序，这种被称为"工夫茶"的技艺的出现，是对宋代末茶衰退后茶艺日益粗鄙化的一种纠偏。

明朝中期以后，瀹茶法或称淹茶法也以各种渠道传到日本，其中发挥关键作用的就是往来日本长崎的福建海商和僧侣，比如明清鼎革之际东渡日本的黄檗宗禅僧隐元隆琦师徒，他们在将黄檗宗传到日本的同时，也将明朝的制茶工艺和品饮方式带到了日本，促成了日本煎茶道的形成。

以上是关于中国古代茶文化发展史的一个简单回顾。可以看出，中国茶文化在各个不同历史时期，尤其是自唐宋以来所创造出的新的形式都波及并深刻影响了日本。

"海丝"的最东端

日本列岛自古不产茶，也没有喝茶的习俗。茶事东传扶桑并扎根繁衍，是古代中日文化交流的结晶，也是历史上中国王朝主导的海上丝绸之路在东亚海洋世界留下的又一绚丽壮美的叙事史诗。

地理环境作为人类赖以生存和发展的基础，对历史文化的发展进程会产生重要的影响。日本位于东亚大陆之东，是孤悬于一片浩瀚汪洋中的岛国，因而自古以来外来文明的输入和影响，对于日本历史文化的发展有着特别的意义。在伴随世界地理大发现和新航路开辟，美洲大陆出现在世界舞台之前，日本是名副其实的世界最东端。这样的地理位置，在古代不仅与西亚两河流域的巴比伦文明、尼罗河流域的古埃及文明和成熟的地中海古希腊文明相去甚远，就连与同样属于东方文化源泉的印度文明中心也隔绝着高山远海。受制于地理位置和交通条件，古代日本历史文化同世界诸文明的发展毫无关系。而相比之下，在古代几大文明圈中，日本与东方文明的另一个发源地——中国之间的距离最为接近，"一衣带水"的地缘特点，决定了日本在漫长的历史阶段中必然受到中国文化的深刻影响。

汉唐以来，中国王朝就积极致力于推进中华文明和东亚、中亚、西亚和欧洲之间的交流和稳定关系，其标志就是自西汉建立的连接东西方古代文明的丝绸之路。"丝绸之路"东部的起点最初形成于汉帝国的中心区域，随着中原王朝与周边国家地区之间关系的强化，代表中华文明的文化、制度和技术等也广泛传到东亚海域世界。在这一背景下，日本列岛、朝鲜半岛都积极参与到由中国王朝构建的东亚秩序之中，逐渐成为海上丝绸之路的组成部分。在中国古代封建王朝对外交往、经贸的战略格局和网络中，日本作为"海上丝绸之路"最东端的国家，更是伴随着海上交通线的确立，与东亚大陆紧紧联结在一起，由此展开的日本国内各地与中国的交往互动深刻地影响了日本文明的进程。

　　也正是在这样的大历史背景下，源于华夏的茶事，经由古老的海丝之路，漂洋过海东传扶桑，于是便有了本书将要展开的日本茶道文化的故事与传奇。

『唐风时代』的饮茶叙事

——日本茶道的萌芽

古代日本没有原生茶树，也没有饮茶的习惯。饮茶习俗和以此为契机的茶文化是七八世纪从中国唐朝传入的。日本从奈良时代开始掀起了学习中国文化的热潮，延绵200年之久。这一时期，遣唐僧成了担当文化交流的主体，经由他们，大唐的各种先进技术和包括饮茶在内的饮食风尚传入日本。以永忠、空海和最澄为代表的日本学问僧在唐留学期间正是中国茶文化史上的兴盛期，陆羽所撰的《茶经》，首次将饮茶从日常生活领域提升到精神饮品和艺道的高度。由唐代茶人、文士和诗僧赋予唐茶文化的"茶道"之名，是后来日本茶道精神的萌芽。

沿袭唐朝煮茶法的品茶方式成为"唐风时代"的代表性文化。以嵯峨天皇为代表的日本上层社会兴起的"弘仁茶风"，显示了王朝贵族文化的主要特色。不过饮茶之风没有在列岛扎根，随着日本废止遣唐使制度，以及本土文化意识的觉醒，茶最终没有成为普通饮料，只在寺庙特别仪式或贵族作为药饮用。茶在日本进入长达300年的沉寂期。

遣唐僧与大唐茶事

因为近邻一个高度成熟的文明体，日本在很早的时候就开始与中国王朝往来，并积极输入摄取其先进的文化制度与技术文明。从7世纪到9世纪，日本积极与中国开展邦交，频繁向中国派出"遣隋使""遣唐使"，掀起了历史上第一波全面学习中国文化的热潮。从607年到894年近三百年间，日本曾派遣遣隋使5次，遣唐使19次。这一时期，日本通过从唐朝引进了在当时十分先进的政治模式——"律令制"，国家社会发生日新月异的变化。与此同时，饮茶习俗也被遣唐使带回国，成为日本茶文化的滥觞。

遣唐僧成为文化交流的主体

遣隋使、遣唐使主要由官方使节、贵族子弟与寺庙僧人构成，他们既是外交使节，也是文化交流的使者，其人员构成和规模在各个时期，情况有所不同。处于盛期的8世纪上半期的遣使规模最大，遣唐船队通常由四艘豪华大船组成，人员在五六百人左右。他们中有正使、副使、水手长、翻译、文书、阴阳师、医师、画师、乐师、留学生、僧侣、水手、水兵等。这些经严格挑选出来的人员代表日本各行各业的精英。特别是留学生和僧人，他们肩负着学习中国文化的使命，在唐朝留学，时间短则一两年，长的十几年甚至几十年。在华学习生活期间，他们也不同程度融入中国的生活，领略各地风土人情，广泛接触各方人士，甚至娶妻生子，最后满载而归。而留下的留学生、留学僧则被送进国子监和长安地区的各大寺院，分别拜师求学。据载，隋唐时期前来中国学习的留学生、留学僧合计二百多人，其中名垂史册、对日本文化产生影响的就有上百人。

日本通过遣唐使制度，借助遣唐使、留学僧所发挥的作用，为自己找到一种学习先进文化的模式。古代因为仿效学习唐朝的文物制度，从而使得天皇制国家的文明进程大大提速。从大化改新到班田收授法的实施，从兴建王朝都城奈良和京都，到编修国史《古事记》和编年体史书《日本书纪》，从制定官位十二阶到成立大学寮培养贵族子弟等，无一不是仿照大唐。飞鸟白凤文化可以说就是唐朝文化的投影。在文化上，编撰第一部汉诗集《怀风藻》和第一部和歌总集《万叶集》，并在此基础上建立自己的假名文字体系，以及模仿唐朝样式的建筑、雕刻绘画盛极一时，甚至在皇家权贵等上流社会的阶层之间，生活的每一个细节也都渗透着大唐文化的气息。

延绵两百多年的历史中，出身寺庙的僧侣继续成了文化交流的主体，他们在学习中国佛教的同时，也将唐朝长安的生活方式与时尚传到日本。像永忠、空海、最澄等日本僧人在大唐留学期间，正是中国茶文化史上开始进入兴盛的时期。

大唐茶事

如前所述，中国茶叶起源于巴蜀之地，魏晋南北朝时期扩展至荆楚之地，并在长江中下游地区的吴越地区有所发展。但就北方来说，直到唐朝初期，无论是饮茶习俗，还是茶树种植和贸易都远远没有普及开来，因此尽管在隋唐之际，日本频繁向中国遣使，但这一时期两国交往记录文献中罕见有关茶叶的记载，最主要的原因，还在于饮茶没有上升为中原王朝的主要饮料。但这一情况，到了中唐时期有了很大改变。

唐朝是中国封建社会发展史上的一座高峰。从大唐开国至中唐时期，李氏王朝一百多年的励精图治，农业空前发展，社会繁荣稳定，为茶事的进一步普及奠定了基础。同时中唐也是禅宗在中土迎来隆昌的大发展时期，茶先是成为禅门僧侣修行辅助饮品，然后流传普及民间。对此，唐代学者封演的《封氏闻见记》中有详细记载：

> 开元中（713—741），从山东泰山灵岩寺有降魔师，大兴禅教，学禅，务于不眠，又不夕食，皆许其饮茶。人自怀挟，到处煮饮，从此转相仿效，遂成风俗。自邹、齐、沧、棣渐至京邑，城市多开店铺，煎茶卖之，不问道俗，投钱取饮。其茶自江淮来，舟车相继，所在山积，色类甚多。

在中唐时期，茶不但在中原流行，甚至辐射到塞外，连游牧民族也趋之若鹜，因此封演不胜今昔之叹：

> 古人亦饮茶耳，但不如今人溺之甚，穷日尽夜，殆成风俗，始自中地，流于塞外。往年回鹘入朝，大驱名马，市茶而归。

《封氏闻见记》分别记述儒道、经籍、人物、地理和趣闻，是研究唐代社会风俗文化的重要资料，尤其难得的是书中对当时蔚为潮流的饮茶风俗有生动的记录，展示了唐朝饮茶大兴的基本情况：

> 楚人鸿渐为茶论，说茶之功劳效并煎茶炙茶之法，造茶具二十四事，以都统笼贮之，远近倾慕，好事者家藏一副，有常伯熊者，又因鸿渐之论广润色之，于是茶道大行。

值得注意的是，这段引文中出现的"茶道"，当然有别于后来经日本茶人之手革新而臻于大成的集饮茶法与审美于一体的茶汤之道，却道出了中唐之后饮茶大行其道的关键因素，即陆羽《茶经》一书的推动作用。这对于研究日本茶道文化的精神起源，无疑是很重要的一条线索，因此值得一书。

陆羽（733—804），字鸿渐，湖北竟陵人，是生活于中唐时期的学者文人型茶学家，《新唐书》卷196《列传》中对他的生平事迹有详细的介绍。"安史之乱"中，陆羽随难民潮流徙到江南，他以生产名茶的湖州为中心，对吴越一带的茶事进行踏查研究并参之于古文书的记载，经过反复增删修订，《茶经》一书大约在775年定稿。

《茶经》分十篇，计7000多字，书中内容大略可分为四个部分：

第一部分是介绍制茶内容。由记述茶树的栽培生长的"一之源"与"八之出"；记述茶的生长条件、产地和生产制作工艺，以及茶叶的采摘、调制和贮藏的"三之造"；此外，还有介绍制茶道具的"二之具"，这四篇都属于制茶内容。

第二部分是茶的品饮方法。其中包括介绍茶道所需的24种器具及相关用途、使用方法的"四之器"；介绍炙茶要领，包括选用燃料、鉴别水质、掌握火候和如何产生茗渤（茶沫）的"五之煮"；此外，还有论述品茶时应该注意的九个事项的"九之略"，也都属于这个专题。

第三部分是讨论茶的功效。这部分内容主要援引史料中饮茶掌故与名人逸事的"七之事"。

第四部分是描绘制茶的要领和吃茶法式的图谱"十之图"。为了便于读者或初学者更直观地把握制茶、饮茶的法式，陆羽将《茶经》中的相关内容绘制成图卷，张挂在茶室里，以便学茶者一目了然。

《茶经》是人类有史以来第一部茶学著作，陆羽堪称世界茶学之祖。需要指出的是，这部书不是一般植物学或园艺学意义上的"种树之书"，而是一部兼具技术含金量和文化理想追求的艺道之书。陆羽丰富的人生经历，以及能诗善文的文艺修养，还有不同凡响的朋友圈都为他的茶增添了浓郁的精神文化底色。陆羽定居湖州时，与湖州太守、书法家颜真卿过从甚密，是颜府诗宴雅集的座上宾；他与妙喜寺的诗僧皎然和尚更是知音茶友，经常一起品茗赋诗，交流品饮技法和心得。而皎然就是在茶文化史上熠熠生辉的名诗《饮茶歌诮崔石使君》的作者，"茶道"一语有史以来首次出现，就是在皎然的茶诗中……与这些当世文化巨擘的交游，或直接或间接地提升了陆羽对茶的理解高度。《茶经》的横空出世，在中国茶文化发展史上树立起一座丰碑。它将茶从介于药用、食用和日常饮料的物质层面，升华到文化艺术的精神范畴，确立了茶的表现形式和精神理念。正是中唐时期站立在时代文化制高点上的精英们，赋予了中国茶以精神的维度，方才有了茶道理念的传世。

就在这些爱茶、饮茶、研究茶的诗家、宗教家、学者和艺术家的文化人周围，大唐活跃着许多来自日本的使臣和留学僧。如果将《茶经》的成书时间与日本国史《日本后纪》相对照便可知，这段时间在日本文化史上大放光芒的很多学问僧就生活在长安或江南。比如，于宝龟年间（770—781）永忠和尚来唐求学，一住30年，把中国住成第二故乡；而公元815年，最澄和空海都先后来到唐朝的江南或首都长安；也就在这一年，从长安归国十年的永忠和尚向嵯峨天皇献茶——也就是说，遣唐僧们在唐朝学习生活期间，正是陆羽最活跃的时期，也是中国茶道得以确立的时期。因此，唐人的饮茶之道被以永忠和尚为代表的遣唐僧传到日本之初，起点就很高，并一开始就具有文化性。

遣唐僧与茶事东传扶桑

迄今为止，日本最早的饮茶记录是平安初期永忠和尚给嵯峨天皇献茶的史实。这则记事见于《日本后纪》，时间在嵯峨天皇时代的弘仁六年（815）4月23日。其中写道：

> 癸亥，幸巡近江国滋贺韩崎，便过崇福寺，大僧都永忠、护
> 命法师等，率众奉迎于门外。皇帝降舆，升堂礼佛，更过梵释

寺，停舆赋诗，皇太弟及群臣奉和者众。大僧都永忠手自煎茶奉

御。施御被，即御船泛湖，国寺奏风欲歌舞。

《日本后纪》是继《古事记》《日本书纪》之后又一部官修史书，于公元840年成书，记录从792到833年四十年间的朝廷大事记，类似编年史，由大学者藤原绪嗣主持编撰，是一部正史，因此这则嵯峨天皇在梵释寺接受大僧都永忠献煎的记载成为日本茶文化史上最早记录茶事的信史，弥足珍贵。永忠和尚也因此成为名垂日本茶史的文化人物。

永忠（743—816）留学中国的情况，也有唐朝方面的文献可以佐证，据释思托所著《延历僧录》载，日僧永忠于宝龟初年（约775年前后）随遣唐使赴唐，在长安西明寺进修，于延历二十四年（805）归国。西明寺在唐都长安城里，在当时凡是到长安留学的日僧都被安置在这里学习中文和中国风俗文化，类似大学预科。学成后再安排到各地寺院学佛。但不知为何，永忠逗留唐时间竟超过30年，而且一直没有离开西明寺，这有点不寻常。有学者考证，永忠擅长汉语，个性随和又老成持重，所以被唐朝安排在寺里，协助唐朝方面对日本留学僧在唐期间的学习生活进行管理，发挥了重要的桥梁作用。永忠归国后即受到崇高礼遇，被天皇授予"大僧都"称号，这是代表朝廷对宗教人士最高赐封级别，此前享受过这一殊誉的，唯有奈良时代（710—794）东渡日本的鉴真一人而已。

永忠在长安学习生活的年代，大致是中唐初期。在唐期间虽然也经过"安史之乱"的冲击，唐朝的社会经济受到很大影响，但盛唐气象还没有完全消失，饮茶作为一种高雅习俗正处于方兴未艾的阶段。特别是建中、贞元年间，饮茶之风迎来了兴盛阶段，成书于唐大中年间的《膳夫经手录》虽系烹饪专著，但超过一半的篇幅在谈论茶，可见当时茗饮风气的流行。书中写道："茶，古不闻食之，至开元、天宝之间稍有茶，至德、大历遂多，建中后已盛矣。"这一时期，茶圣陆羽已经横

空出世，饮茶之风随着《茶经》的传播而更趋盛行，这从白居易、元稹和刘禹锡等人的诗中频繁出现的茶诗可见一斑。在这一时代风潮吹拂之下，身在帝国中心长安的永忠，还有和他一样当时在唐朝留学的日本僧人，如最澄、空海等，深受感染熏陶是不难想象的。

更何况，茶在唐朝流行之初，便与佛门结缘。对寺院僧众来说，饮茶不只是开门七件事，更是僧家修行之必备饮料。唐代佛教极盛，戒规极严，僧侣限于戒律不能饮酒，而以茶代。兼之坐禅学律，要求精神高度集中，饮茶可以解困提神，清心寡欲，所以饮茶之风先盛于佛门。陆羽本人就是寺院出身，在《茶经》中就说饮茶宜于"精行俭德之人"。唐代被佛教界奉为禅门规范的《百丈清规》（唐百丈怀海撰）里就把以茶礼佛、以茶待客、以茶修行当作佛门必修的三项课业。中唐以后茶已经成为佛门一日不可或缺之饮品，大凡名山古刹，都有专属茶园以供寺庙日用。

留学唐朝的日僧中，与茶因缘甚深者也不在少数。永忠在长安西明寺学习生活时间如此之长，对于长安的饮食生活浸染很深，可以说完全被唐化了。20世纪末曾在西明寺原址上出土了一批文物，其中有一个唐代茶碾，底座镌刻"西明寺"三个字。茶碾是研磨道具，用来研磨草药或茶饼，这是当时饮茶的最主要工具。陆羽时代的饮茶，是将茶饼炙烤后掰成碎块，放在茶碾里磨成细粉，再放入茶釜里煮开、饮用。寺庙有专门定制的茶碾，可以看出当时饮茶之盛，也从一个侧面反映当时饮食生活的丰富性。永忠生活其中，久之成习，以致后来回到日本的最初一段时间很不适应。史料中有一则永忠写给佛教管理部门的"叹愿书"，抱怨日本寺庙饮食粗陋不堪，要求有司改善斋日的饮食标准。因此作为一个深受长安精致文化生活熏陶的日本人，回国之际自然会将某些习惯带回日本，比如饮茶。同时为了能在日本永久享有这种唐朝独有的饮料，便将茶种也带回日本种植，不仅合情合理，而且完全可能。

永忠在唐朝度过大半生，回国后，辗转在畿内的寺院弘扬真言宗。晚年任近江国（今日本滋贺县）韩崎崇福寺的住持，直到圆寂。归国十年，他播撒在近江国的茶籽已经郁然成林，那年初夏某日，因嵯峨天皇的偶然造访，史官无意中记下的一笔，竟成就了日本茶文化史上熠熠生辉的第一页。

与永忠生活同时代，而且有着类似经历的遣唐僧还有最澄和空海，他们两个也是震古烁今的文化巨匠，无论是在日本还是在中国，都广为人知。

最澄是与永忠同年归国的遣唐僧。公元803年4月，最澄随遣唐使藤原葛野麻吕赴华，因遭遇飓风半途而废折回日本。翌年夏天再次从肥前国的松浦（今佐贺县）出港，最终抵达宁波，在天台山学习。后来因缘际会得到天台山佛陇寺住持行满的知遇，授予牛头禅法及天台经典82卷。最澄于公元805年春回国，在唐只有一年时间，不过在茶文化的熏陶上，却有着颇为独特的体验。因为天台山不但是历史悠久的佛教圣地，也是江南一大产茶区，在天台山，饮茶习俗深深渗入寺院日常生活和佛事活动中，很多寺庙都有一套与茶事有关的规制，比如天台宗寺庙中的"行茶"，既是寺庙礼仪，也是修行法门之一。所谓"行茶"，就是每天为佛像献茶，为寺庙住持和僧众上茶，向檀越、施主敬茶等礼仪。这项日常茶事有专门负责人叫"茶头"，也是一种修行法门，最澄师事的行满法师在成为主持之前就曾担任过这一职务。这一称呼后来传到日本，在群雄争霸的战国时期一度成为茶道的最高职称。

唐贞元二十年（804），在明州（今浙江宁波）天台山修习天台宗的最澄学满归国，临行前当地官员和天台山的高僧大德举办盛大茶宴为他饯行，在获赠的礼物中，除经书章疏230部460卷、图像法器外，还有天台山的茶籽。最澄回到日本后将茶籽播种在京都与滋贺县交界的比叡山的日吉神社，在神社的茶园至今立着"日吉茶园之碑"。

"吟诗不厌捣香茗"

——嵯峨天皇与"弘仁茶风"

> 日本吸收了唐朝的文化，而后很好地融汇成日本的风采，大约在一千年前，就产生了灿烂的平安朝文化，形成日本的美，正像盛开的珍奇藤花。

> ——川端康成《美丽的日本和我》

"唐物庄严"：东大寺正仓院的宝藏

由于全方位仿效唐朝制度文化，日本国家社会出现了大跨越式进步。律令制下的天皇制国家从此确立，从大化改新到班田收授法的实施，从发行货币到编修国史，从饮食习俗到写文章作诗，日本无一处不仿效唐朝。因此，在日本文化史上，通常将奈良平城京与京都平安京所代表的仿唐时代的文化，称为"唐风时代"。奈良的平城京与京都的平安京，可以说是仿唐时代的两大国家世纪工程，以两都为代表的仿唐建筑，是"唐风文化"的结晶，也是中国茶文化传到日本的最早落脚点。这个落脚点正好与"海上丝绸之路"的终点重合了。

所谓海上丝绸之路的终点，指的是位于奈良东大寺内的正仓院。

东大寺建于日本神龟五年（728），距今约有1300年历史。正仓院位于东大寺内西北方位，原是一组收藏各类财物的仓库建筑群，现只存一座。由于其中收纳的都是历代天皇赠送给东大寺的贵重物品，其归属已不再是东大寺所有，而是宫内省所辖了。古代日本朝廷向中国派遣使节除了学习先进的大陆文化之外，还有一个重要目的，就是通过频繁的交流往来获得大量珍稀的舶来品——"唐物"。目前，正仓院光是经过整理的"唐物"就多达9000件，包含经卷、茶道具、文具、书画、乐器、祭祀用品和刀剑等，这些"唐物"是了解日本古代文化，特别是茶文化的鲜活资料。关于"唐物"，日本的权威词典《角川古语大辞典》是这样说的：

> 中国舶来的物品。唐锦、唐织物等舶来品的总称。室町时代作为奢侈品被盛赞，主要是金襕、缎子、茶道的器具，沉香、麝香、唐绘之类。亦可包含在日本模仿其制作的东西。因近世南蛮物品的到来，泛称包含其在内的从长崎输入的舶来品。出现了买卖这些物品的唐物屋。

由此可知，日本的唐物崇拜，有着悠久的历史，而且延绵不绝，尤其是这种源远流长的传统与茶文化密切相关。关于正仓院中保存的宝物种类，从入藏之初就留下详细记录。

天平胜宝八年（756）五月，开创"唐风时代"的圣武天皇晏驾，其后在为他举办的七七法会之际，光明皇太后将他生前收集嗜好的650件"唐物"奉献给奈良东大寺卢舍那大佛作回向。此后光明皇太后又先后5次向东大寺奉献圣武天皇的遗物。这些宝物构成了东大寺正仓院最早的藏品。以这些最初的收藏为基础，再加上后来平安时代的嵯峨、仁明等几代天皇所收藏的唐物，构成了一个绚烂多彩、动人心魄的文物世界：从王羲之父子真迹、牧溪平远山水画到宋版《一切经》及配套经书柜；从大唐花纹锦、金银钿唐大刀、平螺钿背圆镜、绀琉璃壶、黑柿苏染枋金银山水绘箱到铜雕骑狮文殊菩萨及四眷属像；从螺钿紫檀五弦琵琶到新罗古琴等，真是琳琅满目，如今每年秋季向社会公开的"正仓院宝物展"，依旧令人赞叹、着迷。这些经由古代海上丝绸之路传到日本的大量"唐物"，折射出当时中日间交流的空前盛况，那种举国上下憧憬中国文化的时代风潮，即便跨越千年时光，依然扑面而来。而这些"唐物"中，就有很大一部分与茶事有关：玳瑁天目茶碗、曜变天目茶盏、铭马蝗绊青瓷茶碗、白瓷水注、青瓷壶、肩冲茶叶罐……这些王朝时代以来从中国传入的茶道具所承载的发生在海上丝绸之路上的动人故事与传说，至今为人津津乐道。

正是伴随着海上丝绸之路上中日文化交流的繁盛，大唐的饮馔时尚，也被捆绑打包随同制度、宗教和技术一起源源不断输入日本。饮茶文化东传日本，只是盛唐文化影响日本的一个缩影。

"唐风时代"

唐茶在9世纪之初传入日本，不但有官修史书记载，也有文学作品的佐证。永忠在向嵯峨天皇献茶的翌年圆寂，十年之后，天皇敕命在畿内种植的茶树业已郁郁成林，此后，与茶有关的内容开始频繁出现在平安朝文学的歌咏之中，成为"唐风时代"的一种叙事。

"唐风时代"指的是在当时的日本出现的"唐朝文化一边倒"的时期。从奈良时代到平安时代初期在为期一个半世纪的时间内，皇家、贵族的生活和文化时尚散发着浓厚的中国趣味，这种趣味渗透在国家、社会、生活的方方面面。比如，京都皇居御所紫宸殿前的园林种植，从天子的方位看来，右边为橘树，左为梅树，称"左梅右橘"。梅花是奈良时代之前就从中国引进来的观赏性花木，象征中国文化。天平十年（738）七月，圣武天皇曾指着宫苑前的郁郁梅林，命从唐朝回国不久的遣唐使吉备真备"赋春意，咏梅树"。七月炎夏，梅子青青，却要赋予春意，可见梅花在当时人们心中的象征意义。从奈良时代到平安时代初期，唐风鼎盛，无论平城京的皇居太极殿，还是平安京的御所紫宸殿，皇居左侧一直种植梅树；服装和饮食是中国式样的；而说到"唐风时代"的主流文学，一定是汉诗汉文。六朝时期，中国的《论语》和《千字文》经朝鲜半岛传入日本，在长期亦步亦趋模仿学习的基础上，日本人学会了作汉诗写汉文，到奈良时代学习成果初步显现。7世纪中期，日本文学史上诞生了第一部汉诗文集《怀风藻》，收录古今64名诗人120篇汉诗文作品。平安时代初期，崇尚大唐文化的风气进一步得到延续，而将"唐风"推向另一个极致的就是嵯峨天皇，他敕令公卿藤原冬嗣、菅原清公等编撰汉诗集《文华秀丽集》《经国集》《怀风藻》，合称"敕命三诗集"，是平安时代一大文化成果。这些汉诗文作品，反映了当时日本上流社会的生活文化状态，其中大量饮馔活动出现在歌咏之中，所以也成了后世研究当时饮食文化特色的宝贵基础资料。而且"敕命三诗集"中出现如此之多的饮茶记事，不难想象那个时代在文化上的某些风尚特征。

"弘仁茶风"

嵯峨天皇、淳和、仁明天皇等几代天皇不但热衷于中华文化，也都好茶，在他们的倡导下饮茶在上流社会蔚为时尚。据《拾芥抄》记载，这一时期，皇家御茶园除了畿内原有几处之外，皇宫东北角的主殿寮外、在京都一条正亲町、猪熊町和大宫万一町都辟有茶园御苑，这些茶园采摘的茶叶送到内藏寮的制药殿制成茶饼，专供天皇御用。天皇除了自己享用外，还将茶饼作为最尊贵的奢侈品赏赐给宠臣和爱卿，饮茶成为上流社会的时尚。这种时尚后来又与汉诗的歌咏酬唱相结合，成了平安文学的一种文学叙事。

　　文学来自生活表现生活，同时又超越生活高于生活。最早倡导饮茶与文学相结合的是嵯峨天皇。弘仁年间，嵯峨天皇在平安京宫廷里首创"内宴"，就是模仿唐朝宫廷习俗，于每年正月二十日在紫宸殿举办规模盛大的诗文茶宴雅集。在嵯峨天皇的推动下，饮茶成为流行文化，不但在各种正式的典礼上供应茶汤，而且将茶事入诗，开创了平安朝初期的"弘仁茶风"。

　　弘仁某年初夏，远山晴翠，子规声声，正是一年一度新茶采摘时节。一日嵯峨天皇在大伴亲王（后来的淳和天皇）和文臣的陪同下，兴致勃勃临幸左大将军藤原冬嗣的府邸，参加在闲居院举办的茶宴。藤原冬嗣是嵯峨天皇的心腹肱股，也是权臣贵族，正是他奠定了北家藤原氏在朝廷上的重要地位。茶宴，是以茶代酒的宴席，又称茶会，是起源于魏晋时期，盛唐后在士大夫上流社会广为盛行的酬唱雅集。席间，嵯峨天皇赋诗：

　　　　避暑时来闲院里，池亭一把钓鱼竿。

　　　　回塘柳翠夕阳暗，曲岸松声炎节寒。

　　　　吟诗不厌捣香茗，乘兴偏宜听雅弹。

　　　　暂对清泉涤烦虑，况乎寂寞日成欢。

　　臣下、皇弟等依韵作和，其中大伴亲王赋诗云：

　　　　此院由来人事少，况乎竹木每成闲。

　　　　送春蔷束珊瑚色，迎夏岩苔玳瑁斑。

　　　　避暑追风长松下，提琴捣茗老梧间。

　　　　知贪鸾驾忘罢处，日落西山不解还。

　　避暑、垂钓、吟诗、品茶、弹琴、听泉，这些优雅的日常构成魏晋风度与大唐风流的元素，惟妙惟肖地出现在平安时代的日本诗人笔下，如果不加说明，在中国人读来是感觉不到其间有什么违和感的。这正是所谓"唐风文化"的一个特点，就是严格、规范地蹈袭大唐文学样式来表现日本人的生活，等于把唐朝的生活时尚移植到日本，这也是"仿唐文化"的一大特征。这些汉诗侧面所反映出来的叙事，当然还有更为丰富的内容，如对山川异域的唐土的浪漫想象、对中华文物的景仰、对中国诗文经典的模仿等，如果单从茶文化发展史来看，则可窥见"唐风时代"日本人的饮茶次第。

平安时代的日本人如何饮茶？黄遵宪《日本国志》有云："日本初传古法，特尚煎茶。"求证于平安朝皇家贵族的汉诗咏唱，可知彼时沿用正是经陆羽改造后从中唐开始盛行的"煎茶法"。嵯峨天皇和臣下唱和中出现的"捣茗"，属于制饼茶环节。唐代制茶法，陆羽在《茶经》的"二之具"和"三之造"中介绍得很详尽，具体如下：将新茶采摘后趁晴天晾晒，然后放在瓦釜里用水蒸气蒸熟，叫"蒸青"；再做饼茶：将蒸熟的茶叶在石臼里捣碎成泥状，放入金属做的模子里拍紧压实做成茶饼，就像民间做龟背米糕一样；接着将茶饼放在竹篾编成的方形扇面上晾晒干燥，为了将茶饼中的水分充分去除，还要将茶饼放在火上烤焙。为了便于搬送运输，烘焙后的茶饼还要用锥刀穿孔，再用绳索穿成串。奈良东大寺正仓院里收藏至今的药饼的做法，与此如出一辙。茶饼容易受潮发霉，所以干燥储藏很关键。唐朝有一种专门的储藏工具，叫"育"，是圆柱长箱，木框结构，外面编以细竹篾，外面再以吸水性好的纸敷上，便于收藏或运输。

至于品饮环节，一如唐人煎茶法，如《经国集》中有惟良春道作的《和出云太守茶歌》所示：

山中茗，早春枝，萌芽采撷为茶时，山傍老，爱为宝，独对金
炉灸令燥。空林下，清流水，纱巾仍漉银枪子，兽炭须臾炎气盛，

釜浮沸，浪花起，辇县坻，商家盘，吴盐和味味更美。物性由来是幽洁，深岩石髓不胜此。煎罢余香处处熏，饮之无事卧白云……

惟良春道这首诗，从情趣和品位上不难看出就是对白居易《睡后茶兴忆杨同州》（"白瓷瓯甚洁，红炉炭方炽。沫下麹尘香，花浮鱼眼沸。"）的移植和模仿，甚至连品茶方式也是中唐之后盛行的陆羽煎煮茶法。陆羽煎茶，包括炙、碾、煮、煎几个环节。首先将茶饼炙烤干燥。把茶饼靠近炭火，在火焰上两面轮流炙烤，一直炙烤到火气穿透茶饼，表面起皱、颜色转微赤才停止，收入纸袋。接下来是碾。待纸袋里的茶饼热气散尽变凉后，再放到药研钵里反复研磨成粉末状，用鹅羽将茶末扫出，再用细绢制成的罗筛滤出细末，备用。可以想象，这个过程是充满诗情画意的，炭火烘焙茶饼散发出的茶香，在树林间弥漫久久不散。煮茶品茗，更将茶宴雅集推向一个欢乐的巅峰。

上述准备工作完成后，接下来就是充满情趣的煮茶阶段了。《茶经》所记载的煮茶方法，不妨引述青木正儿的解说：

先用"镀"（釜）把水烧开，水初沸，会冒出像鱼眼珠似的泡泡，还有微弱的声音，那是第一沸。釜的边缘涌出像泉涌一样的连珠泡来，那是第二沸。大波小波，釜中翻滚，那是第三沸。再烧就煮过头，水老不可饮用。第一沸时在釜汤中放入适量的末茶，调之以盐味。在第二沸时，用瓢构从釜中舀出一瓢茶水放着，然后用"竹策"（竹筷）在釜汤中心急速环搅，末茶就会集中在中心而往下沉。这样，一会儿其势犹如奔涛溅沫（即第三沸），于是将刚才放着的一瓢水倒入釜中，止住沸汤之势，以防止损伤茶"华"。最后把茶和"沫饽"一起均分于各茶碗。"沫饽"就是茶汤之"华"。薄的"华"叫"沫"，厚的"华"叫"饽"，细而轻的叫"花"。以上就是其大要，就是在釜汤中直

接放入末茶，一边煮一边用长竹筷环搅，使之产生泡沫，最后把
茶分到茶碗里。　（青木正儿《华国风味·末茶源流》）

借助青木正儿的中华饮食文化研究，通过还原古代文化生活图
景，可以一窥中日文化交流过程中出现的绮丽景观。《华国风味》还有
很多涉及平安时代皇家茶会的丰富细节，比如当时流行的八种从唐朝传
来的精致茶点：梅子、桃子、桂心、黏脐、馎饦、团喜、锤子、馉馉，
这些精美的点心，与煎茶一起构成"唐风"的一个优雅元素。

饮茶之风缘何淡出历史

平安时代日本的饮茶之风在嵯峨天皇执政的后期达到极盛，与茶
事有关的记录出现于各种公私记录文本里。不过盛极而衰，平安朝中期
之后，有关茶事的文字资料变得很少，所以黄遵宪说：日本茶事，"嵯
峨帝之后，遂告中绝"。843年，对中国文化近乎顶礼膜拜的嵯峨天皇
辞世。他的离世，标志着曾经影响日本一个半世纪的唐风时代进入尾
声。从后世的研究来看，饮茶之风在嵯峨天皇之后并没有马上终结，但
是趋于荒废沉寂却是不争的事实。

首先，一种外来文化，从传入到根植本土并成为一种国民普遍流
行的习俗之间，会有一段潜伏期。在此期间，外来文化或以极其缓慢
的速度向外流播，或者处于休眠状态，等待某种外来机缘将其再次唤
醒。外来文化要在本土扎根，需要一定的受众基础，具体而言，就是
要与大多数人的日常生活产生关联，如果不具备这个条件，就会渐渐
消亡，饮食文化习俗也是这样。唐朝末茶之风在平安初期的日本仅仅
流行了不到一个世纪后就渐渐淡出历史记忆，也暗合了人类文化传播
的一般逻辑。

茶在传入日本之初，由于稀缺性，仅限于在皇族、贵族、寺庙等

上流社会流行。在平安时代日本虽然开始种茶，但无论是大内的茶树，还是畿内的茶园，都是皇家所有且归典药寮管理，并没有进入一般老百姓的日常生活。而即便在有条件享用茶文化的上流社会，主要也是将其视作一种外国时尚来赏玩，就像明治维新初期在脱亚入欧风潮中吃牛肉、穿西服、买西洋家具以标榜文明开化一样本质上没有区别。喜欢新奇，乐于接受新生事物，尤其是代表先进文化的外国流行时尚，也是日本民族性格的一个特点，了解日本文化时有必要注意这一点。

其次，茶文化传入日本后不到一个世纪的时间内，日本废除了沿袭两百多年的遣唐使制度，大唐文化在日本的影响力随之渐弱。日本废止遣唐使原因有多方面的，但最根本的原因与当时日本国家财政难以为继的窘况有很大关系。中日之间隔着浩瀚的太平洋，派送遣唐使是一项耗费巨资的外事活动。在嵯峨天皇执政的后期，国库日渐紧张，乃至需要严格限制皇族的数量来削减皇室开支。朝廷无法再像奈良时代一样来积极开展和唐朝的交流往来。838年，在向唐朝派遣最后一批遣唐使之后就出现了后继乏力的局面。同时，唐朝自9世纪中后期起内乱频发，呈现出衰败之象，这些情报通过遣唐使的耳闻目睹和活跃于东北亚的新罗、渤海的商人传回日本，使得国内对大唐的憧憬大为减弱。宇多天皇朝的宽平六年（894），在经过半个多世纪的筹备之后，日本再度向大唐遣使。不过，担任使团正使的菅原道真，以海道凶险、唐国动乱为由奏请缓行，此后未再恢复，延续了两百多年的遣唐使政策退出历史。

最后，曲高和寡的高端门槛或许也是影响茶文化在日本广泛传播并扎根的一个不可忽视的要因。以饮茶为中心的茶事活动，包括种植、采摘、制作、储存和饮用，乃至赏玩饮茶闲情逸致的珍贵道具和器具，需要一系列综合性物质基础和经济实力的支撑，饮茶与掌握汉文、汉诗和书法一样，不仅需要强大的经济实力，还要经过特殊的培养和训练，只能限于居于社会最顶端的皇族、权贵间进行，连地方豪强、守护都无缘问津，何况平民百姓？

唐风消退，和风兴起

有唐一代，是以中国为中心的东亚世界形成的重要时期。对位于"海上丝绸之路"最东端的日本来说，这也是一个学习和输入大陆文明的关键时期。同时，经过汉唐以来对中国文化的全面学习和吸收，日本在咀嚼消化大陆文明的过程中，借助中国文化的某些形式和内涵，逐渐形成属于自己特色的本土文化。这是一个漫长演化的进程，而绝非像某些日本学者所说的，日本为了酿造自己的国风文化而先见之明地关上国门，有意将大唐的影响阻隔在外。

实际上，即便在日本废止遣唐使之后，在一段相当长的时间内，支撑国风文化形成的历史背景，依然离不开海上丝绸之路所构建的东亚海域文化交流圈。内藤湖南就曾借助卤水和豆浆的关系，来形象地说明中国文化对日本本土文化的"点化"和"结晶"之功。他说：日本民族未与中国文化接触以前是一锅混沌的豆浆，中国文化就像卤水一样，将豆花从豆渣和水中结晶出来变成豆腐。离开中国文化的影响，所谓日本本土文化，就是一大缸天地交合混沌初开的原浆状态。从日本文化发展史来看，这一时期，日本文化创造力根基尚浅，还不具备将外来文化与本土文化相融合，通过一系列扬弃和改造作业，从而走出一条有日本文化特色路径的能力——应该说，这才是中国茶文化在东传之初没能在日本扎根的最根本原因。

潮流时尚是一个社会文化的风向标。平安时代中后期，京都御所紫宸殿前的园林，右边的橘树依然如故，而左边的梅树已经被代表大和审美趣味的樱花取代。体现在文学旨趣中，无论是汉诗还是和歌，咏唱樱花的数量大大超越梅花。这种变迁，表面看来是某种趣味嗜好的变迁，却从一个侧面反映了某种发生在精神领域的深刻变化，预示着自奈良时代以来中国文化影响一边倒的"唐风时代"已经过渡到本土文化意识兴起的"国风时代"。在这一时代大潮下，原本在日本就缺乏根基的饮茶风习，随着"唐风文化"的减弱而渐趋式微。

　　饮茶文化也是如此。平安时代晚期，京都的皇家御茶园也在后来的内乱中渐次荒废，饮茶只在京都少数寺庙的法事中才出现。到13世纪初，渡宋僧荣西法师从南宋传来茶种，再兴饮茶之风，茶在日本出现了近300年的沉寂期。

"唐风时代"盛行一时的饮茶在经过300年的中断之后，在镰仓时代初期再次复活了。曾在南宋留学的禅僧荣西将禅与茶同时传入扶桑，他带回的茶籽或苗木开始在日本栽培。由于得到镰仓幕府将军的庇护，茶从寺庙向外传播到民间，并从此在日本四处扎根繁衍。

在这个过程中，茶与禅的关系出现了某种变化趋势，饮茶的功能渐渐从实用性向精神性转化：从成为扼制病疫的健康饮料到坐禅修行的辅助工具，又成为修禅公案的素材和顿悟佛理的契机等等，可以说茶与禅在中世时期的日本已经水乳交融。不过这一时期茶与禅的关系，还只是停留在寺院宗教生活层面上的关联性。

总的来看，这段时期是日本茶文化的复苏期。

荣西明庵

——继往开来的禅茶双祖

茶与禅，两生花。在日本茶道中往往茶禅并论，不仅仅是因为茶是伴随着禅宗一起被打包从南宋的江南传入日本，更因为茶文化在日本的发生、发展，在源头和法脉上都与禅宗水乳交融，两者缺一不可。如今在日本大行其道的茶汤艺术，直接源头可以追溯到镰仓时代（1185—1333）初期的临济宗禅师明庵荣西和尚。

建仁二年（1202），为了支持荣西和尚在京都弘扬禅宗，镰仓幕府第三代将军源赖家将自己的一块属地捐赠出来，以南宋江南浙江的禅寺为模本，兴建了建仁寺，并延请荣西开创临济禅宗。寺名来自建造时的建仁年号，山号为东山。迄今这座已有八百年历史的寺庙是日本国内五百座临济宗禅院的总本山。

日本茶禅文化的一大源头，即是从建仁寺的开山祖师荣西开始。起于日本茶事三百年之衰，重新复兴日本饮茶文化的是镰仓时代的荣西禅师。荣西禅师是日本临济宗的开山祖，在日本禅学史上是里程碑式的文化巨匠，更广为人知的是他对日本茶文化的贡献。日本《角川茶道大事典》的"荣西"条目中对他做了这样的评价："从宋传播茶，向源实朝献《吃茶养生记》，论述其医药效果。"也就是说，荣西对于日本茶文化的贡献，不仅仅是从中国南宋带回茶种，还撰写茶学著作，仅此两点就足以让荣西成为日本茶文化的中兴之祖。

两次渡宋求法

荣西禅师，号明庵，保延元年（1135）4月12日生于本州中部的备中国（现在的冈山县）贺阳郡宫内村。荣西俗姓贺阳氏，幼名千寿丸，父亲贺阳贞远是吉备津神社的神官，精通佛学。千寿丸虽出生神道之家，因缘却在佛教，8岁时随父亲读《俱舍》《婆娑》等经论，萌生了出家修行之志。11岁时师事吉备国安养寺的静心和尚。13岁时登比叡山入延历寺受戒，翌年落发出家，法名荣西。

比叡山寺院是当时日本传播佛教天台宗的大本营，其体系乃是平安时代初期从大唐留学归国的最澄法师所创办。其后圆仁慈宽、圆珍智证等高僧大德都曾在比叡山担任住持弘扬台密。在比叡山，荣西跟随名师系统学习了天台宗密教，精研《大藏经》数年，迅速积累了作为一个学问僧的修行，在显教和密教上已经颇有造诣。

荣西是一个很有抱负的求道者，不满足于现状。在当时，僧侣的社会地位很高，比叡山在佛教界拥有很大势力，长久的坐享其成滋生了故步自封的学风，在生活上也趋于腐化堕落。荣西失望之余把目光投向天台宗发祥地的中国。特别提及的是，在延历寺学佛的过程中，荣西接触到最澄、空海等大师的著作，了解到有关唐朝禅宗的记载，虽然只是极其简要的只言片语，但却足以引起荣西的兴趣。原来，自从9世纪末期开始，中日之间佛教交流活动也随日本废止遣唐使制度而告停滞，日本的佛学就此停顿不前，近一个半世纪的时间在原地打转，彼时日本的镰仓时代与中国的两宋，虽然处于同一时期，但所处的历史今非昔比，从佛教本身来说，其发展的主流，在中国已经发生了巨大的变化。具体来说，就是唐代奠下基础的禅宗，到宋代已经开花结果，佛教思想已经从天台宗、密教时代，进入到禅的时代。有一次，荣西在九州博多港（今福冈），偶然从往来宁波的日本海商那里得知禅宗在江南丛林大行其道的盛况，不禁心为所动，决定步先哲的后尘到中国去精研佛法。

仁安二年（1167），27岁的荣西来到九州的博多港，等待季风准备从那里去中国。过去奈良时代和平安时代早期，日本派出的遣唐使和僧侣大都从博多启航。但是自从中止了遣唐使制度后，入唐的僧侣不过数人，而在荣西入宋前的百年间，几乎不见前往中国的日僧。因此从某种意义上说，荣西入宋求法具有继往开来的意义。翌年四月，荣西搭乘日本商船启程渡宋，在明州（今宁波港）登岸。平安时代后期，掌握朝廷实权的平清盛鼓励贸易，积极和中国发展海上商贸，明州是日宋往来贸易的最大对外港口。荣西在明州期间，游历天台寺和阿育王山等佛门圣地时接触到禅宗。本想在天台山进一步了解学习禅宗，但因为要和同伴一起乘船归国，所以第一次渡宋只待了半年时间。但这半年的所历所闻在他思想上打上深深烙印，并转化为一种深沉的憧憬。

他在巡礼天台寺时获得三十余部佛学著作，回国后在研读这些典籍时，发现了空海和最澄都曾提及的禅宗，于是重新燃起学习禅宗的热情，制订了雄心勃勃的留学计划，按照他的设想，除了在中国学习还要追根溯源前往佛教的发祥地印度。因为筹措资金，这个留学计划在二十多年后才得以实现。

文治三年（1187）春，荣西再次渡海前往明州。这一次的目的很明确，就是在江南研修禅宗，再追根溯源前往佛教的发祥地天竺（印度）求学。怀着求得禅宗真谛的愿望，走访了江南名刹。后来他到南宋陪都临安府向有关衙门申请赴西域的度牒。当时南宋偏安淮河以南，北方领土被金国占领，而西北与西域之间的要道也被西夏和蒙古所控制，无法通行。西行受阻，荣西随遇而安，就此留在明州潜心修习禅宗。好事多磨，这次西行受挫，不但成就了荣西在日本禅宗文化开山祖的地位，也改写了日本茶文化史。历史无法假设，但其本身充满偶然性与神秘性，这在荣西身上就是一个生动的实例。

怀着对天台山的向往，他再次来到万年寺，就学于第八代临济宗黄龙派传人虚庵怀敞禅师门下，后来还一度随虚庵迁居天童山景德寺。据说荣西跟随虚庵修禅四年，学业精进，获得导师认可。1191年，虚庵将法衣、临济宗传法世系图谱以及锡杖等象征合法传人的可信物授予荣西，"明庵"也是怀敞授予的法号。为了报答虚庵的传道之恩，荣西回国后的第二年，设法从日本广集良木通过海商运到明州重建年久失修的天童山景德寺，据说其中的七幢大殿是他回国前参与设计的。

天台山茶事

荣西在南宋学习期间，恰值中国茶文化发展史上登峰造极时代。两宋的茶叶生产，是在唐代兴盛的基础上继续发展起来的，商品经济与文化的高度发达又拓宽了茶文化的社会层面和文化形式，因此在茶文化发展史上有"茶兴于唐，盛于宋"之说。与日本平安王朝之后茶事衰微相反，茶文化在两宋时期可谓鲜花着锦如火如荼。全国超过三分之一的州郡产茶，几乎遍及大江南北；大批制作精良的名优茶种接连涌现，如"龙凤团茶""小龙团""瑞雪翔龙""御苑玉芽""万寿龙芽""无比寿芽""新龙团胜雪"等名品成了皇家至爱；饮茶的方式，在日趋精进讲究的同时也出现多元化，除了延续唐代的煎茶、末茶之外，民间还出现了较为随意便捷的散茶法；两宋时期出现了一大批高水准的茶文化专著，如北宋蔡襄的《茶录》、黄儒的《品茶要录》、宋子安的《东溪试茶录》、熊蕃的《宣和北苑贡茶录》等，甚至连贵为天子的宋徽宗也是一个深度茶迷，撰有《大观茶论》，将宋代的茶文化研究推到一个与书画艺术等量齐观的审美高度。

而在江南的寺庙丛林，茶风尤盛。茶叶具有提神醒脑、收心敛性的功效，作为一项坐禅修习和精进修为的辅助工具，自唐代中期起就在佛门普及，并形成了一整套寺庙喝茶的规矩和礼仪，晚唐的《百丈清规》和宋代的《神苑清规》都是对茶在寺庙修行中的作用、做法非常具体的论说和规范，孕育出"禅茶一味"的禅门茶风。当时江南五山，如余杭径山寺、钱唐灵隐寺、净慈寺，明州的天童山景德寺、阿育王寺，都是禅茶兴盛之地，由于特殊的因缘，都与日本茶道有着很深的渊源，除了荣西，半个世纪之后前来求法的道元、圆尔辨圆、南浦绍明等日本禅僧都将江南丛林方丈的茶禅文化传回日本并发扬光大，而这几个僧人无一例外都是荣西的再传弟子。

禅茶并举

建久二年（1191）阴历七月，荣西结束了在虚庵禅师门下的修业回到日本长崎，在平户苇浦登岸。回国后的荣西开始了一生最为光彩夺目的时期。这一次荣西不仅带回了禅宗，而且带回宋朝的生活文化方式，特别是饮茶、种茶的理念和技法，这在日本茶道文化史上意义非同小可。这一事实本身就预示了在日本，茶一开始就与佛教特别是禅宗的密切关联。

荣西归国的翌年，日本历史翻开了新的一页。1192年在源平争霸战争中胜出的源赖朝被京都朝廷授予"征夷大将军"称号，在镰仓开设幕府，开始了武家政权统治日本的时代。

荣西法师回国后，致力于在日本弘扬与建立禅宗。他首先以九州为基地建立禅门寺院。这是因为在当时的日本宗教界，占据主导地位的是天台宗，禅宗作为一种新的佛学受到打压和限制，所以荣西一开始只能选择偏离京都的九州布道。回国的第二个月，他在肥前国高来郡建立报恩寺，第二年在筑后国建造千光寺，此后又到九州最南部的鹿儿岛建立感应寺。建久五年（1194），荣西在筑前（今福冈）创办规模宏大的圣福寺，这是日本最早的一座正宗临济宗禅寺，山号是"安国山"，当时在位的后鸟羽上皇亲笔题圁"扶桑最初禅窟"的石碑至今还在禅院里。此后三年，荣西以九州的肥前、筑前、筑后、萨摩及本州西南端的长门为中心开展宣教活动，大力倡导临济宗法门，同时著书立说，渐渐受到瞩目。不过他在京都由于旧的宗教势力盘根错节，荣西的布道活动受到朝廷和寺庙宗教势力的非难排挤，难以立足，只好到幕府政权所在地的关东镰仓寻求庇护。

建久九年（1198），荣西撰写《兴禅护国论》三卷，并非要否定既有佛教，而是倡导复兴佛法的重要性，并极力鼓吹禅宗安邦定国的意义，终于得到了希望摆脱京都朝廷和佛教势力的镰仓幕府将军的支持。正治二年（1200），镰仓初代将军源赖朝去世一周年祭祀法会上，荣西被任命为法会导师，源赖朝遗孀北条政子兴建寿福禅寺延请荣西担任住持，荣西弘扬临济宗终于打开局面。在幕府将军的护持下，荣西回到京都，创立临济宗大本营，这就是前面提到的京都东山区小松町的东山建仁寺。建仁寺是禅宗、天台宗和真言宗三宗并学的寺庙，在幕府将军的庇护下，禅宗在日本开始繁荣起来。

在弘扬临济禅宗的同时，荣西也在日本传播茶文化，被誉为日本茶道的"千年茶祖"。

据传，荣西第二次归国时在长崎平户岛上岸不久，就在位于今天长崎县与佐贺县交界的背振山南麓播撒从明州带回的茶种，使这里成了日本最早的茶园。不久又在肥前国灵仙寺西谷和石上坊的前袁播种，在石间萌芽生长，不久繁衍出枝繁叶茂的整座茶山。此后，随着他到北九州传道，也将茶种传到那里，比如在兴建圣福寺时，他也在寺院中种植茶树。后来他到京都时，将茶种分送宇治高山寺住持明惠上人，后来那里发展成为著名的宇治茶园，那里产的茶叶叫"本茶"，即日本茶叶正宗；此外其他地区的茶，则只能屈尊"非茶"，可见宇治茶在日本人心目中的崇高地位。

在中日文化交流史上，茶与禅宗一同传入日本可谓意味深长。茶之于日本，和中国最大的不同就在于：在中国，茶是日常饮料，是从日常生活提升的文化；而日本是直接从中国拿来茶文化，这种文化是与禅宗文化一起捆绑带入的，一开始就站在很高的文化起点，也就容易成为"道"。另外，荣西禅师作为扶桑禅宗的开祖，弘扬临济禅宗与传播茶文化，所谓禅茶并举，这对于后世的日本茶道的"禅茶一味"以及重视精神文化内涵的特征来说，具有莫大的因果关系。

日本首部茶书的诞生

说到荣西禅师，在日本文化发展史上，与传播临济禅宗同样具有深远影响意义的，还有荣西从南宋江南丛林方丈带回的种茶技术和饮茶方式。

荣西带回日本的饮茶方式，严格来说，是他在长期的修禅生活中体验到的"禅茶"，无论形式和内涵都与唐朝有很大不同，更讲究更精致，法式也更趋于完备，这与饮茶道具的发达有很大关联。在饮茶上，宋人基本沿用中唐开始流行的"煎茶法"，即先将蒸青捣碎的茶叶放在石臼里研磨成极细的粉末状，或者调成浓稠的茶膏，喝的时候，用茶匙舀起少许放入茶盏，徐徐注入沸水，用茶筅搅拌均匀后再反复击拂，打出茶泡沫，再啜而饮之，是为宋人点茶法，日语写作"抹茶法"（末茶法）。"运筅击拂"是一个技术含量很高的茶艺，是形成茶汤形色味之美的关键。唐人用的道具是竹筷，到宋初蔡襄创制金属制成的茶匙，北宋后期茶艺达到登峰造极的高度，贵为天子的赵佶也投入新茶具的研发，他对茶文化最大的贡献之一就是发明了一种类似微型炊帚的搅拌道具——茶筅。有了先进的工具，点茶时就能打出丰富的泡沫，茶汤才趋于尽善尽美。"抹茶法"在日本影响深远，至今被奉为茶道主流。

不过，荣西在日本弘扬的宋茶，最初发挥的功效是药用而非饮料，遑论文化艺术审美。荣西回国后再兴饮茶之风，最开始是从倡导

"茶德"也就是茶的药用健康价值入手的。建保二年（1214），荣西撰写的《吃茶养生记》一书脱稿，此时距他圆寂只有一年。这是荣西根据他自己在宋朝的生活经验和研究心得，介绍有关喝茶养生的健康指南书，也是荣西留给日本的另一份珍贵文化遗产。"吃茶"一词，源于唐朝赵州禅师"吃茶去"的禅门公案，据说也是唐宋时期在江南通行的俗语。概因古时喝茶，不但起源于早期的"食叶法"，无论用煎、煮，都将茶连茶芽、茶叶、茶茎一起喝进肚里，故而得名。

《吃茶养生记》也是日本中世纪茶书中唯一记载制茶技术的专著，对此书中"六明茶调样"记载：

> 见宋朝焙茶样，是朝采即蒸，即焙，懒倦怠慢之者，不可为事也。其调火也，焙棚敷纸，纸不焦样，工夫焙之，不缓不急，竟夜不眠，夜内焙毕，即盛好瓶，以竹叶坚封瓶口，不令风入内，则经年岁而不损矣。

从中可以看出荣西传入日本的是宋代典型的饼茶，也就是抹茶的制法：首先是将早上采摘的茶叶迅速分拣出优质部分，在清泉水里再三灌洗洁净后放入铁釜中蒸。蒸的火候分寸极为关键，火候不足或过劲，都会影响点茶的汤色和味道。接下来将蒸过的茶叶放入石磨里反复研碾，加工成极为细腻的膏状，故称"研膏"。再加水研磨至水干，称为"一水"，再次研磨成细如齑粉。将茶粉放入模子里（质料有木、金属）压紧制成饼茶。接下来再将饼茶进行烘焙、收藏，如上面引文所示。《吃茶养生记》中有关制茶的内容，不仅对研究日本制茶工艺史有重大价值，甚至可以作为研究南宋时期中国制茶技术的特征，里面包含着许多可以弥补中国方面文献不足的缺漏，历来也被中国茶人所重。此书是荣西一笔不苟用和式汉文撰写，原稿至今珍藏在日本博物馆。

虽是祖述中国唐宋茶文化，但荣西并没有拘泥于禅门的玄妙哲

理，而是从日常养生谈起，非常接地气，所谓"道不远人"，比如开
篇《序言》劈头就开宗明义将茶放在养生护生延年益寿的重要意义加
以论述：

> 茶者，末代养生之仙药也，人伦延寿之妙术也；山谷生之，
> 其地神灵也；人伦采之，其人长命也。天竺唐土均贵重之，我朝
> 日本亦嗜爱矣。古今奇特仙药也，不可不摘乎？

《吃茶养生记》分上下两卷。上卷为《五脏和合门》，专论茶；
下卷《遭除鬼魅门》，除了"吃茶法"一节，其余均为讨论与茶关系
不大的"桑疗法"，与书名"吃茶"的主题不符，何以如此至今成谜。
在上卷中谈及五脏调和这个问题时，他引用了密教经典中关于"五脏
调和乃生之本"的观点，同时结合中国医学中的五行说，阐释与五脏
相对应的五味。其中"心脏是五脏之君也"，也就是说，心脏的健康与
否直接影响其余四个器官。五味之中与心脏对应的是"苦味"，而"茶
是五味之上首，苦味是诸味之上味也，因兹心脏爱此味，心脏兴则安诸
脏也"。所以"今吃茶则心脏强，无病也"。饮茶有益心脏健康，能延
年益寿。"调心脏，除愈这万病矣。心脏快之时，诸脏虽有病，不强痛
也。"他在对比了中日两国人民日常饮食习惯的差异而导致健康状况强
弱有别时说：

> 余常思缘何日本人不好苦味之食。在中国，人皆好茶，是故
> 心脏病痛少有，而人皆得长寿。但观中国人多菜色，瘦骨嶙峋。
> 究其缘由，盖不喝茶也。是故凡人有精神不济者，当思饮茶。茶
> 饮令心律齐而百病除矣。

在书中，荣西为吃茶大唱礼赞："贵哉茶乎！上通诸天境界，下
资人伦矣。诸药各为一种病之药，茶能为万病之药也。"荣西倡导的饮

茶健康理念，使人很容易想起中国茶圣陆羽的《茶经》："茶之为用，味至苦至寒，为饮最宜……与醍醐甘露抗衡也。"也继承了中国传统医学中"医食同源"的观念。众所周知，人之所以患病，原因很多，如营养缺乏、免疫力下降、忧劳过度或细菌病毒感染等，是种种疾病的根源。现代科学证实，茶叶中有很多营养成分和药效成分，这些成分既可以对人体多种器官有补充营养的作用，同时又有大量药效，能发挥解毒、杀菌、抗病毒和免疫等功效，因此所谓"茶能为万病之药"的观点与现代营养学不谋而合。另外，荣西倡导的"健康吃茶"也深刻影响了日本人的饮茶方式。食叶法的吃茶利于健康，于是抹茶遂长期成为喝茶主流方式，而以冲泡为特征的散茶、叶茶"瀹茶法"迟迟没有发展起来，据说就与《吃茶养生记》的影响有关。

难能可贵的是，荣西还吸收了中国茶文化中不仅把茶作为一种医治肉身病体的饮料，还是一种修身养志饮品的观念。把饮茶这种日常生活同生命哲学紧密相连。中国茶道发端于僧院之中，茶圣陆羽称之为"精行俭德之人"的饮料，是开启智慧，拔除心灵迷障的良药："其饮茶醒酒，令人不眠。饮真茶，令少睡眠。眠令人昧劣也，亦眠病也。"茶既能养生，又有利于清修，是祛愚除昧的良方。在这里，茶经由日常饮料到治病良药再到修行利剂，这样一条由形而下到形而上的提升之路，"开门七件事"之一由此和修身养性建立关联。这种茶禅并举的做法，虽然与后来在千利休手中才告完成的日本茶道还有很大距离，但荣西法师的肇始之功不可磨灭，他被后世尊为"日本茶祖"，盖源于此。

与禅宗一样，荣西在日本倡导的饮茶文化，最终也是借助当权者的权威，自上而下推动而成。据镰仓幕府史料《吾妻镜》记载，当时镰仓幕府将军源实朝因饮酒无度，经常宿醒不醒，又兼患有热病，百医无效，颇为烦恼。建保二年（1214）2月4日，源实朝宿醉不醒，请荣西前来诵经加持。荣西命寺中送来一盏茶献给将军喝下，顿感神清气爽，荣西又将《吃茶养生记》进呈源实朝，讲授吃茶养生概要，并指导将军以茶养病以尽天年。由于得到以将军为首的幕府最高层的认同，从镰仓时代初期开始，饮茶习俗在经过长久沉寂之后又在日本流行开来了。

荣西的《吃茶养生记》最初只是以手抄卷本的方式在京都的禅寺之间流传。江户时代活字印刷技术被应用在出版业上，很多古代经典得以普及。元禄七年（1694）《吃茶养生记》首次以木刻版的形式在京都出版，从写本进入印刷时代后，《吃茶养生记》引起了茶道界和医药界的重视，群起而研究，这部被奉为"日本茶经"的经典才广为人知。

荣西禅师于建保三年（1215）7月5日在建仁寺入寂，享年75岁。每年4月20日，荣西诞生日那天，全国临济宗寺院的四大寺庙建仁寺、建长寺、圆觉寺、东福寺的高僧大德和茶道界人士都会云聚建仁寺，举办纪念荣西传茶功德的"四头茶会"，是典型的禅院茶礼。此外，每年还有一次面向全国公众开放的"坐禅茶会"，体验荣西时代的茶与禅。据说每次网上一开放报名，名额立马秒爆。

径山禅茶，传脉扶桑

——渡宋僧禅茶物语

　　源自中国佛门的茶禅之道，是日本茶文化的母体，不过，在日本茶道发生发展的过程中，诸多留学径山寺的日僧人的推波助澜作用功不可没。在日本茶道史上，荣西明庵被供奉为日本禅茶双祖，在他的努力下，日本的饮茶文化在经过300年的沉寂之后重新得到复苏。同时应该看到，任何新生事物，尤其是一种外来文化习俗，在另一个国家扎根、发展壮大都不可能是一帆风顺的，禅茶之道也不例外。荣西殁后，无论临济禅或茶饮风习，都曾一度濒临式微。重振日本禅茶雄风的，正是承袭径山寺法脉正源的几代高僧，如圆尔辨圆、无象静照、南浦绍明等人，他们在重振因荣西的寂灭而后继乏力的临济禅宗的同时，身体力行推动饮茶之道的再次兴盛。因为茶禅联宗，禅宗的复兴，也带来了日本饮茶的普及。

千年禅寺，尘落生光

　　径山位于杭州城外余杭区西北向群山环拥之中，距市区中心约50千米。山不在高，有佛则灵。径山地处天目山东北之余脉，山间自古蜿蜒延伸着东西两条小径，分别是从临安与余杭通往天目山的必由之道，寺因山名而得名，故曰"径山寺"。此地有深林幽谷，层峦叠翠之处时见飞泉清涧，大有人间仙境之美。寺庙全名"径山兴圣万寿禅寺"，始建于中唐，大兴于南宋，明清之后趋于式微，尔来一千二百年，历尽各种无常兴废乃至长久湮没于历史长河中。不过在日本，享有"临济祖庭"盛誉的径山寺却是赫赫有名备受崇拜与敬仰，日本禅宗二十四门，有十八门源出径山；而世人耳熟能详的日本茶道，其"茶禅一味"的法脉正本，正是源自径山的佛门茶宴。禅宗与茶道，经过千百年的试炼与融合，已经深入日本人的精神文化生活中，因而长期以来，前来径山朝拜的日本禅僧与茶界人士络绎不绝。

径山距离市区中心也就一个多小时车程，山也并非高不可攀，平均海拔500米，最高峰海拔近800米，环径山五峰簇拥屏立，霄峰、鹏勃峰、朝扬峰、大人峰、晏坐峰五座连峰恰似如来五个巨指环绕，又如众星拱月，难怪香火千年不绝。近年来，以径山寺大翻修为契机，周边的景区也得到整备和开发，吸引了远近游客前来游山礼佛，杭州市公交甚至还开通了从西湖武林直达径山景区入口处洞桥村的巴士，在景区旅游集散中心换乘景区环保车上山十分便利。为了节省路上时间，我们雇用一辆当地导游代找的私家车，从西湖望湖酒店出发，一路向西北，过余杭区入径山镇后直接开到洞桥村下车，沿古道步行上径山。

深秋时节，山寒水瘦，沿古道曲折而上，两边尽是翠绿的竹海林涛与高低错落的梯形茶园，高山上夹杂着霜冻染色的杂木林红黄青绿，斑斓如画，真应了古人"山阴道上，应接不暇"的写照。行至古道尽头有一座"道渊亭"，里面供奉着无准师范和圆尔辨圆两位中日禅宗师徒石像，内含一段不同寻常的渊源。过了亭子，在一个空旷处与来自临安方向的古道会合。拾阶而上，一座屋檐歇山式牌坊建筑叠立眼前，是为禅寺山门。正门东西各有一阙亭，檐顶建筑形如展翅欲飞的雁翅，俗称"五凤楼"。古籍所载"门临双径，户叠五凤"的旧时形制，在经过重修之后原样复活了。

暌违多年后重临径山寺，有点相见不相识了。新修古刹规模宏大，粉墙玄瓦，一片素净，散发唐宋寺院淡雅内敛的气息，格调近似奈良东大寺和京都万福寺。如果不是凿凿史料的旁证，谁承想，这座远离尘嚣掩映在千年时光深处的寺庙曾沐浴过多少尊显荣光！

从寺内流通处发行的游览指南可知，径山寺始建于大唐天宝初年。彼时大唐国势隆盛如鲜花锦簇，中国南方佛门香火方兴未艾之际，金陵牛山幽栖寺法钦和尚南游过余杭，行至径山被飞泉茂林的绝佳立地吸引，就此停步，在山顶的碣石岩畔结庵而居，打坐修禅，成为径山临济禅宗初祖。"安史之乱"后，人心思定，唐代宗宣旨法钦入大明宫御前说法，赐予"国一禅师"称号，并于大历三年（768），敕命杭州府兴建径山精舍，赐名"径山禅寺"。乾符六年（879），唐僖宗赐名"乾符镇国院"，官家寺院自此而始。两宋时期，禅宗大兴，径山寺与赵宋皇朝渊源更深。宋大中祥符元年（1008），宋真宗赵恒赐封"承天禅院"；政和七年（1117），宋徽宗赐名"径山能仁禅寺"；"靖康之难"后，随着赵宋皇室南迁临安府，径山寺更被赋予护国禅寺的功能和期待，地位大大提升，并迎来了前所未有的鼎盛期，与"五山"（五大丛林）并列；宋孝宗御书"径山兴圣万寿禅寺"，嘉定年间又被封为"五山十刹"之首，为江南第一禅寺。南宋最鼎盛时期，径山寺庙宇楼阁，巍峨叠立，伽蓝僧舍鳞次栉比，寺僧三千，僧房三百，求法者摩肩接踵充塞于途，信者遍及海内外。

径山寺开山以来久经浩劫与沧桑。迄止民国年间，共经历八次毁建，两次大修，但"所复原远非旧观"。"文革"更被当作"四旧"，寺僧被遣散还俗，寺庙年久失修，渐次倾颓。"十年浩劫"结束后，拨乱反正，百废俱兴，宗教文化得到尊重和保护。20世纪80年代，随着中日邦交正常化，开始有日本佛教界团体和个人前来寻宗问祖，互动交流，香火又渐渐旺起来。最近，在经过持续多年的复建工程实施之后，径山古寺重获新生，再现千年前的优雅风姿叠立于斯，像一粒久被尘埃蒙蔽的明珠，重焕灵光。

日本临济禅宗祖庭

径山寺在宋代迎来全盛期，"江南第一丛林"之美誉名扬宇内，甚至漂洋过海，远播三韩之地与扶桑三岛，乃是因为径山寺是禅宗临济宗风一大源头活水与龙兴发祥之地。这种以明心见性，直指当下的具有中国本土文化特色的禅宗，影响甚为深远。作为佛教的一个独立宗派，禅宗的发生与发展，是外来宗教与中国本土文化完美融合的产物，是中国思想史上一件大事。

径山临济禅宗，在法脉师承上原属金陵牛头宗，初祖乃是继承四祖道信衣钵而独创一宗的法融和尚。相传道信将衣钵传给弘忍后南游，其后在金陵幽栖寺遇到在那里苦苦修行的法融，经过一番试练之后也将禅宗之方便法门传授给法融，因达摩祖师的衣钵只能单传一人，道信允许法融自立一宗。其后法融在牛头山传法，禅门日益兴盛，被称为"牛头禅"，径山寺禅宗始祖法钦即为法融传人。赵宋政权南渡之后径山寺作为皇家禅寺不断受到赐封，众望所归，佛门昌盛，会集了海内高僧大德。建炎四年（1130），南宋朝廷延请禅师大慧宗杲前来主持径山寺。其时南北禅宗五门中，沩仰宗、法眼宗因后继无人而绝；云门宗已然式微，大慧宗杲法师因大兴临济宗杨岐派禅风，成为当时海内禅宗翘楚，甚至远在海外的高丽、日本都慕名前来皈依受禅。在到访径山寺的日本僧侣中，将荣西的事业发扬光大，对日本茶文化的传播起到重大作用的是圆尔辨圆。

圆尔辨圆，1202年出生于武藏国骏河（今静冈县）。俗姓平氏，字圆尔，辨圆是其法名。幼年即登久能山学佛，18岁在圆城寺剃度出家，勤修天台教理。22岁时投入上野长乐寺住持荣朝门下修习台密及临济黄龙禅法。荣朝是荣西的弟子，所以圆尔辨圆是荣西的徒孙。朝荣坐化归

寂，圆尔辨圆深受震撼，决心寻根探源前往师祖留学的南宋。端平二年
（1235），圆尔辨圆携法弟荣尊等人入宋求法，拜谒径山寺无准师范，
在其门下修学6年，遂传其法，无准师范将《宗派图》和密庵咸杰的法
衣授予圆尔辨圆，视他为异国衣钵传人。1241年，圆尔辨圆回到日本，
开始在九州的博多（今福冈县）开创崇福寺、承天寺，传播临济禅宗，
举扬临济禅风，德望日隆。1243年，圆尔应朝廷摄政九条道家邀请出任
京都慧日山东福寺住持。东福寺是仿照南宋径山寺伽蓝式样与格局建成
的禅院，各取奈良东大寺的"东"和兴福寺的"福"字为寺庙命名。圆
尔辨圆驻锡东福寺后，以北宋《禅苑清规》为蓝本，制定《东福寺清
规》，此后成为东福寺的规章。随着圆尔辨圆声名日振，京都朝廷高门
权贵纷纷前来受戒皈依。荣西禅师将临济宗传到日本之初，京都因受旧
佛教势力盘根错节影响，长期无法打开局面，只能到镰仓在幕府保护支
持下弘法，关东最早成为日本禅宗的中心。荣西之后，依靠圆尔辨圆及
其弟子们的努力，临济禅宗才得以在关西和九州牢牢扎根。此后，以径
山寺为祖庭，一代又一代的日本僧人如过江之鲫前来修习禅理，获得教
外别传，回国后发扬光大。荣西寂灭后一度沉寂的日本禅宗，在五十年
后又开始繁荣昌盛起来。为了彰显圆尔的丰功伟绩，在他圆寂之后，花
园天皇追赐"大应国师"称号，这是日本朝廷授予国师称号之始。

径山禅茶，东传扶桑

　　浙江濒海，气候潮湿温暖，水系发达雨量充沛，径山群峰叠翠，林
壑尤美，海拔在500米以上，山间终年云雾缭绕，日照多漫射，这样的自
然地理极其有利于茶叶生长，更成为径山茶独特品质特点的物质基础。
　　名山名泉出好茶。径山茶之美，全在一个"真"字，即讲求"真
色、真香、真味"，得天独厚的自然条件和历代寺僧的苦心研发，造就
了径山名茶。据《余杭县志》载："径山寺僧采俗语雨茶者，以小缶贮

送，其味鲜芳，特异他产，今径山茶是也。产茶之地有径山、四壁坞与里山坞，出产都多传，至霄峰尤不可多得，出自径山、四壁坞者色淡而味长……"云云，据传宋时径山茶就与天目茶齐名，并列"六品"，被誉为"龙井天目"。对于饮茶上偏好色泽清淡，味觉清雅回味悠长的我来说，径山与龙井一样，是我书房茶桌长年必备茶种。最妙的赏味方式是，在喝过味道醇厚茶色深重的武夷岩茶或凤凰老枞之后，来一盏清新淡雅的径山雨前，有一种极尽繁荣与灿烂后的返璞归真。以前协助我接待的本地日语导游，家在径山脚下住，经营茶作坊，一度造访，从此后常托他代购。

据载，径山种茶始于唐，与径山寺同根同源，同出一脉，都是开基始祖法钦和尚种下的善根：法钦曾在禅庵前后开辟小园种植茶树以供礼佛之用，"手栽茶树数株，采以供佛逾年蔓延山谷，其味鲜芳，特异他产"，径山茶由此诞生。与法钦和尚同时代的还有一个与径山茶事渊源悠长的人物，他就是在中国茶文化史上大放光芒的茶圣陆羽。

据载，天宝十五年（756）起，一半为了躲避中原的"安史之乱"，一半为了实地考察九州茶事诸况，陆羽负笈远行，先游巴山峡川，后至江南水乡，一路探访名茶名水，行至余杭径山，即为这一带的佳山胜水名茶所吸引，长期隐居此地考察实践精研茶学之道。径山寺后院有一个万寿禅寺，山门的两边阴刻"唐代古刹"四个大字，里面供奉着一座陆羽坐像，左手持着斗笠，右手拿着一卷书，正是当年陆羽跋山涉水、探求茶事的写照。陆羽行迹，为径山名茶增添了一段人文内涵，陆羽泉与毛峰茶、水煮笋，名列"径山三宝"，闻名遐迩。

饮茶可以消渴提神，又是一种清雅饮品，所以很早以前就和佛教结缘。东晋怀信和尚《释开门自镜录》中就记载着以茶作为打坐修禅的辅助工具的记录。陆羽在《茶经》中也倡导饮茶宜于"精行俭德之人"，将品德修为纳入茗饮之道。与陆羽同时代的禅门规范《百丈清规》里就把以茶礼佛，以茶待客，以茶修行当作佛门必修课业。流风所及，唐后大凡名山古刹之僧人，都劈山植茶以供寺庙日用。法钦和尚到径山弘扬禅道，也将佛门茶礼传来。此后历代僧人延续这一丛林清规，以茶供佛，饮茶参禅，以茶奉待客施主檀越，逐渐形成一套以茶事活动为中心的佛茶礼仪规范。

从茶禅文化发展史看，将茶与禅合二为一的是南宋径山寺的密庵咸杰（1118—1186）禅师，这与径山寺也有着不解之缘。密庵俗姓郑，福州府福清县（今福清市）人，淳熙四年（1177）奉诏任径山兴圣万寿寺第25代住持，时在荣西第二次赴宋学禅的翌年。密庵咸杰得圆悟克勤的真传，奉行"茶禅一味"的佛门玄理，在寺庙积极倡导《禅苑清规》，重视僧人的礼仪规制，将接客时的煎茶、点茶做法加以规定，形成一种有范可依的礼仪做法，"径山茶宴"就是源于他的创意。密庵咸杰主持径山寺期间，正是渡宋僧络绎不绝前来径山寺的高峰期，"茶禅一味"这一发端于密庵咸杰的法脉，通过两个途径传入日本，成为日本茶道的一大源头。

密庵咸杰茶禅系谱的一支法嗣，即弟子破庵祖先和再传弟子无准师范。无准门下有两个支流传入日本。其一是弟子无学祖先、兀庵普宁去日本弘扬临济禅法，在此不表；其二就是上文所叙的直接登径山承续无准衣钵的圆尔辨圆。

目前中日学界公认的，在中日茶文化交流中起到举足轻重作用的，当数南浦绍明（1235—1308）。据日本《类聚名物考》载："茶道之初，在正元中筑前崇福寺开山，南浦绍明由宋传入。"这则资料所指向的史实是，1267年南浦绍明归国时带回了许多与饮茶相关的文献、道具和种茶技术，成为日本茶道发展史上的关键人物。1259年，南浦绍明渡宋学禅，他先是在杭州净慈寺师事虚堂智愚学佛，其后虚堂奉诏入主径山寺，绍隆随之前往。绍隆在修禅之余也学习径山寺茶礼。作为法嗣印可，他从虚堂智愚处获得一套"茶具足"。"茶具足"，亦称"茶台子"，是径山寺做法事中以茶礼佛的点茶道具。一套茶台子一般包括装茶粉的茶盒（或茶罐）、带有盖子的水壶、风炉、烧水铁釜、供插勺用的瓶子、竹制茶勺、金属制炭铗（名铁筋或铁箸）、放置茶碗的檀香架、天目茶碗（建盏），还有点茶时用来击出茶泡沫的茶筅等。茶台子是以末茶为主流的点茶手法中的关键道具，其重要性后面再作论述。1267年，南浦绍明学成归国，除了将象征毕业许可的茶台子带回之外，同时传回日本的还有《茶道轨章》《四谛义章》，这两部后来被合并为《茶道经》，后世千利休开创至今被现代日本茶道所奉行的和、敬、清、寂"茶道四谛"，就来自其中。

据此可知，源自径山寺密庵咸杰的禅茶法脉，经过松源崇岳、虚堂智愚传给了南浦绍明，最后传入日本。此后这一谱系在扶桑代有传人绵绵不绝，从宗峰妙超、彻翁义亨、言外宗忠一直传到华叟宗昙。一休宗纯从华叟宗昙受禅开悟，被授予圆悟克勤手书墨迹的印证。一休再传村田珠光，是为日本茶道鼻祖。珠光以下的传人有武野绍鸥一直到千利休，日本茶道最终得以确立。梳理中日禅茶文化交流史不难看出，这条径山禅茶法脉此后在日本延绵不绝，经过两个半世纪最终结出硕果。

"饮茶思源"

镰仓时代日本茶文化的最大特点，可以用"寺院茶"来概括。荣西之后，日本的饮茶文化主要在佛寺中普及，分为系统，一个是禅宗，另一个是律宗，再由寺庙向民间传播。禅宗系统包括京都栂尾高山寺的明惠上人，律宗系主要有西寺的睿尊和极乐寺的忍性。这两个系统都继承了荣西"以茶为药"的实用性，但又各有侧重。提倡坐禅悟道的禅宗系利用茶的药物性，作为驱赶睡魔的修行辅助工具，于是衍生出"行茶""茶礼"等寺庙茶文化；而主张带佛说法拯救众生的律宗则将茶看作给信众治病的良药，"施茶"成为律宗寺庙的一大日常习俗。后来，饮茶逐渐走出寺庙向民间辐射，到镰仓时代后期已经普及日本各地，在各地的寺庙周遭出现了各种规模的茶园茶田，这些茶山茶园生生不息成为今天日本几大产茶区的源头。

我走访过不少日本茶园，从九州的长崎、博多嬉野，到京都宇治、栂尾山，再到关东的静冈、狭山等名茶之乡，时时能够感受到径山茶事的流风与熏香。而今在能眺望富士山的静冈牧之原茶园，我又与圆尔辨圆的遗迹不期而遇。史料记载，圆尔归国后，不仅在他历任住持的各地寺院里种茶，还将茶种播撒在故乡骏河国（静冈县），地点就在今天安倍郡足久保村的山地丘陵。静冈茶园位于东京的西南面，北依富士山，南面太平洋，气候湿润，终年雨水丰沛，同时海拔落差与浙江十分相似，特别适于矮株绿茶的种植生长。如今本地茶叶产量已占到全国的四成多，是日本最大绿茶产地，啜饮极品绿茶"玉露"，舌尖上犹能感受到千年前径山茶禅的芬芳。

每年新茶采摘季节，静冈的茶农都要举办规模盛大的"新茶祭"，祭祀对象就是泽惠静冈茶业千年的圆尔辨圆和径山茶。一个春光明媚的午后，我在山麓下的街上，看到一家茶店门口插着彩旗，绿底红字，上书"饮茶思源"四个醒目汉字，抚今追昔，心里有点感动。

从金阁寺到银阁寺

——日本茶道的成立

室町时代是日本在文化方面取得飞跃性发展的关键期，也是茶道文化得以确立的重要转型期。日本文化史上通常将以足利义满建造的金阁寺为代表的"北山文化"和以足利义政的银阁寺为代表的"东山文化"来表现室町时代的文化特征。

在与明朝重启国交的背景下，频繁的贸易往来和僧侣、商人的互动，使得明朝文化大量进入日本。受惠于日明间频繁的勘合贸易，新兴武士阶级成为"唐物"的拥有者。"唐物数寄"的兴盛、"茶具足"的完备和建筑上被称为"书院座敷"的茶室的出现，成为孕育日本茶道的物质基础。

这一时期，镰仓时代从中国传来的禅宗在足利将军家族的庇护下迎来发展盛况，并且对各个文化艺术领域产生深刻的影响。饮茶文化也随着一休宗纯的横空出世出现飞跃性质变。这种质变体现在：首先是茶汤随着走向艺能化而形成体系；其次是饮茶被赋予禅宗法嗣的意义，成为禅的化身。由此出发，后世作为一种融艺术审美与宗教修行为一体的"和、敬、清、寂"茶道才开始确立。

从"北山时代"到"东山时代"

室町时代是日本茶道史上的重要转型期

在阐述日本茶道得以成立的前提条件这一话题时，除了要梳理中国饮茶文化在镰仓时代再次东传日本的基本线索之外，还有两个重要因素需要加以关注：一个是与饮茶相关的"唐物"文化；另一个是禅宗文化作为一种新型的精神资源在茶道形成中的重要作用。从这个角度看，室町时代（1336—1573）是日本茶道发展史上一个重要阶段。在近两个半世纪内，在以金阁寺为代表的"北山文化"和以银阁寺为代表的"东山文化"所带来的物质文化积累和美学精神的指引下，有日本特色的茶道文化才开始成形。

"北山文化"和"东山文化"，都是在室町幕府将军主导下创造出来的灿烂文化，对以后日本文化的展开影响至为深远，金阁寺和银阁寺分别代表这两种文化的极致。足利幕府将军家族以禅宗为自己的意识形态，成为各种新型文化艺术的赞助者，正是在他们的庇护下，能乐、连歌、水墨画、园林、茶道等领域的艺术获得空前发展。文化史上通常也用"北山时代"和"东山时代"来指代这两个时期的文化体征。

和镰仓时代相比，这一时期以足利义满和足利义政等几代室町幕府将军为主导的日本茶文化有以下几个特点：

一是饮茶习俗走出寺院，由药用功能向娱乐性、游艺性演变，斗茶之风在各个阶层间盛行，既有在贩夫走卒间大行其道的"云脚茶"和"汗淋茶"，也有在上层武士和公卿贵族间流行的"书院茶"。

二是受惠于日明间频繁的勘合贸易，新兴武士阶级成为"唐物"的拥有者。"唐物数寄"的兴盛、"茶具足"的完备和建筑上被称为"书院座敷"的茶室的出现都成为孕育日本茶道的物质基础。

三是禅宗文化盛行，禅宗思想和形式渗透到日本人生活的各个方面，并且对各种艺术领域产生深远影响，其中禅宗对饮茶文化的影响最为深刻。受到禅宗的点化，饮茶文化出现飞跃性质变：首先是茶汤随着走向艺能化而形成体系；其次是饮茶被赋予禅宗法嗣的意义，成为禅的化身。由此出发，后世作为一种融艺术审美与宗教修行为一体的"和、敬、清、寂"茶道才开始确立。

足利义满与北山文化

在日本历史上，室町幕府是继镰仓幕府之后的第二个武家政权，因统治中枢位于京都的室町花小路而得名。室町时代从1336年首任将军足利尊氏开始到1573年末代将军足利义昭被织田信长驱逐出京都宣告灭亡，存续时间近240年。

足利义满不但集武将与政治家于一身，而且在日本文化史上也是一个功勋卓越的艺术巨匠。虽是武家出身，但是雅好文化艺术，对艺术有着非凡的品位。他以强大的幕府至尊的权势和在与明朝勘合贸易中获得的巨大财富为支撑，对能乐、和歌、连歌、茶道、花道等艺能加以庇护和奖励。在他的倡导之下，以禅宗为底蕴的五山文学和水墨画迎来兴盛，在日后大放异彩的日本戏曲艺术——能乐也在他的扶持下开花，在一系列文化领域都结出累累硕果，史称"北山文化"。

所谓北山文化，是一个综合的文化体系，源自室町时代第三代将军足利义满以京都北山的金阁寺为中心的文学艺术。它是在当时既有的日本文化基础之上以京都北山金阁寺为中心而形成的一个综合文化形态，包括建筑、园林、禅宗、文学、美术、戏剧、陶艺、漆器工艺等多个领域。

金阁寺一名鹿苑寺，原是镰仓时代朝廷公卿贵族西园寺公经建在京都北山的私家园林别墅。镰仓幕府灭亡，室町幕府取而代之。1394年，第三代幕府将军足利义满把征夷大将军的职位让八岁的儿子义持继承，自己退隐皈依佛门。他以河内领地通过置换，获得原属鹿苑寺的宅地，并在原地上建造了山庄，三年后落成，是为"北山殿"。

虽说是足利义满的私家山庄，但无论规模和豪奢程度，"北山殿"几乎超过当时的皇居御所。尤其是舍利殿金阁寺，虽只是其中十三座建筑群之一，却因独特的设计和辉煌绚烂的外观闻名于世。这座临湖而建的三层阁楼汇集了镰仓、室町两代建筑精华的集大成之作：第一层名"法水院"，是平安时代贵族豪宅式建筑；第二层为供奉的"潮音洞"，为镰仓时代武士书院风格阁楼。这两层都是长方形的日式风格。一二层均为日式建筑；第三层为"究竟顶"，用来安置参拜弥陀佛像，是中国风的正方形禅宗佛殿建筑。最炫目的是建筑物的外装，通体金光灿烂，整座楼阁除一层外，外墙及栏杆、门窗都是在天然漆上镶贴纯金的金箔，屋顶还镶着一只中国的金凤凰，整座楼阁显得金碧辉煌、庄严富丽，金阁寺即由此得名。足利义满虽然从幕府将军宝座退下，且皈依禅门，但仍然担任京都朝廷中官位最高的太政大臣，实际地位等同于上皇（上皇是天皇退位的称呼；如退位后出家则称太上法皇），国家的权柄牢牢掌握在手中。北山殿竣工后，义满迁居来此，金阁寺实际上成了室町时代的日本处理内政外交的行政中枢。正是在足利义满的大力推动下，日本与明朝重新修好，日本成为明朝的朝贡属国。在此前提下建立起来的勘合贸易体制，从15世纪初一直延续到16世纪中叶，延绵近一个半世纪，中日间经济文化交流迎来第三次高潮。在足利家族的垄断下，来自明朝的顶级"唐物"，绝大部分被幕府掌握，如此代代积累，子孙相承，足利将军的库府里形成一个数量庞大、品类繁多、奢华度高、来历清晰、保存完好的唐物收藏体系。单单记录其藏品的目录书，就分别有《北山殿行幸记》《室町殿行幸御饰记》《君台观左右帐记》《御饰记》四种大型文献，这项工作前后历时一百多年，经几代顶级文物鉴赏家的努力才告完成。

金阁寺不但是足利将军财富宝藏之所在，日本顶级权势的象征，而且是室町时代前期日本文化的中心。由此展开的北山文化，对日本文化性格的形成产生了不可估量的影响，所涉及的领域，几乎涵盖日本文化艺术的方方面面，个中又以茶汤文化最为典型。正是在对金阁寺唐物宝藏的鉴赏、整理和利用，以及在金阁寺举办的茶会中，孕育出后来日本茶道得以成立的几个关键要素。

首先是"唐物数寄"的兴盛。如前所叙，"唐物"一名，始于奈良时代对来自中国的舶来品的称呼，是豪华奢侈品的代名词，并一直沿用到日本近世，泛指自唐、宋、元、明几个时期的中国传入日本的墨迹、书画、文具、陶瓷器、漆器等艺术品和工艺品，它是整个日本茶汤文化的重要物质基础和组成部分。"数寄"，一名"数奇"，源于日语中表示兴趣、喜好的"すき"，意为被物象所吸引并为此痴迷。后来"数寄"一词被移用于文学领域，如13世纪初期的和歌创作理论就有"歌数寄"的表述。随着饮茶文化的盛行，"数寄"也被用于描述茶汤之美，叫"茶数寄"。与此同时，"唐物数寄"也成了与"茶数寄"相提并论的热门词语。"唐物数寄"的意思，就是以大量奢华的中国艺术品、工艺品和器具来装点茶会，使之达到一个很高雅的审美品位。

对中国舶来品的喜好在日本由来已久。所谓"唐物庄严"，就是源自王朝时代以来在日本上流社会形成的中国物品的崇尚风潮。后来随着遣唐使制度的长久搁浅，这种风气一度减弱。镰仓时代以来，以禅宗文化的传播为中心，中日两国僧人间的往来又频繁起来，出现了自唐代后中日交流的第二次高峰期，中国文化的影响又突然加大。很多中国高僧的墨迹被当作珍宝带到日本，如圆悟克勤、大慧宗杲、无准师范等禅师的手书真迹。也有到日本传道的中国和尚留下的挥毫，如大休正念、兰溪道隆、无学祖元、一山一宁等，他们的挥毫先是被当成禅门的镇寺之宝，后来更成了茶室中最重要的元素——茶挂。除此之外，随着繁盛的勘合贸易而带来的大量宋元物质文化，如茶叶、茶具、丝绸、陶瓷、典籍、中药、蔗糖等。而对"唐物"的进口，在足利义满执政时期达到了一个历史的高潮。

　　日本茶道中最重要的配套道具"茶具足"，也是在足利义满时代开始流行起来的。"茶具足"，一名"茶台子"，即是举办茶会专用的器具和设备，也就是专门用于烹茶、点茶、分茶和饮茶的器具，这些都是日本茶道礼仪程序形成中的基本物质基础。日本饮茶习俗传自中国，因此初始之际，茶器的样式种类和构成也都刻意仿造中国的做法，像茶台子，从样式和相关配套都直接仿效宋代点茶的道具组合。宋代点茶中的"茶具足"，是茶会中不可或缺的道具。一套"茶具足"，一般包括装茶粉的茶盒（或茶罐）、带有盖子的水壶、风炉、烧水铁釜、供插勺用的瓶子、竹制茶杓、金属制炭铗（名"铁筋"或"铁箸"）、放置茶碗的檀香木架、天目茶碗（建盏），还有点茶时用来打出茶泡沫的茶筅等。有了这套精密的工具，日本茶道的技艺源头——"茶具足点茶法"诞生。据日本《本朝高僧传》一书记载，日本茶道史上第一个将茶台子传到日本的是镰仓时代早期的临济宗禅师南浦绍明。1267年，他从明州径山寺归国时，特意将寺院中用来礼佛献茶用的茶具套装带回日本，最先在九州的崇福寺使用，后来南浦绍明将之带到京都紫野大德寺，经由著名禅僧梦窗疏石普及开来。茶台子的道具组合中，除了茶筅是宋代才出现的以外，其余的在陆羽的《茶经》里已经大备。从道具组合也能看出，日本从宋朝带回的茶具有很高的文化性，不但超越了药用或日常饮料的功能，还有了借助一套精妙的道具演绎出来的颇具仪式感的程序规范，体现在喝茶中讲究技艺，也就说明此时已开始上升到艺道的层面了。在"茶具足"中，来自福建的建盏，也就是日本茶道通称的"天目茶碗"，成了"唐物庄严时代"茶器的代表。

建盏茶碗代表宋朝人的品茶审美风尚。在唐代，中国的茶碗以河北邢窑的白瓷和越州的青瓷为主，尤以越瓷为佳，这与唐朝人追求茶汤色泽贵在青绿的趣味有关，如陆羽《茶经》就说"邢不如越"。但是到了宋代，在道教文化影响之下，人们的审美趣味发生变化，幽玄的黑褐色成为备受推崇的颜色。此外，也与宋代流行"斗茶""茗战"的风气有关。斗茶以茶盏内侧盏壁水痕出现的早晚决胜负，茶筅在茶汁中搅起的汤花呈白色，在黑釉碗衬托下，黑白分明，水痕一目了然，赵佶《大观茶论》有云："盏色贵青黑，玉毫条达者为上，取其燠发茶色采也。底必深微宽。底深，则茶直立，易以取乳；宽，则运筅旋彻，不碍击拂。"在这一审美趣味影响之下，原产福建建州（今南平市建阳市水吉镇）的黑釉茶碗"建盏"脱颖而出，两宋时期大为流行并取代了青瓷碗。当时生产黑釉粗瓷碗的民窑很多，福建建州陶土中含有某种矿物质，在高温烧制时会出现细小的结晶，在不同的光照中会呈现出缤纷的色彩，犹如夜空群星璀璨，是为"曜变建盏"，在斗茶成风的南宋时期极为普及。彼时前来江南学禅的日本和尚，在天目山寺庙见识了寺僧喝茶的建盏，爱不释手，大量采购回国，命名"天目茶碗"。宋代曜变天目茶碗后来成了"唐物庄严"的代名词，也是日本茶道中的顶级茶具的象征。

退隐后的足利义满经常在金阁寺举办茶会，在会场上展出他收藏的唐物珍品，用茶具足点茶，招待朝廷权贵或外国使节。据《北山殿行幸记》载，1408年阳春三月，足利义满在金阁寺为小松天皇举办一场规模盛大的唐物鉴赏会，按照他的设计，这些唐物都成了茶会中的有机组成部分，如书画挂轴、案几、香炉、烛台、花瓶、文房四宝、铜器等；而充当茶具足的风炉、铁釜、黑釉茶入（茶粉罐子）、青瓷水指（装凉水的带盖子的水罐）、建水（用来洗涮茶具的水壶）、瓶子（用来装竹勺、茶勺）、竹勺（舀水用）、茶勺（舀茶粉）、炭盒、火箸（夹木炭的金属筷）、天目茶碗（建盏）和茶托套件、青瓷茶盏等。《北山殿行幸记》还记载了在茶会中经今上御览、御用的这批唐物和"茶具足"，足利义满全部捐赠给小松天皇。足利义满将"唐物"和"茶具足"定为举办茶会的两种最基本的配置，这一做法在日本茶道史上具有不同凡响的意义，它意味着饮茶在室町时代初期的上层社会，已经脱离了药用或解渴的层次，提升到一个具有高雅艺术品位和程序做法的艺道的高度，也是日本茶文化发展过程中一个很重要的物质基础和前提。

在频繁举办的以唐物展示为主题的茶会基础上，茶会的空间也相应得到规范，于是出现了在室町时代初期风靡一时的"书院造"茶室，日式茶室格局得以确立。

日本古代建筑深受中国影响。奈良时代以来，日本皇族、贵族都住在名为"寝殿造"的宅邸，因以寝殿为主体建筑而得名，迄止镰仓时代早期，这种寝殿造基本上都以左右对称、整饬壮丽的中式格局。平安时代中后期"国风"抬头，建筑也渐渐向日本式样演化。镰仓时代初期，渡宋僧传来了唐五代和两宋的建筑理念，"书院造"成了武家和贵族流行的建筑格局。

"书院"在唐代指的是政府的书库或文书保管室之类，宋朝私学大昌，书院成为讲习儒家学术的学塾，最有名的如岳麓书院。但这一词语传入日本后被赋予了其他的功能和内涵：房屋中放置文房四宝的地方被凸显了，成为集书斋和会客厅为一体的空间，称"书院座敷"。"座敷"在日语中是铺设了榻榻米的会客室，不设座椅，主客均席地而坐，一改平安时代地面铺设木板的做法。房间设有敷着白纸的"障子"（格子拉门），由厚纸或布匹糊成的"袄"（推拉门）。这种书院座敷在镰仓时代后期出现雏形，在室町时代初期得以完善，其契机就是在"唐物"风靡日本上流社会的背景下为装饰摆放"唐物"而诞生的，刚开始流行于以室町幕府将军为首的上流社会，后来普及于民间。居间中最富日本特色的，还有一个叫"床之间"的部分。这是稍微高出榻榻米的略微向外突出的部分，墙壁凹进去，是为张挂书画而设；下面长条状空间成为摆放香炉、花瓶和工艺品的地方，"床之间"成为和室中最富有艺术氛围的空间。今天日本和室居间的基本样式，就是那时定下的，而开创者就是足利义满。

足利义满曾在位于京都的"花御所"将军府邸边上另设一处建筑，供社交娱乐之用，类似私人会所，里面供着他精心收藏的"唐物"，作为茶室一个有机的艺术部分，此为"书院座敷"之起源。义满退隐后，移居北山殿，金阁寺成了日本最高规格的书院座敷茶会中心，也成了当时日本上流社会仿造的茶室样板。足利义满之后历代室町幕府将军都仿照金阁寺的做法在宅邸里另设书院，专门用来陈列悬挂展示他们收集的唐物和举办茶会。书院宽敞阔绰，一般规格为6间（12张榻榻米，约24平方米）或8间（约32平方米）；内外装潢富丽堂皇，是典型的豪奢茶室。

滥觞于足利义满北山文化时代的"唐物数寄""茶具足"和"书院造"茶空间，成了有日本特色的茶道得以成立的基础和前提，经过历代将军的继承和发扬，到了第八代将军足利义政时期趋于成熟。

足利义政与东山文化

大致上看，在江户幕府时代以前，古代日本传统文化主要由王朝贵族文化、武士时代（镰仓幕府和室町幕府）的武家文化以及自镰仓时代以来以禅宗为核心的佛教文化构成。这三种文化在室町时代的晚期开始走向高度的融合，而融合点就在足利义政执政时期形成的以银阁寺为代表的东山文化。

足利义满殁后，继任者对以金阁寺为代表的北山文化都有所继承、补充和发扬，其间也因时事的变迁和社会文化思潮的影响发生某些变迁。到了90年后第八代幕府将军足利义政（1436—1490）执政时期，在"北山文化"基础上又衍生出另一种新的文化形态，这就是文化史上通称的"东山文化"。

"东山文化"一名来源于雅好文艺，对禅宗别有情怀的足利义政在京都东山山麓建造自己私人别墅"东山殿"。足利义政是义满的孙子，在雄才伟略上根本无法与祖父相提并论，不过在雅好斯文和艺术才情上颇得义满遗风，甚至有过之而无不及。1486年竣工的"东山殿"是一组建筑群，其中有银阁寺（一名慈照寺）是作为书院茶室建造的，却是通体素色，不见银亮，显得简素雅致。与金碧辉煌的金阁寺相比，银阁寺代表另一种洗尽铅华复归简素、枯淡和幽玄的美学旨趣，简单来说，就是弱化张扬高调的武家色彩，更多地融入禅宗文化，代表了室町时代晚期的美学风尚。

和祖父的"北山殿"金阁寺一样，足利义政的"东山殿"银阁寺，也是当时一个艺术文化中心。在崇尚艺术方面，足利义政青出于蓝，走得比他的祖父还远，也是一个爱艺术甚于爱江山的君主。足利义满之后，几代将军权势一代不如一代，足利家族收藏的"唐物"或散、或失、或零乱，亟待重新整理、鉴别、定级和登录，为此，足利义政专门雇用了当时最负盛名的几十个艺术家做他的文化顾问。其中精于鉴定文物、美术品的艺术家能阿弥、艺阿弥父子，专门为他收集鉴定管理"唐物"和进行茶会艺术指导，是将军府上"同朋众"中的佼佼者。

所谓"同朋"，是室町时代为将军或大名服务的艺术家、茶匠等艺能人士的称呼，他们共同的特征都是名字后有"阿弥"的称号，是从佛教"南无阿弥陀佛"中取得的艺名，表明他们的身份介于出家人与俗人之间，警醒自己必须以修道的觉悟投入到艺道的修炼中去。因此古时日本从事艺能人士，如茶师、能乐演员、连歌师、俳谐家等，大都要经过受戒、修禅，大都出家人装扮拥有法名等，即是源于这一传统。能阿弥原是第六代将军足利义教、第七代将军足利义胜的艺术顾问，后来继续被足利义政重用，负责将军府上的艺术事务。能阿弥是个多才多艺的艺术家，精通连歌、插花、水墨画等，是个全能型的艺术家，但他最擅长的领域主要是对唐物的鉴赏。

能阿弥对茶道的一大贡献，是确立了"东山御物"。他将足利家世代相传的"唐物"，经过鉴定分类定级，分为上、中、下三等，选出上等品中的上品和中等品中的上品，将其命名为"东山御物"，足利义政将军本人也参与了这项工作，但直到他去世时这项工作还没完成。一直到第九代将军义尚时期，才整理出记录唐物中艺术价值最高的"东山御物"目录书《君台观左右帐记》。其中所登录的绘画作品，就有王维、李公麟、李安忠、赵佶、梁楷、牧溪等160多名唐、宋、元时期一流画家的精品。此外，还有不胜枚举的香盒、烛台、香炉、花瓶、茶碗、茶叶罐、茶壶等各种茶具。经过苦心经营，在足利义政这代，幕府将军府上收藏的唐物数量和品质都达到空前的程度。"东山御物"有一部分流传至今，收藏在日本国内各大美术馆和美国波士顿等地的博物馆里，其中大多是价值连城的珍稀古董。

能阿弥对茶道的另一个贡献就是确立了书院茶会的规范。足利义满时代大行其道的书院造建筑代表了绚丽、豪奢与高雅纯正的贵族品位。不过随着时代的发展，审美意识也在发生变化，到足利义政时已经向清淡简素发展了。足利义政开创的东山文化，在"书院座敷"茶室上也体现了这一时代审美特点。现今在银阁寺的东求堂有一附属建筑名曰

"同仁斋"，建于"东山殿"落成的同年，是按照足利义政的趣味打造的茶室，掩映在周边四时流动的季节美景中，清雅幽玄。但格局趋向内缩，居间只有四张半的榻榻米（约9平方米），内饰也极为简单，除了榻榻米，只有一个储物架，一张书案矮桌，上面摆放着珍稀唐物，这种书院造茶室已经接近后来的草庵茶室的内部空间格局，足利义政经常在同仁斋举办小规模的茶席。这种建筑格局对后世茶道影响深远，构成了日本茶道得以展开的基本空间。

与足利义满将军时期相比，近百年后的足利义政时期，以唐物为展示主题，以"茶具足"为基本工具，以书院造茶室为场所的茶会已经成为从将军、权贵到中上层武士之家的基本品茶方式。足利义政将军本人就是书院茶的最大倡导者，据载，他经常在东山殿的银阁寺举办各种茶会，即便是历时十年之久、席卷日本本州西部的"应仁之乱"中，银阁寺的茶会都不曾停办过。茶会常常由他本人主持，能阿弥充当助手和顾问，还有一群专司在茶会上点茶的侍从，称为"茶汤侍奉官"。在文献上留下名字的"茶汤侍奉官"就有智阿弥、玉阿弥、千阿弥、平阿弥等人，有一种说法，这群茶汤侍奉官中的千阿弥就是后来日本茶道巨匠千利休的祖父。

孕育茶道鼻祖的时代

足利义政主导的东山文化，对日本茶道发展史的最大意义还在于，它成了孕育有日本文化特色的茶汤之道的温床，被后世尊为"茶汤鼻祖"的村田珠光就是直接受到东山文化熏陶的一代茶人。

珠光早年在故乡奈良南部的称名寺出家，后因故被迫脱离僧籍，四处飘零。后来到茶风鼎盛的京都谋生，靠在各种茶会担任判者获取酬金，后来转而从事获利极丰的茶具买卖发家致富，得以在京都立足。又因精通名物鉴定，进入上流社会的社交圈子。后来得到在足利义政府上担任首席艺术顾问的能阿弥的知遇，不仅有机会接触将军府上大量唐物极品，还和能阿弥学习插花和文物鉴别法，一度成为足利义政银阁寺书院茶室的座上宾。受惠于因缘际会，珠光有机会进入当时日本茶文化中心的最顶端，见识了别样风景，成为汇集了整个室町时代文化精华的艺术家。

能阿弥是对珠光茶道具有深远影响的人物。从茶道系谱上看，珠光是能阿弥的传人。收藏于东京国立博物馆的《君台观左右帐记》的后注中写有"此卷由能阿弥相传于珠光"的字迹，署名人村田宗珠，是珠光的养子兼家业继承人。另外，也是由于能阿弥的中介作用，珠光得以结识京都大德寺一代高禅一休宗纯，并和他参禅，获得开悟，日本茶道由此翻开了新的一页。

不过，这是另一篇叙事了。

"茶事以禅道为宗"

——"百艺宗师"一休的禅与茶

> 吃茶以禅道为宗，起于紫野一休禅师。南都称名寺珠光乃
> 一休禅师之法弟，嗜好茶事，日日奉行。一休禅师见之，曰：
> "茶，宜与佛道妙处相应。"

这段话是日本著名茶道经典《禅茶录》一书的开篇之句。此书是江户时代禅僧兼茶人寂庵宗泽所著，成书于文政十一年（1828），最大亮色就是从理论上探讨了茶道与禅宗的深层联系，里面有不少直指茶道核心的哲思，至今仍能给予人不少启发。上面的引言，揭示了茶道艺术与佛法的不解渊源，其核心就是源自一休的"禅茶一味"如何因缘际会传到珠光的手中——这又是日本茶道文化发展史上一个具有深远意义的重要事件。

一种文化从孕育、萌芽、发展一直到最后趋于大成蔚为壮观，其路径并不总是直线型，也不可能一路坦途，中间必然会经历很多沟壑阻隔，过不了坎，要么掉头改路，要么就此止步。如果机缘巧合，得遇津梁即可由此进入一个崭新天地。纵观茶道在日本的发展历程也似乎暗合这一规律，在几个关键的关口都被轻松越过，终于发展出"和敬清寂"的日本茶道。在这个过程中，一休禅师是一个关键桥段。

一休宗纯（1394—1481），幼名千菊丸，一名周建，宗纯是受戒后的法号。一休大约生活在足利义满与足利义政时期之间，是室町时代的禅宗大师，也是日本茶道史上意味深长的文化巨匠，对当时各种艺术领域，如能乐、连歌、园艺、绘画等都有很深的影响，尤其对"和敬清寂"茶道的形成有点化之功。

一休一生充满传奇。他的身世本身就是一个不解之谜，据说身上有皇族血统，其生父是日本第一百代天皇后小松天皇，母亲出自京都贵族名门藤原氏后人，入宫为女侍，受到后小松天皇宠幸，一休出生于京都嵯峨野的民家。为了避免沦为残酷的后宫争斗的牺牲品，在6岁时母亲就把他送到京都安国寺做一名寺童子。一休17岁时投入著名禅师谦翁宗为门下，改名宗纯。其师圆寂后，一休走投无路绝望得要自杀，投湖后被救起。后来往近江国（今滋贺县），拜大灯国师的第四代传人华叟宗昙为师，在其指导下修禅。在经历种种生离死别和禅风法雨的洗礼之后，在27岁那年5月初夏的某夜，在琵琶湖小舟坐禅时闻老乌鸦"嘎"的一声，啼叫着掠过湖面，顿然了悟，华叟宗昙便将象征本宗开悟的印可状——宋代临济宗高僧圆悟克勤的墨宝授予他。此后游历列岛禅寺，1474年，81岁高龄的一休受后土御门天皇之命主持重建在应仁之乱战火中被焚毁的紫野大德寺，并出任该寺第48任住持，功成身退，居于大德寺内附属寺院酬恩庵（今天的京都"一休寺"）弘扬临济禅。

一休留给世人的是一个放荡不羁的"狂僧"形象，实际上是个真正得道的禅宗大师，也是极富创造精神的艺术巨匠。他的一生贯穿北山时代和东山时代，可以说是室町时代美学精神的化身。一休放荡不羁，得到开悟印可状以后，常常四方云游很少在寺院中居住。虽出身禅僧，但佛门清规根本束缚不了他的才情，剑走偏锋在酒池肉林与歌楼淫坊里修禅，虽然九死一生，但火中取栗终得大道。一休也是"五山文学"时代的著名汉诗人，他为自己的汉诗集命名为《狂云集》，很能代表他的禅风，狂云卷地，天马行空，无论思想还是行迹，都奔放不羁。晚年邂逅年轻尼姑森女，邀来禅房同居，将闺房密戏与云雨癫狂写进汉诗，全然是官能写实派的笔法，连川端康成读了都直呼"胆战心惊"。他被世人视为离经叛道，却是对规矩羁绊和当时已经堕落的宗教的超越，"立志要在那因战乱而崩溃了的世道人心中恢复和确立人的本能和生命的本性"（川端康成语），在精神实质上无限接近禅，是真正的得道高僧，他对日本文化史的最大影响，就是对包括茶道在内的各个领域艺术家的启悟。

某种意义上，充满个性精神的艺术创造与主张自力开悟的禅修本质上异曲同工。"入佛界易，入魔界难"是一休的口头禅，也可以理解为追求真善美的艺术家，要达到某种高度，要敢于冲入魔界搏杀并从中突围。这种有如钢丝上的空翻的创造难度很大，循规蹈矩的禅僧望尘莫及，却与艺术的创新精神相契合，因此门下的高足中，艺术家远远多于宗教家。当时的艺术家，在艺能上走到尽头，山重水复疑无路之际，都要到大德寺酬恩庵投入一休门下参禅顿悟，以实现破旧立新。比如室町时代的画家曾我蛇足和墨斋、连歌宗师柴屋轩宗长、俳谐家山崎宗鉴、造园艺术家善阿弥、能乐师匠春禅竹、茶道开山之祖村田珠光等人都是通过和一休修禅后获得大彻大悟，将其禅风作为自身艺术实践的指导思想，分别在各自领域中实现了质变的飞跃而成为相关领域的一代宗师巨匠，这其中又以珠光最为典型。

一休是如何将茶禅传给村田珠光的呢？

首先是法嗣上的确认，将茶与禅等量齐观，同置于道统的高度。华叟宗昙这支禅脉，由南宋时期渡宋的南浦绍明传回日本。往上追溯经虚堂智愚运庵普岩、松源崇岳到密庵咸杰。密庵咸杰是圆悟克勤的第三代传人、径山寺第25代主持。南浦绍明以下，又经言外宗忠、彻翁义亨、宗峰妙超（大灯国师），然后传到华叟宗昙，再到一休。从临济宗系谱来说，这是根红苗正的禅脉所系，源于中国径山寺的禅茶法脉就这样传到一休。一休宗纯从华叟宗昙受禅，得其真传，被授予圆悟克勤的墨迹印可状。圆悟克勤（1063—1135），四川彭州（这也是在中国历史上"饮茶"最早见诸文字的地名）人，是禅宗五祖法演门下"三佛"中的佼佼者，曾先后获得宋徽宗和宋高宗"佛果"和"圆悟"赐号。圆悟在中国茶文化史上也是一个影响深远的人物，最大的功绩就是扩大了中国禅茶文化的内涵。他撰写的禅门盛典《碧岩录》中就有很多以茶参禅的公案，显示出对茶与禅关系的深刻思考领悟。据统计，在其门徒以他的讲稿辑录《碧岩录》全书100篇中，有130多处提到"赵州茶"，充满颖悟的机趣。后来他将衣钵传给门下高徒虎丘绍隆，其标志就是授予绍隆相当于毕业证书的"印可状"。据研究，流传到日本的圆悟"印可状"墨迹有三件，迄今在日本普遍得到确认的真迹是书于宋宣和六年（1124）十二月名为《与虎丘绍隆印可状》的墨宝（日本茶道界通称"流圆悟"），原作应有45行，现存仅有19行，计600多字，作为一级国宝珍藏于东京博物馆。真迹略述禅自天竺传入中土并在宋代开枝散叶的经过，并揭示了禅的精神实质。圆悟手书的印可状后来传入日本，是临济宗衣钵传脉的象征。珠光在从一休修习禅茶多年，得教外别传，顿悟"佛法在茶汤之中"后，获得一休的认可并被授予圆悟的墨迹。珠光遂将它挂在茶室中最显著的"床之间"，每日参悟。珠光的这一做法开启了"禅茶一味"的路径，从此日本茶道与禅道之间有了正式的法脉关系。这一理念后来被日本茶道的集大成者千利休所继承和进一步弘扬，他甚至认为"禅师之墨迹为种种茶道具之首"。而圆悟克勤的墨宝至今是日本茶道界的最高宝物。

　　法嗣关系只能证明茶道与茶道在道统上的因缘，但禅道并不等同于茶道。禅道影响茶道是多方面的，既有观念上，也有具体方法论上的启迪，两者合力的结果促成了日本茶道质的变化，一休是实现这一突变的最大推手。所谓"茶，宜与佛道妙处相应"，就是在观念上将茶置于等同佛法修行的高度，将茶道视为禅道的化身，把茶汤从纯属于游艺性、娱乐性或刺激性的饮茶提高到精神性和伦理性的道的层面。在这个框架下，茶汤被赋予了持戒、修行、悟道的意义，正如《南方录》所说的"小草庵的茶之汤，首先要依佛法修行得道"。这里的佛法，就是禅道，习茶就是修禅悟道的一场灵命修行；茶人就是修行僧的化身；"坪内""露地"象征生生不息的大自然；方丈茶室是一个浓缩的人生舞台；繁文缛节的礼仪就是试炼人心的佛门规矩；茶台子的茶道具等同佛事法器；茶盏里的茶汤象征苦涩的人生；茶室中的插花则代表蓬勃的生机；壁龛里挂轴墨迹有如佛陀的经纶棒喝……在这个意义上，在家等于出家，在世即是出世，只不过是将修行道场从方丈丛林转移到尘世家居中的露地草庵而已。对此，寂庵和尚《禅茶录》说得好："故而行一切茶事，与禅道无异。以无宾主之茶、体用、露地、数奇、侘等名义为中心，其他一切无非禅意，应推而广之发扬光大。"《山上宗二记》也说："因茶道出自于禅宗，所以茶人都要修禅，珠光、绍鸥皆如此。"这种以茶悟道的观念在日本文化上留下很深的烙印，不只是茶道，很多艺道，如花道、书道、剑道的家元（宗家）在继承本门道的宗家之前，都需要先到禅寺剃度入僧籍，经过在禅寺的修行开悟后，才具备做继承人的资格，这一传统就源于一休的以禅悟道。

　　禅宗讲究"不立文字，教外别传，直指人心，见性成佛"，传道授业的关键在于"以心传心"，因此有关一休具体如何在禅与茶上对珠光进行指导和教诲鲜有文字记录，使得这段历史充满神秘感，为后世留下了很多悬想的空间。在流传的珠光参禅悟道的各种公案中，以下面的段子最为传神。据说，当时的情形是这样的：

　　　话说珠光在而立之年投入一休宗纯门下，学习禅茶之道，几年后学有所成已得"禅茶"之味，顿悟了"佛法原在茶汤之中"的妙谛，颇有自得之喜。一休在最终将禅门衣钵传授给珠光之前，曾对其进行一次别开生面的考试。

一日，一休在酬恩庵与众弟子喝茶，忽然对珠光问道：

"珠光，说说你对吃茶的见解。"

珠光自信满满答道：

"学习荣西僧师，为健康饮茶。"

一休哂之，不置可否，转而谈起了赵州和尚"吃茶去"公案，接着问珠光，对"吃茶去"三个字，你有何体会？

珠光不语，默默捧起茶碗啜饮，这时冷不防一休手起棒落，将他的茶碗击得粉碎！

珠光却纹丝不动，忽而起身离席。

一休喝道："珠光！"珠光应诺返身。

只听一休缓缓道："方才问你吃茶规矩，但是如能抛开规矩吃茶又将如何？"

珠光平静地回答："柳绿花红。"

吃茶众僧如坠五里云雾，一休闻后却笑开了花，随即将传自华叟宗昙的圆悟克勤真迹也就是象征本宗衣钵传人的印可状传给了珠光。

说到一休对日本茶道的点化之功，内藤湖南有关"卤水与豆浆"的譬喻同样可以用在诠释禅对饮茶文化聚合成型的促进作用。日本茶文化起源于中国，奈良时代开始从唐朝传入茶文化，由于后来荣西禅师从南宋同时传来茶与禅，由于得到镰仓幕府将军的庇护，获得空前发展。在这个过程中，茶与禅的关系出现了某种变化趋势，饮茶的功能渐渐从实用性向精神性转化：从成为扼制病疫的健康饮料到坐禅修行的辅助工具，又成为修禅公案的素材和顿悟佛理的契机等等，可以说茶与禅在中世时期的日本已经水乳交融。不过这一时期茶与禅的关系，还只停留在寺院宗教生活层面上的关联性，这种状态一直延续到两个半世纪后随着一休宗纯的横空出世才出现飞跃性质变。

也就是说，在日本茶道确立以前，无论饮茶的普及，还是日本的审美意识与表现方法，都已经初步形成。随着一休、珠光师徒的出现，茶才被赋予禅宗法嗣的意义，并被作为禅的化身，而且将代表时代文化思潮的美学理念和方法融入茶事中，后世作为一种融艺术审美与宗教修行为一体的"和敬清寂"茶道，自此开始确立。由此，茶人入行之初首先必须受戒修禅成为一种传统，《山上宗二记》一再强调：

因茶道出于禅宗，所以茶人都要修禅，珠光、绍鸥皆如此。

"佛法在茶汤之中"

——茶汤鼻祖村田珠光

我有明珠一颗，久被尘劳关锁。今朝尘尽光生，照破山河万朵。

——宋·柴陵郁禅师

追溯日本茶事源流，不难看出与中国文化的莫逆渊源。只是，认为茶道就是日本人将饮茶与几个中国文化元素进行简单糅合的结果，难免有失偏颇。事实上，日本在茶从中国传入后，就致力于另辟蹊径，努力将茶从日常饮品升华为一种融生活、艺术与宗教修行为一体的审美活动，并在这一过程中不断进行本土化改造。

茶道形成后，茶叶已经不再是一种普通的植物：既不是治病除疾的药物，也不仅仅是爽口怡神的饮料，而是一种审美艺术与审美宗教。作为一个综合的艺能体系，茶道熔饮茶、禅宗、礼仪做法、园林建筑、陶瓷工艺、书画、饮馔与文学为一炉，在吸收中国文化精髓的同时，也融入自己的文化因子，形成自己的特色，在经历了整整一百年的激荡与融合后，最终在16世纪中后期臻于大成，发展成具有日本特色的综合文化形式。

掀开这百年茶道完成史第一页的是"东山时代"的茶匠村田珠光，他在茶道文化史上具有开山的功绩，被后世尊为"茶汤之祖"。

生逢茶风之盛

村田珠光（1423—1502），历史上确有其人，但因为史料的匮乏，其存在性显得扑朔迷离，但随着近代以来研究的不断深入，有关他的生涯事迹越来越清晰地浮出水面。战国时代晚期有个著名茶人叫山上宗二（1544—1590），是千利休高徒，他写有茶道秘籍《山上宗二记》，这是千利休生前就刊行于世的茶道经典，可信度远远高于另一部茶道经典《南方录》。书中有一大部分篇幅记录了珠光的生平事迹和言行，被誉为茶道界的《论语》。珠光是奈良人，生于应永三十年（1423）。幼名茂吉，父亲村田杢一，是奈良东大寺检校，是一名负责寺务监督的小吏。由于父亲的旨意，珠光10岁在称名寺出家，"珠光"一名即来自称名寺授予的法号。这个名字据说也有来历，源自净土宗三大经之一的《观无量寿经》中"一一珠，一一光"之句，意为要像打磨蒙尘的明珠一样去发现属于自性的光芒。从珠光后来在日本茶道史上的地位来看，这个名字也是极富预言性的。

有关珠光早年的学习生活情况，综合各种史料研究，也只能得出一个大概的轮廓。据载，他19岁时因触犯戒规或得罪寺庙当权派而被逐出佛门，为了谋生漂泊到京都。当时的京都茶风很盛，有各种各样的"茶寄合"（民间茶会），精于斗茶的珠光靠担任茶会的"判者"，也就是裁判，赚取报酬度日。

村田珠光生活的年代，处于日本茶文化发展史上的关键阶段。最重要的特征就是由镰仓时代渡宋僧们传到日本的饮茶习俗，在经过近两百年的发酵之后，开始走出禅寺向外扩散。最初是京都的贵族阶级，接着代表新兴阶级的武士也起而仿效，最后在民间大行其道。饮茶从高端群体普及普通民众阶级，这是饮茶文化得以在日本扎根的必备前提，也是孕育珠光茶道的一大社会基础。

　　与寺庙的禅僧相比，拥有很高文化素养的京都贵族和粗鄙少文的武士阶级与宗教的关系较为松散淡薄，因此他们对待饮茶自然有别于佛门，这在贵族中表现为将饮茶作为一种异国文化时尚来享受；而武士更倾向于将其作为征战之余的遣兴和娱乐。两种不同的诉求，最终在南宋传来的"斗茶"中融合，其中以室町时代中期上流社会的"书院茶"为典型。最早的茶室，是模仿中国样式的"饮茶亭"，上下两层的中式建筑，楼下是客堂，是客人等待休息之所；二楼被称为台阁，也就是阁楼。这种建筑目前已经不存，但其格局样式可以在京都银阁寺找到样本，是典型的书院造茶室。亭主（茶主）准备妥当，客人到齐了，就会被邀请到二楼。点茶献客之后，便玩一种叫"四种十服"的斗茶游戏，大概是模仿南宋流行的"斗茶""茗战"，比试茶味、茶品，论点茶技术的斗茶。不过，受到各种局限，当时日本玩不出这么多花样，斗茶要简便得多，也就四个品种茶，分十个回合来比胜负。茶端出后，猜测其中哪些是正宗的"本茶"（栂尾山宇治茶），哪些是"非茶"（栂尾之外的茶）。此外，还要鉴别茶泉用水。猜中者可以得到赠品，类似赌博，玩着玩着超出界限，不断向感官享乐靠拢，最后成为吃喝嫖赌的渊薮。斗茶风气蔓延到民间，就演化成"云脚茶"和"汗淋茶"。

　　"云脚"，又称"茶脚"，是宋代茶事术语之一，指的是将茶粉放入茶碗中，冲入沸水后，用茶筅快速搅动后在茶碗壁上形成白色的茗渤（茶泡沫），有如雨前云彩堆聚一般，"茶少汤多云脚散，茶多汤少粥面聚""茶脚碧云凝午碗"，聚众斗茶，以云脚晚消散者胜。这是两宋时期上至天子、士大夫，下至引车卖浆者流都热衷的斗茶遣兴。不过云脚茶传到日本意义发生改变，成为面向下里巴人的低端茶会或劣等茶的代称。从室町时代开始，京都寺庙每逢盂兰盆等祭祀活动都会在寺庙里举行施茶，一般庶民便三五成群前往聚饮，叫"云脚茶会"。这种庶民饮茶，在15世纪开始的都市化进程中，还进入公共澡堂，成为向入浴客人提供的饮料，叫"汗淋茶"。"汗淋茶"，顾名思义，就是集体洗浴后以饮茶为噱头的聚会，还融入了酒食、连歌竞赛等吃喝玩乐的内容，是一种典型的娱乐茶会。"汗淋茶"在室町时代珠光的故乡奈良最为流行，举办这种茶会的人需要财力、才艺、人脉，还要有人情练达的融通，当地豪族古市澄胤在成为珠光门人之前，就是精于此道的茶人。

不过，无论是奢华富丽的书院茶，还是喧闹聚饮的"云脚茶"、极尽官能享乐的"汗淋茶"，都与精神生活的提升毫无关联。直到室町时代中晚期村田珠光的出现，饮茶才上升到有尊严、有品位、有终极追求的芳醇境界。

珠光在京都期间，因缘际会得到在足利将军家族担任艺术顾问的"同朋众"能阿弥的知遇，并被引荐给足利义政将军，才有机会见识各种唐物，并跟随能阿弥学习唐物鉴别法和插花艺术。最难得的是，珠光还得到能阿弥文物鉴赏的秘籍《君台观左右帐记》，确立了当世第一流的鉴赏家的口碑。后来又因为能阿弥的介绍，珠光得遇一休宗纯禅师，被他伟大的人格和巨大的魅力所征服，浪子回头二进宫当和尚师事一休，生命轨迹就此改变。

"佛法在茶汤之中"

珠光与一休宗纯的师徒关系，有相当确凿的史料可以证实。江户时代的茶书《源流茶话》写道：

> （珠光）曾参禅于酬恩庵一休和尚，悟得教外之旨，将圆悟禅师之墨迹赐予法信，并张挂室内，供以香花……

酬恩庵即今日的一休寺，位于今天京都的田边町，是紫野大德寺的分寺，因室町时代的禅僧一休宗纯长期驻锡而得名。大德寺也是一休所开基的临济宗系禅院，寺内有一座"真珠庵"，留有庵志，珠光作为捐资人的名字登录在中。另外，明应二年（1493），一休去世13周年忌辰的捐资账本上有珠光献金一贯的记录等，这些都是关于珠光与一休禅道法脉关系的可靠资料。后世研究者依据这些资料也基本弄清了珠光与一休在茶禅上的师承渊源。

一休的禅道对珠光茶道的形成也有点化、启蒙之功，他在修习茶汤与禅法的过程中悟出"佛法原来就存于茶汤之中"，致力于将当时或以高级奢华享受或以世俗娱乐为中心的下里巴人的饮茶，改造成节制欲望，体现禅道核心和日本审美的茶汤。

珠光生前是否撰写过有关茶道的论著不得而知，他唯一流传至今的文字，是名为《心之文》的短简，因系写给弟子古市播磨澄胤的私人书信，所论皆出自肺腑，可信度极高，虽然只有区区不足四百字，却被当作茶道史上的一大圣典。其中有云：

> 此道最忌讳者，乃心地傲慢，刚愎自用。妒忌茶艺高超者，蔑视初心者，是最为不该也。与茶艺高超者亲近，哪怕得到一言半语之指教，亦有禅益。
>
> ……
>
> 无论茶艺何等高超、何等富有风情，亦须时时反省自我之不足，此点十分要紧。自大自满要不得。此道即是不可自满自傲之道。有一句座右铭曰："以心之师，勿以心为师。"此乃古人之金玉良言也。（译文参照《日本茶味》，奥田正造著，王向远译，复旦大学出版社，2018年）

只要了解珠光这封书信的对象古市播磨澄胤的身份，便能更深入地理解珠光这份文献非同寻常的价值。古市播磨澄胤是奈良的豪商，生于宝德二年（1450），卒于永正五年（1508）。古市善于经商，同时又富于文化趣味，擅长猿乐（一种日本古典表演艺术），日本洞箫吹得能让一休都达到如痴如醉的地步，经常举办连歌会并活跃其中。古市留在茶道史上最著名的事迹，除了这封珠光的书信外，还有上文提到的是当时奈良最具实力的"汗淋茶寄合"主催者（主办人）。因此，珠光这封信，就是引导他从下里巴人的"茶寄合"提升到"心之茶"境界的指导性建议。

上文中的"此道"，就是茶汤之道。在日本将茶汤提升到道的高度，据说始于珠光。上述三句，讲的是学茶者的基本态度，貌似平淡无奇，实际上涉及一个本质问题，也就是一个人该以何种心态去从事茶道的修习。在珠光看来，对于茶道，要像修禅学佛一样，力戒傲慢我执，虚怀若谷时刻怀着精进之心，孜孜以求，方得始终。"成为心之师，勿以心为师"，这句话出自平安时代中期天台宗高僧信源《往生要集》，"心"在这里代表各种我执和欲望，"师"则为驾驭之道。就是说通过修行超越自我，成为驾驭心之主宰，而不是被我执和欲念支配。这封短简，通篇都讲求道之"心"与从艺之"心"，这就有了最高指导原则的意义了。

不过，禅宗之道并不能简单等同于茶汤之道。只以"心"来面对自我和世界是不够的，因为"道"要解决的是本源问题，不仅需要高蹈的哲学观念的指引，也需要达成目标所不可或缺的方法论，也就是"术"。因此禅最终打通了茶汤中"道"与"术"的壁垒，开启了一个新境界。铃木大拙说："禅与茶的相通之处，在于两者都是使事物单纯化。禅是通过直觉把握终极存在而实现；茶则是使这一点加以精练并付诸现实生活，通过在茶室里品茶实现的。"珠光的"茶汤之道"，正通过禅与茶的融合来实现艺术上的突破，为有日本特色的茶道的形成立下开基之功。

追求缺憾的美学

中日两国的审美差异，从日常生活琐事便可以表现出来。比如中国人喜欢庄重典雅的事物，讲究对称、讲求均衡，喜欢完满无缺的事物，喜欢成双成对；日本则相反，像唱对台戏似的，刻意打破均匀对称之美，追求一种残缺的、不均衡的奇数美，喜欢送礼祝贺送单数至今是常识。这种审美差异，对比中日的造园艺术更是一目了然。日本的这种刻意追求缺憾的美学有着源远流长的传统，开始成为一种普遍共识，则与村田珠光的茶道美学有关。

珠光的茶道美学有一整套完整的系统，其理论基石就是以"冷枯""冷瘦"为特征的"残缺之美"，他的原话在名为《心之文》的短简中是这样的：

> 对此道而言，持有好茶具，熟知其用途用法，随着心地修炼不断长进，自然即可达到"瘦""冷"之境界，方为正途。即便不能为之，亦不该一味拘泥于茶具。（译文参照《日本茶味》，奥田正造著，王向远译，复旦大学出版社，2018年）

这段话讲的是在以禅修心和道具使用方法之间的关系，以及两者完美结合所要达到的美学理想，即"冷枯"与"枯瘦"之境。

"冷枯"与"枯瘦"，是代表日本中世审美意识的文艺学术语，指向的就是一种与华丽、圆满、完美、丰裕的美学旨趣相反的另一种不完全的、否定的美，这是"珠光流"茶道美学的出发点，为茶道美学指出一条新的路径。对这种"不完全""否定"的美的特征，现代茶道哲学家久松真一将其归结为七种类型，即不均匀、简素、枯槁、自然、幽玄、脱俗、寂静。崇尚残缺之美，就是欣赏花看半开、酒饮微醺、月在暗云朦胧间的意趣，排斥完美、繁华、迷醉、光明、澄澈与圆满。珠光的茶道美学也在其他艺术领域引起共鸣，世阿弥的曾孙，室町时代著名能乐大师金春禅凤（1454—1532）在谈艺录《禅凤杂话》中，记载着永正九年（1512）11月11日对弟子的教诲：

> 珠光留下的遗训中有"不见一丝云彩遮掩之明月，稍嫌无趣"之句，颇富妙趣。

珠光以为，比起悬浮于夜空中的皎皎明月，影影绰绰隐现在云间的月亮更值得欣赏，这是他在用形象的语言来表达那种不完美、缺憾的美学意境吧。只是，这种审美观不是他的发明，与出现在14世纪随笔家兼好法师《徒然草》中那句"只有盛开的樱花和月光如洗的景色，值得欣赏吗？"，还有连歌理论《心敬僧都庭训》中所说的"作句要有如见云笼月一般，方才妙趣"，两相比较，都能看到某种如出一辙的表达。换言之，珠光只是将当时出现的审美观念运用在茶道中罢了。

在茶道史上，与这个比喻同样广为人知的，还有下面出自《山上宗二记》的评论：

> 他喜欢在粗陋的座敷上放名物，有如在稻草屋前拴名马。

就是说，就像在稻草茅屋前系千里驹，让绚丽华美与简素清寒并存，在缺憾中显示美与风雅，在简陋的壁龛摆放顶级茶器所呈现的缺憾之美也是一种风雅的极致。这种崇尚"贫屋""破壁"中凸显美与风雅，追寻犹如在云间隐现的月光一样的残缺之美，与王朝时代绚烂的典雅之美迥然异趣，其差异就像银阁寺之于金阁寺。以此为滥觞，"冷枯"与"枯瘦"的美学思想，成了日本茶道艺术的清流正脉，发展到武野绍鸥成了"侘茶"，并在千利休手中集大成。

珠光本人没有使用过"侘茶"一词，但对侘茶形成有开山之功，是名副其实的"侘茶之祖"。对此，珠光的门徒古市播磨澄胤在其所著

《茶道史序考》中这样评价道:

> 以唐物为中心的贵族之茶和充满生机的庶民之茶并驾齐驱,最
> 终由珠光奇迹般一举完成了"观念转换",并逐步地发展到侘茶。

"珠光流"茶道的虚实

珠光作为"侘茶"之道的开山鼻祖,不仅在观念上,在器物上也有很多革新之举,在形而上与形而下都在茶汤的本土化改造上留下很深印记。

那么所谓"珠光流"茶道,是怎样一种面目呢?

首先是在茶道中被称为"数寄屋"的草庵茶室的逐步确立。珠光生活于室町时代的中期,唐宋风格的"书院造"极为流行,华屋俨然,六张榻榻米以上的茶室,宽绰而豪华,珠光对这种做派不以为然,进行日本化改造,使之与日本风土和审美趣味更加契合。他舍弃了贵族、公卿武家高屋华堂的建筑样式,改造成与日本风土相适应的木构屋舍。附属建筑也赋予不同的功能和内涵。小庭院被称为"坪内",通往数寄屋的小径被称为"露地",这两部分构成茶庵的主体,日出月落,季节的流转从光照和庭院里植物的荣枯里呈现。茶室缩为四张半榻榻米,是为草庵茶室:裸地、土墙、茅草葺的屋顶,看上去像农家院落,朴素、亲切、接地气。原先武家书院的墙壁敷以高级壁纸,珠光完全采用裸露的土墙,故意处理得凹凸不平。书院造被改造成数寄屋后,整个格局趋于内缩,茶室变小,"床之间"变小,茶道具也趋向小,但主客之间心灵距离变近了,摒弃外物的干扰,内心的丰裕才能被凸显,所谓"心底无私天地宽",所谓"大地须弥藏一芥",虽为草庵陋室,却宽广得容得下无限的宇宙与芸芸众生。在时空上,茶室开始与精神世界发生关联,

而具有了修行"道场"的内涵，既不同于武家书院茶的豪奢张扬，又有别于引车卖浆者流庶民茶的粗陋与世俗。

珠光对于有日本特色的茶道的形成，另一个贡献就是在茶器审美上的革新，就是打破以"唐物"为至尊的风气。正如他写给奈良弟子古市播磨澄胤的私函中所阐释的：

> 此道之大事，乃打破和汉之界限，使两者融合。因事关重要，应用心思量。
>
> 近时，有人以"冷枯"相标榜，初心者不明就里，遂竞相收集备前烧、信乐烧，并不能真正得到世人认可，此乃走火入魔之举，真真不可理喻。（译文参照《日本茶味》，奥田正造著，王向远译，复旦大学出版社，2018年）

所谓"打破和汉界限"，就是用茶道具上戒除分别心，就是不拘泥于"唐物"还是"和物"，而是以能在茶道中体现美为标准。这句话的潜在意思也包含着不再唯"唐物"（中国茶器）马首是瞻，只要能表现出美学境界，即便是日本国产的陶器也应该和奢华珍奇的唐物等量齐观。在珠光爱用的茶具中，除了具有像"付藻茄子"这样的"唐物"极品，更多的还有像天目茶碗、吕宋茶壶等中国南方民窑烧制，经海商辗转传到日本的非主流茶具。比如日本茶道史上有一只很有名的"珠光青瓷碗"，原本是宋元时期福建同安府（今厦门市同安区）汀溪民窑仿造官窑的青瓷器山寨货，在日明勘合贸易的全盛期走私进入日本。其特征是底座粗糙，釉色发黄，纹路散乱，相对龙泉窑或官窑的青瓷器来说，是入不了《君台观左右帐记》的次等品。但珠光却从中发现了"残缺之美"，大加推崇。据成书于1555年前后，记录当时茶道名器的《清玩名物记》一书显示，珠光曾购入四只这样的同安青瓷茶碗，其中一只后来由千利休购得用在茶会中，一举成为茶道珍稀名器传至今日。还有像被称为"高丽物"的来自朝鲜半岛的民间粗制陶碗；而本土产烧制品备前烧、信乐烧这类诞生于镰仓时代关西农村的餐器，也堂而皇之出现在他举办的高级茶会中而备受瞩目。"消融和汉界限"在当时不啻石破天惊之论，因为此前舶来品"唐物"与国产品"和物"是对立的，前者代表高大上，后者则是粗鄙土气的代名词，但两者的鸿沟在珠光的茶道中弥合了。这种观念也不是珠光首倡，是对自古就有的对待中华文化采取的"和汉折中"的另一种表达，但经由具有宗匠地位的珠光提出，遂被茶道艺术家奉为圭臬，这也为后来本土茶器的大行其道并最终取代奢华的舶来品开辟了道路。

薪火相传

虽然由于史料记载的缺乏，有关珠光的生平事迹依然存在不少空白而显得扑朔迷离，犹如笼罩在一轮明月周边的云翳，但到底光芒是遮不住的，透过云层射出的清辉，晶莹剔透，皎洁如玉。

珠光传道数十年，门下英才辈出，涌现出许多优秀茶人。京都出身的茶人有藤田宗理、十四屋宗悟、松本珠报、岛右京等活跃在第一线的茶人，使得京都的茶汤氛围日益高涨。其中藤田宗理和十四屋宗悟兄弟后来成了武野绍鸥的尊师；奈良弟子有古市播磨澄胤、村田宗珠等人。村田宗珠是珠光的养子兼家业继承人。他原是奈良兴福寺尊教院的杂役，成为珠光的养子后，传承了"珠光流"茶道并获得圆悟克勤的墨宝和能阿弥所传《君台观左右帐记》，由此成为珠光流"下京茶汤"的始祖；堺市则有鸟居引拙、誉田屋宗宅等人，可以说京都近畿遍布珠光的弟子。京都、奈良和大坂东南部的对外贸易商港堺城，在室町时代是日本列岛最重要的三大城市，珠光将本家珠光流茶道像茶种一样播撒在这些区域，得以繁衍并流传后世，难怪千利休对这位前贤推崇备至，担心后人数典忘祖，晚年一再对门人谆谆教导："只有珠光才是茶汤一道的始祖。"

万事开头难，作为一代开山之祖，珠光的茶道远没有达到圆融完美之境，或许可以说，追求"残缺"之美的珠光茶道也有缺憾，那就是关注内心有余，与外部世界的关联不足。不过这个缺憾后来在再传弟子武野绍鸥手中打开了新局面。

珠光终生没有婚娶，没有家室，孤身一人。晚年移居京都三条柳水町，不与外界往来，形同隐者。文龟二年（1502）5月15日，村田珠光以81岁高龄谢世，在平均年龄只有四十几岁的战国时期，可谓超级高寿，莫非真的饮茶有道？

从武野绍鸥到千利休
——茶道的大成之路

珠光门下人才济济，涌现出很多优秀的茶人。"珠光流"茶道后来开枝散叶，传播到以京都为中心的京畿地区，最终将"珠光流"茶道发扬光大并臻于大成的是传入堺港一支的茶系。

堺港作为日本中世的海外贸易港，受惠于日明勘合贸易迅速发展成商业发达文化繁荣的城市。城市商业文化的繁荣带动了茶道的兴盛，堺港的豪商成为主导茶文化的主体，其中武野绍鸥是珠光的徒孙，绍鸥的弟子千利休是日本茶道之集大成者。

在室町时代后期的战国时代，利休和他的茶道被卷入"天下布武"的诸侯争霸中。茶道被赋予政治工具功能后，一方面由于统治者的扶持获得大发展，另一方面为了使得茶道回归正轨，回归有尊严的有芳醇文化品位的艺术，很多茶人付出了惨重的代价。

堺港：战国乱世的"桃源乡"

"堺"字是中国古汉字，《说文解字》载之，意思同"界""境"，也就是边界、边境之意，如今这字在中文近乎死语，但在日本自古以来就是一个声名远扬的地名，如今已是大阪府第二大城市堺市（战国时期称为"堺"，为行文方便，按照中文的习惯在本文中称之为"堺港"）。堺诞生于王朝律令制时期，因为位于摄津国、河内国与和泉国三国交界之处而得名并延续至今，算得上一个古意盎然的地名。

对于堺港我是颇为熟悉的。曾一度因工作之故，我经常出入大阪，每次在电车上路过这个距京都不过20千米的海港，看到写有"堺"字的招牌、站名，总会浮想联翩。先入为主想到的大多是以往从书本上得来的与当地茶道相关的种种传奇。比如，武野绍鸥和千利休，以及围绕着这两个出身堺市的师徒周边的人物事件的脉络纠葛，几乎贯穿了整个16世纪，其间所发生的很多重大事件多多少少都与堺港有关，堺港可以说书写了一个世纪的城市发展史、文化史，更是承载了大半部日本茶道史。

堺港成为日本茶道战国时期走向大成之路的关键桥段不是偶然的，这个机缘，可以说是时代与空间因缘际会的产物。

在时间上，被称为战国时代（1467—1615）是日本历史上一个非常重要而又混乱的年代，从名称上很容易让人联想起大秦帝国在迈向统一前那个征伐不已战火延绵的乱世。历史总有惊人的相似之处。就像北宋时期爱艺术爱点茶胜过爱江山的风雅皇帝宋徽宗一样，开创了东山文化的足利义政也是一位因沉溺风雅之道而构祸社稷江山的君主。由于他长期沉迷艺道而荒废国政，矛盾不断堆积，最终无法收拾。1467年，围绕着将军继承人问题，室町幕府统治集团内部爆发了长达10年之久的"应仁之乱"（1467—1477），从此将日本推入延绵百年的战国乱世。在这一时期，各地领主大名和武士集团形成武装割据之势，他们逞强争霸，高筑城墙，又彼此攻击征伐，臣下谋反背叛主子成家常便饭。与此同时，日本各地出现农民和城市市民的暴动；大寺庙倚仗财力、僧兵和信众，扩张势力，甚至统辖一方，列岛四处烽烟不息，时时处处笼罩在刀光火影中，甚至连朝廷所在地的首都都不能幸免。

　　一般而言，战乱往往伴随着社会生产的巨大破坏和文明的凋敝衰退，但这个规律似乎不能完全适用日本中世的某些区域。在扶桑列岛延绵百年的战国乱世中，有一个地方的表现格外引人注目，更令史家匪夷所思：一是商品经济十分发达；二是城市化进程发展迅猛；三是城市文化繁荣昌盛。那就是大坂中濒临难波港（大坂湾）的堺港，仿佛是异次元般的存在，不仅富足，而且一派和平与安宁，俨然一个自外于兵火硝烟的"桃源乡"。

　　堺港的独特性，来自它优越的地缘性。自古以来，堺港位居海陆交通要冲，是从纪伊、伊势半岛前往京都和关东的门户，也是九州、本州中西部地区的佛教信徒前往纪州高野山参拜的必经之地。它又是关西一大贸易商港，因濒临大坂湾，从海路可以与国内各地相连，甚至可通远洋，唐宋时期就是遣唐使、渡宋僧进出中国的口岸。大航海时代以来，堺港开始活跃在海外贸易上，特别是十五六世纪随着日本和明朝之间恢复邦交，堺港因缘际会加入到"勘合贸易"中而迅速繁荣起来，一跃而成当时日本最大的外贸商港。

　　如前所述，始于足利义满退隐时期的日明贸易前后持续了近一个半世纪。从1404年一直到1548年，日方总共向明朝派出"遣明船"（"勘合贸易船"）计有19批次之多，兵库港与宁波港被双方指定为勘合贸易港。1465年，日本向明朝宁波派遣第13批勘合贸易船，1467年以京都为中心爆发了历时十年之久的"应仁之乱"，兵库沦为战火的重灾区之一，豪强大内氏一族控制了濑户内海国内外航线。于是1469年归航的第13批遣明船只得绕道在大坂南部的堺港停靠。正是这一意外事件，促使堺港加入日明勘合贸易中来，从这一年开始，一直到1548年，堺港取代兵库港成为日明勘合贸易港，百年间由原来一个小港城一举成为战国时期日本最繁荣的对外贸易港。

商品经济的发达，得益于货币供给的充足。利用海外贸易，尤其是与当时世界上最大经济体大明王朝的往来贸易的优势，堺港商人从中国明朝大量进口优质的永乐铜钱，然后亦步亦趋仿制，制造自己的货币。货币的广泛使用刺激了商品经济的繁荣。

一方面，堺港的商人长袖善舞交好四方，其敏锐的政治嗅觉和经济意识在战国时期首屈一指。他们通过向交战双方贩卖兵器与军用物资，为诸侯大名采购来自海外的奢侈品而大发其财，火枪传入日本后，工匠云集的堺港又成了日本最大枪支生产基地。另一方面，堺港商人凭借强大的经济实力在战国乱世中发挥独特作用，他们通过向大名诸侯放贷或捐资，或从事海外贸易合作，强化了与各地诸侯的纽带，使得堺港最大限度地独立于战乱纷争之外。建立在这个自由贸易港繁荣基础上，堺港渐渐形成了一种在古代东亚非常罕见的城市管理模式，就是商业城市自治体，统治管理城市的既不是中央朝廷委派的地方行政长官，也不是割据一方的领主大名或地方豪强，而是由本地商人手工业者和市民代表组成的民间议会。这一模式源于文明年间（1469—1487）堺港的豪商们为了维护自身经济利益而组织起来的"会合众"。所谓"会合众"，是从本地商人和手工业作坊主中产生，最初只是负责处理本地区神社、寺庙的宗教祭祀活动，仲裁经济纠纷，渐渐地扩展到城市管理的诸多领域。到16世纪中期，"会合众"的运作已经相当成熟，其成员定为36名，每月由3名代表轮流执掌市政，处理公共事务乃至裁判诉讼惩治违法乱纪行为，像出身堺港的富商之家的武野绍鸥和千利休，早年都曾是"会合众"成员。堺港还拥有自己的武装力量，类似国防军拱卫城市。

堺港的富庶、繁荣与高度发达的城市管理水平，也给16世纪进入日本的欧洲人留下深刻印象。1561年8月17日，获准在京畿传教的葡萄牙人加斯帕·维莱拉（Gaspar Vilela，1525—1572）在给国内的信件中写道："堺港非常之大，豪商甚多，就像威尼斯一样，这个城市由执政官实行治理。"而他在1562年向欧洲基督教会提交的报告中进一步描述："在其他国家常见的动乱，在这个城市里可以说是前所未有，无论胜者败者都在这里安居乐业和睦相处，不曾出现加害他人之事。城市非常坚固，西部面海，其余三侧则以深壕环绕，水面常满。"此后"东方的威尼斯"之名在欧洲不胫而走，1598年由亚伯拉罕·奥特柳斯（Abraham Ortelius）绘制出版的第一张世界地图上，标注为Sacay（"堺"的日语发音さかい sakai）的堺港是与京都同列的仅有的两个日本地名，堺港作为国际大都市的名气由此可见。城市工商业的高度繁荣和高度自治化带来的宽松、包容和自由空气，也使得堺港成为日本茶道摇篮迈出的关键性一步。

作为文化名城，堺港之所以在日本中世脱颖而出，一跃成为散发着芳醇文艺气息的人文胜地，其秘密就在于它长期形成的独特的商业文化传统。堺港是室町时代以后出现的新兴商业城市，町人（由商人、作坊主和职人所组成的市民阶级）占主流的社会，自有不同于贵族、武士和僧侣等上层社会的审美趣味，生意好做，商人工匠活得有滋有味，既享受繁荣的商业所带来的丰饶富足，又乐于接受优雅文化的滋润。另外，对出身町人阶级的商人来说，财富只能给他们带来丰裕的生活，跻身上流社会唯一的途径就是提高自身的才艺。因此，很多町人之家，在实现财务自由，无须再为衣食生计劳碌之后，都会不遗余力在自身或子弟的才艺养成上投资。而富家子弟以家财为依托，可以心无旁骛致力于艺道，在日本近代以前，很多在文化上卓有建树的艺术家、文学家多出身富二代或家境优裕的商家，就是基于这一原理。而在室町时代饮茶已经蔚为时尚的时代背景下，茶道是最具魅力的时尚艺道，因为它不但是才艺的体现，更是财富、品位与社会人脉的象征。

在堺港，拥有雄厚的实力，而且还有了因财富与闲情逸致熏陶出来的品位与情趣的商人就成了一个对整个城市的经济和社会具备影响力的群体。担任市政管理的"会合众"成员，很大一部分就从这个群体中产生。他们不但积极参与各种文艺活动，而且直接或间接成了各种艺能领域的赞助者。堺港商业和娱乐业的繁荣，自由奔放的城市氛围，加之地理上的近便，吸引了京都、大坂等畿内的一流学者、文人、僧侣和艺能界名家前来，或开设各种艺道培训机构，或交流访问，促进了当地文化的发展与繁荣，堺港成为文化都市。战国时代茶道在堺港繁荣昌盛，雄厚的经济实力与浓厚的文化氛围，使得堺港成为培育日本茶道文化开花的温床。从日本茶文化发展史来说，堺港在室町时代中期以来成为茶道艺术家的摇篮，群星璀璨一般涌现了鸟居引拙、誉田屋宗宅、北向道陈、武野绍鸥、今井宗久、津田宗及，一直到千利休等辉映日本茶道史的杰出茶人，几乎无一例外都是出身堺港的富商之家，他们正是得益于本地独特的城市商业文化的滋养。这种商业文化传统对后世的影响也是极为深远的，无论是江户时代初期在京阪地区兴起的以市民文化为特征的"元禄之风"，还是18世纪以后席卷全国的大众文化潮流，都可以在中世时期的堺港找到基因。

日本人自古以来就有对"唐物"顶礼膜拜的情结，在室町时代则变本加厉，形成了所谓"唐物庄严"的时代审美氛围。一直以拥有大量中国器物被视为富商的象征。特别是在上流社会的茶席中，唐物不仅意味着身份和财富，也是举办茶会不可或缺之物。随着堺港成为海外贸易的"终着港"，大量中国器物源源涌入，拥有了远比京都、奈良更多的唐物，更雄厚的财力和更广泛的参与茶会的物质基础，成为引导当时日本茶文化潮流的一个中心。就像后世明治时期依托巨大财富重振茶道的财阀巨商，如益田孝（钝翁）、住友春翠、岩崎弥之助之流一样，那些担任"会合众"的町人，很多都是茶道的爱好者，无论出于富而求斯文的附庸风雅还是以茶会友的商业交际目的，他们都是茶道艺术有力的赞助者和推动者，有的本身就是名垂文化史的茶道艺术家。

绍鸥是珠光的再传弟子。在珠光的众多弟子中，有一个对堺港茶道系谱影响至深的门人——鸟居引拙，是他将珠光流草庵茶传播到堺港。鸟居引拙也是出身堺港的豪商，商号是"天王寺屋"。室町时代后期，随着贸易的繁荣和商品经济的发达，堺港涌现了大量的富裕阶层，财富使得城市的商人和手工作坊主有了大量余暇去追求高雅的文化时尚，因此作为新兴文化的"茶寄合"在堺港颇为流行，很多商人、实业家都是茶汤爱好者，他们手中有财力，可以收购茶道名器，举办茶会，甚至通过缴纳巨额礼金投入顶级的茶道宗师门下学习，鸟居引拙就是一例。根据《山上宗二记》记载，鸟居引拙曾到奈良和珠光学茶，后来学成回到故乡堺港，成为在堺港推广珠光流茶道的第一人。在室町时代中期，活跃在堺港茶界的还有一个名为岛右京的资深茶人。岛右京法名空海（与平安王朝弘仁时代的弘法大师空海同名），是从京都南部移居堺港弘扬茶道的宗匠。虽然不是珠光门人，但与珠光流茶道也有交集，他与珠光同出能阿弥门下。岛右京有个门人叫北向道陈，此人后来成了千利休最初师事的老师，也是通过他，利休成为武野绍鸥的茶道传人。

此外，堺港对于日本茶道文化发展所发挥的作用，还有一个很重要，却往往被研究者忽略的因素，那就是位于小城南部的南宗寺。南宗寺是临济宗系小禅寺，历史并不悠久，但与京都紫野大德寺渊源很深。
南宗寺原是堺港南部一座小庵，大德寺第90代当主大林宗套受命来南宗
寺开山。宗套是禅茶兼修的高僧，源自一休的茶禅法脉也经由他传到堺
港，北向道陈、武野绍鸥、今井宗久、津田宗及和千利休等出身堺港的
茶人都曾得到过茶禅文化的滋养。千利休的门人中也有不少出自南宗
寺，寺中塔头集云庵庵主南坊宗启即是其高足，他所著《南方录》是日
本茶道史上最重要的经典之一，也是研究以绍鸥、利休为核心的堺港茶
系的权威著作。

　　这样，一条源自荣西法师的茶禅正脉，涓涓细流穿过岁月的沧
桑和人事的兴废，曲曲折折一路蜿蜒而来，最终在战国乱世的"桃源
乡"——堺港因缘际会，日本茶道史由此掀开绚丽的篇章。

武野绍鸥

——珠光草庵茶的衣钵传人

首富之子与文化巨商

文龟二年（1502），武野绍鸥出生于堺港的超级豪商武野信久家，本名仲材，幼名松菊郎，通称新五郎，绍鸥是31岁那年剃度出家所取的法名。道以人传，人以名尊。绍鸥这个名字很大程度上成了日本茶道文化史一个不可分割的部分。巧合的是，他出生的时间，刚好是茶汤鼻祖珠光辞世不久，而又由于他在茶道艺术方面的杰出成就，因此在他身前身后都流传着绍鸥是珠光转世的说法。转世之说固然有神秘主义的唯心气息，但是作为在日本茶道发展史上上承村田珠光、下启千利休的关键人物，武野绍鸥所起的重要作用无论怎么说都不过分。

武野家世颇富传奇色彩。虽出身商贾之家，但他身上有武士血统。据载，其先祖若狭国守护大名武田氏是室町时代甲斐豪族武田家支流，绍鸥的曾祖父武田仲清在"应仁之乱"中战死，家道败落，遗族流离失所。绍鸥的父亲信久成了孤儿在各地辗转流浪，为了不忘这段"在野漂流"的艰难岁月，激励自己出人头地，遂改姓"武野"。信久青年时代移居到易于谋生的堺港，在舳松村（今堺市协和町）开设了一家皮革作坊。后来信久受到地方豪强三好氏的庇护，获许从事与军备相关的物品制造，包括生产火枪，通过向交战的诸侯出售马鞍、皮制甲胄和武器，信久家迅速积累起财富。后来信久还受三好氏委派负责编成和训练堺港的防卫军，一跃而成堺港有权有势的首富。

在堺港富裕商人当中，教养和才艺雅趣很受追捧，很多商家或手工制造业掌门人，在实现了财务自由之后，都会不遗余力在子弟的才艺培养和品位熏陶上投资。因为这是在教育和社会资源被极少数统治阶级垄断的封建社会中，商人可以获得社会尊重的途径之一。对出身町人阶级的商人来说，财富只能给他们带来丰裕的生活，跻身上流社会唯一的途径就是提高自身的才艺。这也是日本中世以来町人社会的一种传统。另外，富家子弟以家财为依托，可以心无旁骛致力于艺道，在日本近代以前，很多在文化上卓有建树的艺术家、文学家多出身富二代或家境优裕的商家，就是基于这一要因。武野信久半生奔波，直到中年才过上富裕的日子，绍鸥是他47岁时所生，又是独子，所以对他寄托了很大期待，为他提供当时最好的生活教育条件。大永五年（1525），家里送他到皇城京都的室町通四条学习经商和才艺。虽然出身富豪之家，但绍鸥似乎对经商兴趣不大，而醉心于文学艺术，在京都他以十二分的热情投入诗歌曲艺的学习，出入各种连歌会所。大永八年（1528）3月29日凭着出色的才情、丰厚的钱财，他终于如愿以偿投入连歌大师三条西实隆（1455—1537）门下。三条西实隆是官至从二位的内大臣，别号听雪，是室町时代最著名的连歌大师饭尾宗祇（1421—1502）的弟子，多才多艺，精通和歌、连歌、书法，活到83岁。三条西实隆勤于笔耕，留下的日记《实隆公记》，所记内容超过一个甲子，几乎一日不缺，成为研究东山时代的宝贵资料。尤其难得的是，这部日记因为涉及绍鸥的记事达200多处，这对后世研究其早年的学习和师承情况提供了珍贵的资料。

绍鸥师事三条西实隆12年，精通了包括连歌在内的才艺，并在其师的斡旋下通过向朝廷捐资获得一个"从五位下"的职务，有机会出入皇宫参加各种典礼和文艺活动，不但有机会结交各种名人，还得以见识京都皇室公卿收藏的唐物，开阔了眼界。绍鸥青年时代在京都的求学经历，为他今后在茶道上取得卓越成就打下非常扎实的基础。

这期间，武野绍鸥还以武野家的财力为依托，大量购入珍稀茶道名器，是当时日本首屈一指的文化巨商。当时堺港茶界有一部《御茶道道具目录》记载着当时的各种茶道名器，绍鸥个人就有60件珍品，占整个堺港顶级茶器的三成以上，是当时日本个人占有稀有唐物茶器的第一人。他的收藏中有的是价值连城的精品，比如在驰名茶道史、被名为"绍鸥茄子"的黑釉茶粉罐，就是绍鸥花重金从村田珠光的弟子手中购得，如今收藏在根津美术馆，是镇馆之宝；其中还有像南宋禅僧虚堂智愚的墨宝、马麟的《朝山图》、赵孟頫的《归去来图》。后来被命名为"绍鸥茄子"的茶罐、菖蒲钵水盆，还有原属"东山御物"的"松岛茶人"（茶粉陶罐）等，这些顶级唐物是后来绍鸥得以成为茶道名人的物质基础，因为要想成为日本茶道名人，拥有一定数量的珍稀唐物茶器是绝对的条件。

早年学艺

武野绍鸥是珠光茶道的传人，这在日本茶道经典《山上宗二记》中有明确记载："绍鸥乃珠光、引拙之后的古今茶汤名人。"这部著作成书于天正十六年（1588），在利休生前就问世，而且距绍鸥去世不过30年，可信度高，被誉为日本"茶道界第一经典"。典籍中留下的评价，虽然是只言片语，但不难看出武野绍鸥在当时的影响力。

据载，绍鸥在33岁前后开始步入茶道艺术领域。武野绍鸥本想在连歌艺术上大显身手，也在年纪轻轻就获得不凡造诣，为何突然将兴趣转向茶道？其中缘由众说纷纭，据说一是遵循慈母的遗训，就像家里为他收购唐物茶器不惜一掷千金一样，鼓励他学茶也是将来成为顶级商人，进入商界顶端"会合众"的一个晋身途径。二是因为来自在京都学禅的经历。天文元年（1532），绍鸥师事临济禅宗京都紫野大德寺分院"大仙院"住持古岳宗亘门下学禅，两年后正式出家，法名绍鸥即源于此。绍鸥生活的年代茶风很盛，尤其京都更是日本茶文化中心，茶汤艺道已经成为一种品位和时尚的象征。大德寺禅茶文化非常浓郁，正是在寺庙中学禅和出家期间，绍鸥对茶道产生了浓厚兴趣。当时的京都遍布村田珠光的门人，如出身京都南部的豪商藤田宗理，他成了绍鸥在京都最早的茶道老师，后来又投入同属珠光弟子的十四屋宗悟、宗陈兄弟门下，这两个茶道宗匠也都是京都大商人。

天文八年（1539），武野信久去世，37岁的绍鸥回到堺港继承家业，成了堺港超级富豪。据说还一度进入城市自治机构"会合众"，参与堺港的管理。另外，天文时期（1532—1554），正是堺港町人文化的鼎盛期，连歌、曲艺等各种吹拉弹唱的文艺领域都很活跃，其中最引人注目的是富商举办的各种茶会，是各种町人文艺中的精华。当时热衷于茶会的人，无论主办方还是出席方，对每一次茶会都非常珍视，每次茶会都要记录存档，就是像记日记一样，把茶会的种种，如谁主办，参加者有谁，展出什么唐物道具，吃什么料理等，用文字和简图的形式记录下来，这成为"茶会记"的雏形。被茶道史上称为早期"四大茶会记"中，《松屋会记》《天王寺屋会记》《今井宗久茶道记拔书》三种均出现于这一时期。由此可见，由城市商人主导的町人文化和茶汤的流行在天文时期已经成为一种时代潮流风尚。

武野绍鸥最早举办的茶会，见于《松屋会记》中天文十一年（1542）4月3日的茶会，该年绍鸥40岁。应邀入席的是奈良漆器商人松屋久政和一个名叫钵屋又五郎的盆栽师，两人都是一流茶人，久慕堺港茶风之盛，结伴前来考察，一连参加七场茶会，绍鸥是第一场。绍鸥展出的是"松岛茶入"、元朝画家玉涧的《波浪图》等顶级器物和书画，还有肩冲茶入、水指、建水、铁釜和天目茶碗。茶会间的点心有葛粉甜汤、烤栗、羊羹等，口味非常清爽。茶会获得很大成功，绍鸥一举成名。

歌道与茶道

为了更深入理解绍鸥的茶道美学渊源及创意，不妨回过头来赘述一番绍鸥作为连歌师的经历，因为无论是从绍鸥的茶汤艺术造诣，还是连歌在室町时代的堺港作为一种喜闻乐见的大众艺术被广泛接受来讲，连歌对于绍鸥茶道的成立有很大的影响。

所谓连歌，就是两人或多人共同吟咏的短歌。一首连歌由上句和下句组成，以"五、七、五、七、七"五句为格律，共31字音。吟咏时，一人开篇吟出"五、七、五"上句，叫发句；第二人以"七、七"应和，叫肋句；第三人再以"五、七、五"作结，以此循环往复，接力赛一样联成百句，称为"百韵"。在平安王朝时代，连歌是日本上流社会的基本教养和社交活动不可或缺的娱乐手段，上至皇族、公卿、僧侣，下至宫廷女官都不乏善于此道者，吟咏风花雪月或爱恋相思，风格华丽纤美，极尽风雅之能事。镰仓时代连歌开始普及，14世纪，贵族歌人二条良基（1320—1388）受敕命编撰连歌选集，并就连歌进行理论总结，连歌的地位大大提高，到室町时代进入了一个超越传统和歌的鼎盛期。在战国时期的堺港，连歌雅集是深受富裕阶层欢迎的文娱活动，为了邀请知名歌人前来主持歌会，不惜花费巨资，据说日本文化史上最早的职业连歌师就诞生在堺港，他们靠举办歌会或传授歌道，就能过上富裕的生活。后来，随着茶会的盛行，歌会的形式不仅被吸收到茶道中，甚至连歌的美学元素也被融合进茶汤里，提升了茶道的文学品位，向着艺术化大步迈进。这一方面以绍鸥最为出色。

通过学习歌道与茶道，绍鸥领悟了室町时代著名歌人心敬有关"连歌本来就是枯寂和孤寒"的精义；在三条西实隆门获得了其师私授秘籍，即藤原定家和歌理论《咏歌大概之序》，这一秘籍成了绍鸥在茶道艺术实行革新的理论资源。绍鸥对茶道发展最大的贡献之一，就是将和歌、连歌中"枯寂孤寒"的某些审美理念引入茶汤中，将带有游艺、休闲性质的日常饮茶与诗歌艺术等量齐观，将精神上的紧张感带入茶碗中，并在艺道之上试着探索更为深广的精神维度。正如绍鸥在迄今唯一存世的茶道文献《侘之文》所云：

> 数寄者，须有隐逸之心。第一须有"侘"，心不净，则人无
> 格局；无侘，则不清净。两者均需修炼，不可懈怠。（参见《日
> 本茶味》，奥田正造著，王向远译，复旦大学出版社，2018年）

在这里，绍鸥将"侘"视为数寄茶的核心，也就是将侘寂精神置于茶道中至高无上的位置。"侘"（读若岔）字来自汉语，原意是失意、落寞貌。日语训读"わび"（日语读若wabi），转引为"贫穷，清寒"之意。于是就有了"不均衡，不对称，残缺，不完美"的含义，与另外一个"寂"（さび）合起来，用以阐释某种美学意境，这是源自《万叶集》《方丈记》《徒然草》以来的传统美学观念。"侘寂"早先用于和歌、连歌的审美理论，从室町时代开始，侘寂作为一种美学风格被广泛运用于诸多文艺领域，如能乐、水墨画、造园等，战国时期堺港茶人武野绍鸥将"侘寂"作为一种大和历代承续的"风雅之道"引入茶汤，乃至江户时代的俳圣松尾芭蕉也将"侘寂"融入新型俳句创造中……这些都处在一种传统美学的延长线上。对此，芭蕉有如下精辟的总结：

> 西行的和歌，宗祇的连歌，雪舟的绘画，利休的茶道，皆以
> 一物贯穿其中。而且风雅之物顺应造化，与四时为友，所见之
> 处，无不是花，所思之处，无不是月。所见之物若非花，无异于

蛮夷。所思之物，若非花时，类于鸟兽。出夷狄，离禽兽，且顺
造化，归于造化矣。

借助芭蕉的俳句艺术论，或许有助于理解绍鸥将侘寂带入茶道的
意义。"侘茶"，用中文翻译过来，或许就是一种简素却又具有清雅闲
寂境界的"风雅之茶汤"。这是承接平安时代以来日本最杰出的诗人、
艺术家、画家们一以贯之的美学之道。这一变革在日本茶文化史上的意
义简单说来就是：从中国唐南宋传来的茶汤中，开始有了日本传统审美
的底色，这就意味着绍鸥将传自中国的茶道向本土化迈出关键的一步。

草庵茶与侘茶

"侘茶"在精神上不仅与武野绍鸥所推崇的藤原定家的歌道美学
相融通，与经过珠光的努力所推崇并臻于"瘦""冷"之境的草庵茶
也是一脉相承的，但将这种审美与源远流长的文化传统建立关联且作
为茶道理论提出的则滥觞于绍鸥。因此，绍鸥被誉为珠光草庵茶道的
中兴之祖。

不过，如果拘泥于字面的意思，侘寂很容易让人联想到贫寒、孤
苦、穷酸等负面印象。实际上，它有着更为深广的内涵，或许类似"删
繁就简三秋树""极尽灿烂归平淡"所表达的美学境界。对于绍鸥的侘
茶的特点和精神实质，《南方录》里引用《新古今和歌集》中绍鸥最心
仪的藤原定家和歌来加以形容：

"放眼望去，看不见鲜花，也不见红叶，唯有海滨茅屋的秋
暮"。（原文：見渡せば花も紅葉もなかりけり浦のとまりや秋
の夕暮）绍鸥的心情，就像这首和歌所描写的那样。又说："这
里所说的鲜花、红叶可以用来比喻书院台子，对着那鲜花红叶仔
细凝望，就会出现无一物的境界，仿佛看到海边的茅屋。不知鲜

花红叶的人，从一开始就不会喜欢海边茅屋，只有凝望观照，才会看到海边茅屋寂的美。这就是茶道的本心。"（参见《日本茶味》，奥田正造著，王向远译，复旦大学出版社，2018年）

这里的"无一物"，并非空无一物的"无"，而是一种实在虚中的"空"。也就是说，"侘茶"并不是要否定华美与丰饶，恰恰相反是要抵达华美的极致，就是一种"无一物"之美，这样的"无一物"的境界就是摆脱对五光十色的纷杂世间的顾盼，排斥视觉上的华丽，而只将"海岸上一间寂然孤立的茅屋"纳入眼帘，那座小屋就是"无尽藏中无一物，有花有约有楼台"的隐喻。

后来者中得到绍鸥"侘茶"真谛的是千利休。下面一则茶道逸闻流传很广，虽然未必是严谨的信史，但却很生动地说明了绍鸥流"侘茶"的美学旨趣：

> 有一次，绍鸥命弟子们洒扫茶室露地。实际上，此前已经有人将庭院打扫得一尘不染了，众人不明所以站在那里发愣。利休推门出来，看到干干净净的地面，顿时明白导师意图，他将院子里一株经霜的柿子树猛力摇晃几下，几篇霜冻得斑斓的柿叶飘然落下，大获绍鸥欢心，称道他体悟到了"侘茶"风雅三昧。

在"侘寂"的美学观念指导下，绍鸥排斥以炫耀权威和财富为美的倾向，反对将茶汤变成高级享乐的风气。绍鸥的"侘茶"美学，是通过对茶室布置茶具的选用来表现出对茶道的理解与感悟。据说绍鸥晚年在京都开设了一家露地草庵茶室"大黑屋"，将四帖半的格局进一步简约化，去掉多余雕饰，抹土墙，用竹制或粗陶制的器具，刻意追求"侘茶"之枯槁、简素与清寂之美。他在茶室设计上的一大发明，就是在入口处设置半蹲着才能入内的"蹦门"，以设备设施的改进来呈现谦逊平等的美德。

绍鸥在茶具上如何显示"侘寂"美学呢?

绍鸥年轻时购藏了许多当时被称为名物的顶级茶道具,这是因为在当时,拥有足够珍稀的唐物是成为茶汤名人不可或缺的必要条件,这是日本茶道的传统。他也凭借自己的眼光发现很多具有"侘寂"趣味的道具,他善于发现美的眼光在当时无人可及,《山上宗二记》称道"当代无数之茶具,皆出自绍鸥之目明"。"目利""目明"是日本茶道术语。将能够看出某种艺术品的来龙去脉和真正价值的行家里手称为"目利";而"目明"则不限于茶器,特指能从人类生活中所使用的一切器具乃至自然界中的万物去挖掘美的美学宗师。比如,绍鸥在茶具艺术的鉴别上被后世茶人津津乐道的例子就是发现了信乐陶的艺术价值。

信乐陶是源于奈良时代的古窑烧制的陶器,因产地在滋贺县甲贺郡信乐町而著名,原本烧制一些农村常用的坛坛罐罐,如储水罐、种子罐等杂器,这类陶器原本是不入流的器物,外形粗大,大腹便便,缘口很宽,有的无釉,或因陶土不纯或烧制技术幼稚,常常留下裂口破损之类的败笔,是朴拙实用的农家器物。本来已经销声匿迹,以绍鸥为先导的茶人从中发现另类的美,价值被重新认识而流行于世,茶具名作蔚为大观,很多被当作稀世珍宝流传到今天,其中的"信乐水指"(水壶)至今被奉为茶席中的珍品,并且和茶道中兴之祖的绍鸥紧紧联系在一起。此外,绍鸥还指导濑户烧的陶工来改造宋朝"天目茶盏",他舍弃建盏中"曜变""油滴"的炫目光耀与灿烂辉煌,取向低调、枯涩、落落寡合的青灰色,最终成功烧出具有日本审美特色的"绍鸥天目"或"濑户白天目"。这些茶碗运用在茶道中,所引发的不仅是茶器道具趣味的改变,还有观念上的革新,是从"器"到"道"的飞跃,因此绍鸥被认为是在茶道史上影响非凡的天才巨匠。

继往开来

绍鸥将村田珠光的草庵茶进一步发扬光大，将日本古代歌道理论融入茶道，将日本本土文化中推崇简素、风雅的审美趣味在茶席上再现出来，又将从茶道艺术中提炼出来的法则规范还原到日常生活中，具有日本特色的茶道，可以说到绍鸥的手里才开始分明起来。说到绍鸥对日本茶道的丰功伟绩，最重要的还有他对门下弟子千利休的言传身教和影响。仅此两项，令绍鸥成为上承珠光下启千利休的关键因素。

绍鸥生活经历比较平淡，一生几乎波澜不惊。从京都回到故乡泉州堺港继承家业后从此定居，作为富裕的商人和茶道名人，度过了悠游自在而又充实的后半生，直到去世。

回乡的翌年，一个春雨初霁的午后，故人北向宗陈带着一个身材高大皮肤白净的青年来访。这个名叫田中与四郎的年轻人是堺港仓储行业大佬田中家的公子，年方19岁。此人就是后来在日本茶道史上大放异彩的千利休，他则是另一篇故事中的主角，而这个平淡无奇的午后注定要成为定格在日本茶道史上不平凡的日子。

绍鸥在茶道上的造诣，生前就赫赫有名。但因去世太早，殁后又因堺港茶界被卷入战国群雄争斗旋涡中，加上很多文献史料在乱世中佚失，有关他的生涯事迹一度模糊不清，甚至他在茶道艺术上的很多创意和功绩，包括亲手打造的茶器，都被归入弟子千利休的名下。明治时代后，随着千利休研究的兴起，逐步查清很多历史细节，连带挖掘出与利休有关的人物，比如利休、今井宗久和津田宗及等茶人与武野绍鸥的师承关系，才使得绍鸥声名大振，也可以说是杰出弟子的光芒照亮了被隐藏在历史暗角的导师。

武野绍鸥门下人才济济，除了千利休外，名留日本茶道史的不乏其人，比如同属堺系茶人的辻玄哉，利休也曾向他学过绍鸥流台子点茶法；最有名的是今井宗久、津田宗及，这两个茶人后来与千利休同时被织田信长和丰臣秀吉重用，同为安土桃山时代的"御用三茶头"。今井宗久不但是绍鸥茶道传人，也是绍鸥的女婿，绍鸥去世后获得大半家产和唐物珍藏，实际上取代了绍鸥的独子武野宗瓦，成了家业继承人。今井宗久死于1593年，著作《今井宗久茶道记拔书》和《今井宗久日记》是研究绍鸥、千利休及战国时期日本茶道发展的宝贵资料。晚年绍鸥被京都朝廷授予从五位下因幡守（官位名），达到功成名就的境界。此后他将家业交给女婿打理，自己在堺港天满宫附近的"天神之森"结庐隐居，潜心研究茶道。如今从大阪搭乘阪堺线电车前往南部的和泉市，就会看到那片曾经留下绍鸥踪迹的森林，名为"绍鸥之森"。

　　弘治元年（1555）10月29日，武野绍鸥在毫无预兆中逝去，死因不明，享年53岁。相传绍鸥生前最喜欢十月金秋，以为其是最具侘寂精神的季节，有云："一年四季中，十月最为侘。"于最心仪的节序中平静往生，应该符合绍鸥夙愿吧？

　　武野绍鸥的墓所在堺港南部的南宗寺，至今犹在。

千利休

——日本茶道文化史上的一座丰碑

日本茶道集大成者

道，本意是道路，路径，在某种抽象思维的引导下，逐渐被赋予"至道"与"真理"的深刻内涵，而升华为一种高迈的哲学境界。茶与道的结合也是如此：原本诞生于远古洪荒的一种植物，因缘际会与华夏祖先相遇，从药用解毒到膳食汤羹，再到单纯的饮品，随着人们对茶叶认识不断走向深入，经过漫长的发展阶段，茶开始与中国人的精神世界相联结，逐渐跳出物质世界的层面，最终从形而下的存在提升到形而上的层面。

唐宋时期，日本从中国传入的饮茶习俗是作为先进文化的代表来加以推崇传播的，一开始就具备很高的精神性与文化性，经过不断创造性改造，最终形成了具有日本文化底蕴和审美特色的茶道艺术。这是一个漫长的发展历程，大致来看，整个日本茶道的历史可以划分为以下四个阶段：第一阶段是平安时代的贵族茶；第二阶段是镰仓时代的禅门茶；第三阶段是室町时代的书院茶；第四阶段则是千利休开创的草庵茶一直到今天。

以上是"三千家"以本家为日本茶道主流正宗的立场所做的划分，也基本符合历史事实。千利休在其中被置于非常崇高的位置，被日本茶道尊为具有里程碑意义的巨匠。

从日本思想史的视角看，千利休也是可圈可点的。他的里程碑意义，不在于独创，而在于集大成。他扬弃了王朝时代的贵族茶，中世纪的寺院茶和书院茶，将茶道定格为一种仪式化的审美体验与灵魂的修行。具体而言，他彻底扬弃了茶文化中的游戏性、娱乐性与物质性，不仅提炼出"和敬清寂"的日本茶道精神，而且在品饮方式上做了诸多探索和努力，诸如确立了草庵露地式的茶室建筑、改革茶具、规范了外在环境与室内装饰的平衡标准等一整套包含"道"与"术"的艺术系统，成为一种超越茶的植物学、农艺学、饮食学领域，进入一种形而上的文化层面，不仅是一种灵修仪典，也是一门熔建筑、造园、书画、插花、饮食、陶艺、插花为一炉，融日常生活与审美体验为一体的艺术宗教。早在千利休生前，茶道在他手上已告大成。千利休之后，道统相传生生不息，其门人弟子、血脉后裔严格以此定型化、标准化、程序化的习茶礼仪延绵至今。

从富家子弟到茶人

千利休，大永二年（1522）出生于和泉国堺港今市町一个富商之家。原姓田中，名与四郎，师事绍鸥后改名千宗易，"利休"一名是晚年进宫为正亲町天皇点茶时获赐的居士名号。"千"字的来历，前面说过，系从他的祖父"千阿弥"一名的头文字取得，后来他的子孙也都以"千"为姓氏，四百年来生生不息道统不绝，至今活跃在日本茶道的"三千家"（"表千家""里千家"和"武者小路千家"）都奉他为始祖。

> 今日市肆，见与四郎公子。

上面的文字翻译成汉语，不过平平淡淡的十个字，却是迄今为止发现的最早记录千利休的史料，有着非同一般的价值。文字见于堺港南部的念佛寺里的起居备忘录《念佛差帐》，记的是天文四年（1535）某月某日寺僧到市区购买食材时，遇到了与四郎公子。之所以将这件琐事记录下来，是因为与四郎父亲田中与兵卫是念佛寺一大施主。文中的"与四郎公子"就是后来的千利休，是一个年仅13岁的少年。这十字所透露出来的信息无非这些，却曾给我无尽的联想和感慨：一代茶道巨擘以如此简素的文字记述登场，无论如何总让人感到历史的亦幻亦真。

利休的出身和其师绍鸥颇为相似，或者说，师徒俩是当时活跃在堺港的文化商人群体的缩影，无论出身、经历、价值观和才华造诣等都如出一辙。据传，利休的祖父千阿弥在足利义政、义尚父子去世后无心再仕，移居到自由而富足的堺港，为了谋生开了一家鱼店，商号"鱼屋"。到父亲这代转而经营获利甚丰的"纳屋"（港口仓储租赁业）兼营鱼盐批发，在海边有几座大型纳库。自15世纪中后期开始，堺港取代兵库港（今神户）成为日明勘合贸易进出港而迅速繁荣起来。受益于繁忙的进出口业务，加上经营有方，田中家仅仅经过两代人的时间就积累了可观的财富，利休临死前对家产的分割处理中，就有一大部分是堺港的祖产。

不过年轻时的与四郎对经商不太热心，喜欢文艺，尤其喜好连歌，像绍鸥一样是个富二代文青，或者他的身上也汇集了堺港商家富而斯文的传统。比起绍鸥或珠光，有关利休的史料丰富得多，其中主要的原因，一是利休生活年代相对较近，很多原始资料得以保存，比如据茶道史权威桑田忠亲的鉴别考据，现存的千利休手书真迹就有300余件。二是他的门人中多善文之士。比如利休的弟子南坊宗启，是堺港南部禅寺南宗寺塔头集云庵住持，他将追随千利休学茶20年的见闻辑录成《南方录》，此外还有门人写的《山上宗二记》，这两本书都是后世了解利休的第一经典。据传，利休长身玉立，皮肤白皙，相貌相当俊雅潇洒。其故居收藏一副他生前用过的甲胄，专家利用现代测量技术估算他的身高在180厘米以上，可能是与织田信长不相伯仲的美男子。出身商家的背景，又极为精明干练，善于斡旋辞令，早年被推举为"长屋众"，负责从事在大名与市政之间的沟通协调，后来还出任堺港城市自治机构的"会合众"。利休身上几乎汇集了当时堺港出身的富商文化人的共同特点，有缜密的经济头脑，又有敏锐的政治嗅觉，又有纯正的文化素养和优雅的生活品位，是当时社会中不折不扣的精英，因而成为战国时代各种政治势力所极力争取的力量。以千利休为代表的堺港茶人都先后为织田信长和丰臣秀吉的智囊团队，为他们称霸天下发挥了独特的作用。

当时堺港的茶事很盛，茶会是一大流行文化和高端娱乐，举办茶会是财富、地位、文化品位和社会人脉资源的象征，从京都朝廷的公卿贵族到地方的领主大名、武士、寺院僧侣到町人，各阶层都乐此不疲。从出身町人阶级的商人来说，利休青少年时期，堺港就活跃着很多一流的茶人，如鸟居引拙、武野绍鸥、誉田屋宗宅，这三人都是村田珠光的门人，其中鸟居引拙是将"珠光流"草庵茶传播到堺港的第一人，绍鸥则是珠光的再传弟子。除此之外，堺港城市文化的繁荣，茶风的盛行也吸引了不少畿内的著名茶人前来传播茶道，比如法号空海的京都茶人岛右京。岛右京是"东山流"茶道宗匠能阿弥的门人，与珠光师出同门，对茶汤造诣不凡，为人特立独行飘逸洒脱有隐者的古风，当时很多才俊都想成为他与珠光师出同门的弟子。根据江户时代出版的茶道名人传记《数寄者之物语》一书记载，千利休在17岁时就开始学茶，师事的对象北向道陈是岛右京门下弟子，修习东山流书院茶。道陈与绍鸥在茶道上不是同流，但在学禅上却是同宗。两人都曾师事过禅僧大林宗套。利休天分很高，两年后将道陈所授的技艺掌握得八九不离十，有一天，道陈对利休说："你学到这个地步了，我教不了你啦！"就带着他敲开了当时首屈一指的茶道名匠武野绍鸥的门。

成为绍鸥的弟子后，与四郎剃发为僧，从此事可见利休师事的虔

诚以及对茶汤孜孜以求的专精。1544年2月，千宗易第一次单独为奈良
豪商、著名茶人松屋久政点茶，得到很高评价，《山上宗二记》详细记
录了这次茶会的情况，从实用的茶器、茶室布置到点茶手法都显示出利
休在严格遵循道统中的创新。为了进一步获得造诣，他追随珠光、绍鸥
以来茶人须参禅的传统，师从堺港南宗寺住持笑岭宗䜣修禅，据传在24
岁时被授予"宗易"的法号，这个名号伴随他大半生，一直到晚年才被
正亲町天皇授予的"利休"名号所取代。

弘治元年（1555），绍鸥辞世，33岁的千利休获得了象征禅茶法
脉证物的"圆悟墨迹"，成了绍鸥侘茶名正言顺的后继者。为尊师祈祷
冥福的忌辰茶会由千利休主持，从记录中可以看到当时的茶道具有：高
丽茶碗、云龙纹茶壶、金轮寺茶罐、信乐烧陶制水罐，壁龛悬挂的是宋
末元初禅僧画家牧溪的绘画。绍鸥殁后，千宗易成了与今井宗久、津田
宗及齐名的堺港三大茶头。1565年，阳春三月，利休应奈良武将、多闻
山城城主松永久秀邀请，参加由京阪畿内名流主办的茶会，一举成名，
跻身当时的上流阶层。

以上是利休的前半生。

本来，利休可以像他的前辈武野绍鸥，以丰润的家财和艺术造诣
在乱世中的桃花源如鱼得水，悠游自在，度过充实而幸福的一生。但历
史不容假设，时代的惊涛骇浪最终波及了堺港这个富足宁静的港城，利
休也被裹挟到时代的激流中，时而乘风浪而起昂立潮头，时而被摔入谷
底粉身碎骨……

茶道与王道

"应仁之乱"后，日本各地群雄并起。16世纪中叶，武士集团中
实力最强的织田信长崛起。永禄十一年（1568）九月，在战国乱世中崛
起的武士豪强织田信长以平息暴乱扶持室町幕府将军的大义名分，挥师

"上洛"（进入京都），目的在于通过"天下布武"统一日本，梦想着能当上足利义满那样的"日本国王"。在这个时代背景下，掌控着堺港经济和社会管理的茶人也被卷入战国争霸的激流中。

织田信长虽出身武人，却是惊才绝艳的英豪，身上有浓郁的室町时代武将气质，甚至连前来日本传教的西方传教士见了都惊为天人。信长雅好艺能之道，尤其对茶汤兴味浓厚，刻意仿效足利义满雅爱斯文的做派，对珍稀的唐物茶具产生浓厚的兴趣。在进入京都之后，信长更认识到茶道在工商业界和社会文化方面巨大的影响力，积极将茶道纳入运筹帷幄的政治谋略中，也就是所谓的"御茶汤御政道"。他收罗很多价值连城的唐物用来赏赐部下或收买敌人，赋予茶汤攻守联盟的政治意义。比如，在以京都为中心向外扩张势力的征伐中，大和国多闻山城主松永久秀通过向信长进献价值连城的"九十九发茄子"茶叶罐，不但免于屠城的命运，还获得奈良南部的统治权。

1569年，织田信长已经牢牢控制京都局势，并以席卷全国之势加快了统一日本的步伐，实际上成了日本的将军。此时，那些盘踞在京都周边的豪强、大名成了他的心腹大患，尤其是与堺港关系很深、称雄一时的三好氏一族，因为支撑三好氏财力基础的就是堺港的"会合众"。织田信长要将三好氏的势力驱逐出京畿地区，首先就要切断他与堺港的财源通道，因此就要使管理这座城市的权力机构就范。于是向堺港"会合众"下达强征军费二万贯的指令，限时上缴，否则屠城。在一系列高压政策下，在经过掂量之后，堺港的茶人纷纷向信长投诚。彼时堺港著名茶人、第二号工商界大佬津田宗及在说服了城中主战派之后带头上缴保护费，并积极向信长靠近，被聘为军中茶头。绍鸥的女婿，堺港豪商出身的茶道家今井宗久因为向信长进献"松岛茶入""绍鸥茄子"两件稀世茶罐，被默许免去摊派到头上的巨额军费，不但被委以收缴一方赋税和筹款的职务，负责军火的制造和采购，还受聘为信长麾下的茶头。

堺港商人群体的经济意识、政治敏锐性和善于应变的素质深获信长的欣赏，进一步认识到这个群体的独特价值加以笼络利用。在这种时代氛围下，以千利休为代表的堺港茶人最终被裹挟进织田信长的"天下布武"浪潮中。

利休何时开始与之接触至今尚未明确。从今井宗久留下的茶会记录《今井宗久茶道记拔书》看出，利休第一次出现在信长的茶会是在元龟元年（1570）4月1日。这一天，织田信长应邀到今井宗久府观赏堺港富商的茶器联展：

> 松井友闲叟（堺港豪商）闻信长欲观堺之搜友名器，故今日于府中请信长一览，所出示之宗久道具中有松岛之壶、果子之画。翌日，宗易以淡茶点前敬献于信长。其后信长赐予衣裳、银两若干。
>
> （参见《日本茶道史话——叙至千利休》，熊仓功夫著，陆留弟译，世界图书出版社，1999年）

这条史料透露出两个信息：一是堺港富商联展的"唐物"非常丰富，织田信长整整饱览两天；二是利休作为茶会的茶头为信长点茶，一亮相就获得后者的赏识，赠予衣装银两。从此之后，利休开始频繁出现在信长的茶会中，如天正元年（1573）11月24日，信长在京都妙觉寺举办的茶会记录中有"宗易点茶，将军坐于客席品尝敬献之茶"的文字，参照同时期的文献资料，可知利休已经成了信长帐下的首席茶头。当然所谓茶头，在战国时代并非专指点茶、举办茶会的职人那么简单，政治家信长将这一源于中国佛寺专司行茶礼仪与修行的名称重新定义，赋予其内政外交的功能。比如，在织田信长迈向统一日本的进程中，与京都拥有大规模武装僧兵的本愿寺实现和解并结盟是其中极其重要的步骤，而实现这一步靠的不是武力较量，而是茶室里的折冲樽俎。据《信长公记》载，经过旷日持久的对峙之后，在松井友闲、利休等堺港茶人的斡旋下，双方终于化干戈为玉帛。天正六年（1578）正月，在信长举办的茶会缔结和平盟约，而作为盟誓的信物象征居然只是在茶会上各自出示稀世茶器，信长是"松岛茶入"，本愿寺一方为"三日月茶壶"。得益于利休、今井宗久、津田宗及等堺港茶人的襄助，织田信长迅速扩大权势。

说来有趣，谈及日本文化，常常可以看出其中的"二律背反"。比如，在江户时代，锁国体制下日本内外和平稳定，国内商品经济迅猛发展，"太平盛世"达两个世纪半之久，却偏偏孕育了最具残酷性的武士道；而战国时代却在征伐杀戮、血雨腥风一百多年的乱世中，催生了最风雅闲寂、最具和平主义色彩的茶道艺术。更不可思议的是，如此极尽侘寂风雅之道的艺术之花，竟然在铜臭味十足的商业城市大坂堺港傲然开放，最终使之得以确立的师徒两代茶人武野绍鸥与千利休，以及当时一流的茶人群体，也都是出身于锱铢必较的商人之家。这类看似互相矛盾的现象背后，预示着一个不同于以往的社会形态已经悄然出现，在一定程度上也表明了时代已经开始发生变化。在商品经济发达的城市里，原先由贵族、僧侣、武士阶级把持的文化特权，已经转移到由商人、手工业者和自由职业者为主流的町人手中，他们成为文化艺术的创造者和主导者，茶道因之自上而下广泛传播，并在民间深深扎根。

战国时代，饮茶已经在扶桑列岛蔚为潮流，饮茶不仅在国内各地普及，甚至成为一种最高时尚，社会各个阶层，皇室、公卿、大名、商人、市民等都趋之若鹜。而茶道更成了武士的必修课，其中实力显赫的武将更是充当了这一时尚的倡导者，他们以前所未有的热情投入、陶醉其中，甚至不惜为之倾城倾国或身败名裂。战国时代的领主或大名，几乎都有一个共同的身份——资深茶人，如松永久秀、织田信长、丰臣秀吉、德川家康，这个名单还包括不计其数的实力大名，如古田织部、蒲生氏乡、细川三斋等，茶道在他们的观念中有着今天的常识难以理解的价值；为了获得一件珍稀茶器，不惜发动一场血流成河的战争；两军对

垒之际，将茶屋运到战场最前沿，在流矢鸣镝中享受一盏抹茶的安详与
芬芳；向黑云压城般的敌方输诚降服，只要献上一两件茶道名器即可化
干戈为玉帛；横扫天下的枭雄将成功举办一场茶会看得比攻城略地的战
绩更值得夸耀，将"有生之年能独立举办茶会"作为人生最大志向……
在一碗青绿的茶汤之中，战国的武士们赋予它如此之多的内涵与外延，
这即便在茶文化起源地的中国来说也是匪夷所思的。

　　天正十年（1582），织田信长荡平了日本本州，统一日本大业指
日可待。在击败负隅顽抗的武田氏之后，织田信长回到京都准备大宴家
臣，对手下武将论功行赏。这一年阴历五月二十九日，信长随身带了38
种顶级茶具进入京都本能寺，打算次日和博多的豪商们举办茶会时展
出，不料被部下明智光秀倒戈一击，信长自焚身亡，带来的茶具名物也
大半付诸灰烬。

天下第一茶头

　　本能寺事变发生后，正在备中高松城征战的丰臣秀吉迅速平定战
乱，随即以电光石火之势杀回京都扫灭了明智光秀叛军。作为信长的后
继者，秀吉继承了信长的权势以及所有的珍藏名品，包括"御茶道御政
道"的执政理念也被原封不动保留，并随着时势的变迁有所发展。此
后，利休也被秀吉纳入麾下，所得到的倚重和宠信更是到了无以复加的
地步，地位很快凌驾于今井宗久和津田宗及之上，成了"御茶头八人
众"之首。秀吉授予他岁入三千石食禄，相当于一个中级武士的收入，
对于一个平民出身的茶人而言，这等远超身份的待遇在战国时期可谓绝
无仅有，在江户时代以后则成为神话。

　　在信长时代，秀吉和利休是其麾下两个得力辅佐，一文一武，相
得益彰。某种程度上，作为信长政治外交顾问的利休所受到的倚重一度
在秀吉之上，不过也都能相安无事。信长殁后，利休得以脱离体制专心

致志发展自己的茶道，一边审时度势为秀吉政权服务，比起信长时代，茶道更深地卷入政治之中。茶道伴随着秀吉的戎马生涯，他以这一战国时代最为时尚的交际手段，或合纵联盟，或运筹帷幄，或放松神经慰藉身心，秀吉借助利休茶道的魅力，将茶汤的功能发挥得淋漓尽致。在本能寺之变后，两人的关系也发生了微妙的变化，茶道从属于政道，茶人从属于强权，依附在强权下，为了生存，茶人利休也要运用自己的特长在秀吉与大名间斡旋，甚至要借助强权的力量来扩大茶道的影响，在乱世中精心哺育茶道之花。在茶汤之道上，他与秀吉既合作又暗地较劲，由于理念和趣味的差异，时常磕磕碰碰。

秀吉崛起于底层，追随织田信长，耳濡目染，也嗜好茶汤，对信长利用这种当代艺术来维护巩固政权的权术了然于心。1578年，因为击败但马、播磨大名有功，作为最大嘉奖，秀吉获得在茶会上独立点茶的资格，手下就有几个当世一流的茶头为他服务。成为信长后继者之后一人独大，金子多得用不完，在茶汤上的高调奢华远超信长，从明朝大量进口奢侈品，包括大量宋元书画陶瓷器，用纯金打造可以移动的茶屋，便于出征时也能举办茶会。

但战国武将的茶汤之道，都与利休的草庵茶相去甚远。利休追求的是一种超乎武力、财力和霸道的侘茶之道，一种能给世间带来和平、平等和安宁的生活艺术，所以无论是观念上还是做法上，都与以秀吉为代表的武家茶背道而驰，比如摈弃华丽的书院造茶室，倡导庶民气息的露地草庵；不看重"唐物"，推崇朝鲜半岛传来的井户烧汤碗、茶碗；追求茶汤中的和、敬、清、寂禅韵等，有意或无意与秀吉热衷的黄金茶对立。这种茶道理念上的碰撞和对立，随着形势的变化，性质开始发生变化，利休被视为体制的对立面最终招致不测。

随着统一日本的步伐日益加快，秀吉成了名副其实的"天下人"。天正十三年（1585）7月，正亲町天皇赐予丰臣秀吉关白之位，这是位极人臣的官职。秀吉为答谢天皇恩典，决定于皇宫"小御所"里举办一场声势浩大的超级茶会。但筹备就花了整整三个月（一说提前一年就开始筹备），秀吉展出了自己毕生收藏的天下名物，还从大坂城运来黄金茶室，因为接待对象是天皇，所以茶会上使用的一切物品，如建水、翻水、茶碗、柄勺、茶勺等均为金子制作，并且其他物品也都是新作，所有这些道具都刻有皇家标志的十六瓣菊花徽章。茶会设在小御所的"菊见"大广间。在这个最高规格的茶会上，千宗易担任主持，与秀吉一道进宫御前点茶。宗易因为平民身份没有资格参见天皇，须以出家人的"法体"和"法名"出现。于是由大德寺住持古溪宗陈起名"利休居士"，天皇赐予的方式变通。记录这次茶会巨细的《禁里样御菊见之间》也由利休现场执笔，原件至今保存在里千家的"不审庵"里。茶会分两段，第一阶段是秀吉向天皇、太子献茶；第二阶段茶会移至别所，由千利休用茶台子点茶法向正亲町天皇、亲王、皇太子献茶。据载，茶室床之间悬挂玉涧的《远寺晚钟图》；隔板上"曾吕利花入"里插着一枝大白菊；台子放着"绍鸥茄子"茶入，另一只台子则放着"肩冲""新田"和"初花"三种名贵茶入；榻榻米一侧摆放着"四十石"和"松花"两种珍稀茶壶。这些超顶级的器物出现在皇家茶会上，某种程度上被赋予了神圣的地位。禁里御前茶会是日本茶道史的一次"稀世盛会"，对利休而言更是意义非凡，"天下第一茶头"无可撼动的地位自此确立。

禁里茶会之后，随着德川家康和上杉景胜两个武将臣服，秀吉加快了统一日本的进程，利休与秀吉的合作到了亲密无间的程度，而他所获得的权势，到了一个茶人所能达到的历史最高点。当时九州丰后大名大友宗麟前来大坂城拜会秀吉，看到利休一刻不离秀吉左右，他写给家臣的信中说：在大坂城，能与关白秀吉随意交谈的只有千宗易。据他观察，在当时，关白秀吉政权的政务虽有"五大奉行"（桃山时代执掌丰臣政权中枢的石田三成、浅野长政、前田玄以、长束正家和增田长盛五大行政长官）辅佐，但实际上权势大多由秀吉的弟弟羽柴秀长和千宗易掌控，其中秀长负责军务，内部事务则由千宗易拿控，其显赫的程度甚至超过了五大奉行的石田三成和前田玄以。

天正十五年（1587）春，秀吉挥师进入九州征伐西南部的萨摩岛津氏，利休随军出征。在这次征伐中，利休以茶道纵横捭阖对岛津氏展开一系列政治攻势，最终迫使岛津氏就范接受城下之盟，日本基本实现统一。7月秀吉凯旋回到大坂，为了庆贺征服九州大捷，丰臣秀吉命利休筹办史上最大的茶会。10月金秋，茶会在大坂北野天满宫举行，受邀前来参加的各地茶人就有550多名，据说为来自日本各地的茶人搭建的三叠茶屋至少有八百间到一千间，茶棚、茶室一间接一间星罗棋布于御天满宫神社的松原之内，至于平民参加的凉席铺就的茶席，一片连着一片犹如长龙一般环绕着神社的外围。茶会从10月1日开始，一连举办了10天才圆满结束，其规模之大场面之盛可谓空前。日本茶道史上能与此相颉颃的，只有明治初年由财阀工商界精英在大坂南部举办的"青湾茶会"。

不过，天道无常，物极必反。北野茶会之后，仅仅过了两年，利休就走到了人生的尽头。

以身殉道

冈仓天心的《茶之书》我读过多遍，也写过类似读后感的随笔文字。引人深思的是终章《最后的茶会》，天心用利休从容就死的结局来试图说明什么是"唯有以美而生的人，能以美而死"的日本风格美学命题。读这个章节，脑中挥之不去的是利休的死，以及为何非死不可的问题。

利休之死至今成谜。有关他被秀吉勒令切腹自裁，众所周知的是因为他在秀吉常常要进出的寺庙山门悬挂自己雕像的犯上之举。此外，还有很多莫衷一是的说法，诸如他的草庵侘茶与秀吉的黄金茶形成了不可调和的对立；利休基于茶道的和平精神，反对秀吉征兵朝鲜；私自动用天皇陵墓的石头用来做"露地"石灯笼；还有拒绝秀吉要纳女儿为妾，不一而足，这类似是而非的说辞，很多是千利休的门徒或后世茶人的臆想，为的是将利休的死神圣化，其实大多是经不起推敲反证的自话自说或假说戏说，其中固然有先入为主的误读，也不排除出于拉大旗做虎皮的私心。实际上，信奉珠光流"茶禅一味"的利休并没有真正"得道"，民艺家柳宗悦就批评利休"虽然学过禅，但没有忘记追名逐利，充其量他的禅只能是野狐禅"，可以说是一针见血的论断。谈论任何历史人物的命运因果，不能脱离具体的历史条件。

　　武家爱好茶汤之道，是延自室町时代以来日本武家文化的遗绪。武士作为统治阶级，拥有权势与财力，自然不免爱好奢华，珍重当时代表财富与文化的"唐物"，借以陶冶性情，或显示风雅，那是源于身份出身的教养，也有炫耀权势与财力的动机。但武家的这种嗜好也会随着时代的变化和切身利益的需要而变化。织田信长看重茶道，是因为在当时茶道是对于显示"天下第一人"的权威所不可缺少的一种文化象征与经济实力，是实现统一天下的重要道具。但到了丰臣秀吉，面临的时代课题已经不同于织田信长，看待茶汤的眼光也会不同。在接替信长的"布武天下"时期，他也借助茶道来实现合纵连横或炫耀财富权势，但随着统一大业的完成，茶道被他赋予安邦定国的思想文化功能，他要借助茶道文化的力量去改造战国武士。将茶道视为为政之道的思想观念在战国后期极为普遍，并非丰臣秀吉独有。平定天下之后武士成了核心问题。如何驾驭粗鄙少文、目无尊长又乏理想信仰支撑的武士，使之成为安邦定国的稳定力量而非社会动乱的群氓，是16世纪后期每个志在统一日本的政治家所要面对的时代课题。信长和秀吉都寄希望于茶汤之道，均告失败，最终雄才大略的德川家康从中国儒学中发现了巨大的思想资源，重用儒生林罗山，用朱子学来规范武士的思想伦理和行动，才从根本上解决了这一历史疑难杂症，虽然这是后话。丰臣秀吉具备一代枭雄的才干，又有着政治家的敏锐，工于权谋，但读书少，缺乏家康那样的胸襟和眼光，他的茶汤之道，更多了急功近利，充满了奢靡铺张和纸醉金迷的浮华，又助权势推广，声势浩大犹如群众运动。

利休反其道而行之，草庵茶与黄金茶在审美趣味和价值观上是对立的。《南方录》有云：

> 小座敷的花，必须为一种颜色，并要一枝一枝地摆放。当然这样做，你的本意其实就是对华贵之心的厌弃。

"对华贵之心的厌弃"，无论观念还是具体表现必然与武士的书院茶、黄金茶相颉颃，相对抗。道不同则不相为谋，他最终无法被秀吉接受，也有逻辑可循。

不过，单纯美学观念的对立，未必会招致秀吉将他从肉体消灭，更何况秀吉的功业也有利休的付出，利休性格上的弱点也是不幸结局的一个诱因。一是贪欲，他利用茶头身份在"唐物"茶器交易中舞弊营私，大发其财；其二是恃才傲物，目空一切，树敌很多。据说他经常冲撞秀吉，有意或无意揶揄他的粗鄙和暴发户气质，经常让丰太阁难堪，就连秀吉身边的人都讨厌利休自以为是的做派，秀吉的爱妾浅井茶茶、亲戚木下祐庆，还有五大奉行中的石田三成、前田玄以都不吃他那套，说他坏话。利休自杀时，在当时的高层没有引起太大的反应，同情他的人也很少，甚至有人认为他咎由自取。

战国时代，武士们忙着征讨打仗，这些矛盾纠葛没有激化到不可调和的程度，但随着丰臣秀吉结束战乱，社会面临转型时，利休的处境发生变化，来自政敌的麻烦、发难一下子多了起来。秀吉统一日本后颁布"刀狩令"（为实现天下稳定而实行的兵农分离，没收武士以外阶级的刀具的法令）、检地令，确定了士、农、工、商四个社会等级，用身份制治国，试图从源头上杜绝战国时代以来在武士阶级之间像瘟疫一样流行的"下克上"风潮。而利休以茶人自尊自矜，有恃无恐，对秀吉所要建立的封建制是一个破坏，所谓谋道不谋身，盛名显赫之下不知韬晦，最终把自己和茶道都逼入绝路，对此有茶道学者说：

> 利休的茶道，理想与实践相割裂，是一段败北的历史。

最后的茶会

利休败北的拐点出现在他人生的巅峰期，时在天正十九年（1591）正月。

两年前，正值千利休父亲50周年忌，利休捐巨资给年久失修的京都紫野大德寺重建山门之用。大德寺是一休宗纯开基的禅寺，与茶道渊源极深，至今是日本茶道的中心。利休早年在堺港从事茶道时，因缘际会结识了南宗寺住持古溪宗陈禅师。宗陈对利休茶道的形成有点化之功，正是在他的引导下，利休通过参习禅宗公案，获得茶道上的开悟。后来宗陈成了大德寺的住持，与利休往来更为频繁。所以借为父亲忌日回向的名义向大德寺捐资，重修在"应仁之乱"中被烧毁的山门。山门于天正十七年（1589）完工，是一座重檐的华丽建筑，门圈镶嵌金箔，就像今天所见的格局。寺庙为了感谢利休的功德，在山门上增建一层楼阁"金毛阁"，并雕刻利休木像置于其上，这样，前往大德寺参拜者，无论身份贵贱都不得不从他脚下进出。这事在等级松散的战国乱世根本不成问题，但在小田原之战后，在统一全国已经指日可待的背景下，事情的性质就发生了根本性变化。

就在丰臣秀吉征伐小田原，平定关东及奥羽地区回到京都后，木下祐庆向时任京都奉行（京都地方行政长官）的前田玄以指控利休的僭越不敬之罪。前田玄以于是拟状向丰臣秀吉奏报。本来就处心积虑想收拾利休的秀吉正好利用这事杀杀他的锐气，让他服软，于是在天正十九年（1591）2月23日，秀吉勒令他离开京都聚乐第的宅邸回堺港蛰居反省，实际上给他一个谢罪的台阶下。

利休刚开始不以为意。当他千方百计寻求至交亲故从中斡旋和说情，在种种努力均告无效之后才意识到事情的严重。凭他对秀吉的了解，他知道只要真心降服就能过关。不过，毕竟是千利休，关键时刻显出铮铮铁骨，茶人的自尊和骄傲，使他不愿意向强权低头，大概也觉悟到要用鲜血和头颅换取茶道的尊严，所以到后来反而有一种视死如归的淡然。秀吉料到利休不会轻易服罪，于3月25日责令将利休押回京都宅邸中服刑。出于旧情和对他的尊重，丰臣秀吉让其切腹自我了断，这在当时属于武士才配的体面死法。当然鉴于一休门徒遍及海内，且有不少是拥有武装力量的实力大名，秀吉不敢大意，做了周密部署后再将执行日期告知利休。

成书于元禄十四年（1701）的茶书《茶话指月集》（久须见疏安撰）中，记录了千利休生命最后的瞬间：

> 3月28日一大早，天降冰雹，上杉景胜率领的三千武士精兵将利休宅邸围得水泄不通。对这一天的来临，利休已有准备。他邀来自己最重要的弟子们，参加他人生最后一场茶会。利休有条不紊在家里的茶室为弟子们点了生涯最后一场茶会，而后将平生珍藏的茶具分送给弟子，然后让弟子们和家人退出，只留一个弟子在身边，担任他人生最后结局的见证人。他在做完这一切之后，他褪去茶会衣装，端端正正叠好放坐垫上，露出一身素白的单衣，然后在一块方形白布上席地端坐，敞开单衣，背对合掌悲泣的家人弟子，高吟提前写好的辞世之歌：
>
> 人生七十，力围希咄。吾这宝剑，祖佛共杀。

就这样，利休从容踏上了殉道之路。据说，为了显示坦然赴死的决绝之心，在切腹环节中，利休拒绝了介错人（切腹自杀过程中，在切腹者最痛苦的过程中负责为其砍下首级的助手）的辅助，活生生在亲友们高低错落的"南无阿弥陀佛"中挣扎几个时辰后才断气，这对于一个70岁的老人来说，实在过于惨烈……

利休血溅茶室，茶道之花绽然怒放。

利休的遗产

利休对日本茶道的历史性贡献，在于将荣西法师从中国传来的茶文化，在他手上完成了本土化改造，形成具有日本审美文化特色的一种生活哲学与艺术。

利休留给后世的宝贵财富之一是他在"侘茶"中体现出来的文化精神，这种文化理想的表现形式，可以"和、敬、清、寂"四个字真谛为归结。对此，南坊宗启的《南方录》中作了具体而生动的阐述：

> 草庵小茶室的茶汤，第一目的，是以佛法修行得到。以排场的家居、美食为乐，是世俗之事。屋不漏雨，食可果腹，足矣！此乃佛之教，也是茶汤的本意。打水、劈柴、烧水、点茶，既是供佛，也是待客，自己也饮用。茶室中插花，焚香，都是学习佛教高僧的做法……

"侘茶"乃简素简朴枯槁之意，运用在茶道中即是一种处世哲学，就是"屋不漏雨，食可果腹"的知足常乐思想，利休说"此乃佛教茶汤之本意"，可以看出，所谓的"佛之教诲""践行佛祖之举止"，与陆羽的"精行俭德"，与珠光践行的"茶禅一味"精神相契合。利休的草庵茶，是一种出世之茶，既脱离奢侈豪华的武士书院茶，也否定下里巴人的喧嚣的斗茶，也与佛门家风的禅茶迥然异趣，是一种熔建筑、园林、装潢、书画、工艺、文学、禅修、服饰、饮食为一炉的综合艺术，并在这个过程中融进了可贵的创新精神。

必欲立之，必先破之。日本茶道要独树一帜，首先建立在对"唐风"的改造之上，改造包括扬弃，在对中国美学的否定基础之上建立起属于自己的美学。也许在利休看来，无论珠光、绍鸥如何志在创造，但还是摆脱不了自奈良时代以来根深蒂固的"唐物庄严"观念的羁绊。匍匐在地如何超越古人？珠光将茶室从皇家宫苑、禅门寺庙和武家书院中解放出来，在市井风尘中扎根，其革新精神在唯"唐物"之马首是瞻的同代人中可谓一骑绝尘，但心中毕竟放不下的还是那些奢华高档的"唐物"，正如《山上宗二记》将珠光茶道美学譬如"在粗陋的座敷上放名物，如在稻草屋前拴名马"，形容珠光善于在清简与奢华的强烈对比中让美学之花绽放，但念念不忘的到底还是奢华的名马宝驹。利休的茶道哲学迥然异趣，他要在粗陋中发现粗陋本身的美，他的茶汤美学是"草棚里伏老马"，是元人马致远"枯藤老树，西风瘦马"的洗尽铅华的情趣，这种美学境界甚至比他的导师绍鸥走得更远。据说利休非常欣赏体现绍鸥茶风的"海滨茅屋"的和歌，只是觉得犹有不足，以下藤原家隆的名句才是他理想中的侘茶之境：

> 人们只待春花，不知道去看那，山里雪下的草牙。（原文：
> 花をのみ待つらん人に山里の雪間の草の春を見せばや，参见
> 《日本茶味》，王向远译，复旦大学出版社，2018年）

皑皑白雪覆盖下，白雪皑皑一片真干净的深山与清冷的海滨意境是一样的，都是"无一物"之所在，是彻底的"无"。但积雪下就隐藏着春草萌动的生机。利休借助这首和歌来揭示侘茶的真谛，也就更具有禅的简素和遒劲。思想决定行动，基于这种彻底的"侘茶"哲学，利休打破唐物迷信和崇拜，扭转以中国审美为标准的观念。同时挑战主流茶

道观，反对以奢华为美的武士茶汤，利休在"器"上的审美独创性，从他首创的乐烧上可见一斑。

乐烧，在今天日本又被称为"今烧茶碗"，始于天正年间(1573—1593)，是利休与朝鲜陶工后代长次郎合作烧制的手工釉陶茶碗。用丰臣秀吉在京都伏见城豪邸"聚乐第"地底挖出的黑黏土烧制茶器，故名。茶碗是在低火候下烧制的，颜色多为赤黑两色。指导长次郎烧制符合自己美学的茶碗，乐烧茶碗取法朝鲜半岛吃饭喝汤用的大碗，外形粗大厚重，拿在手里沉甸甸很有感觉，加高底座，适于放置榻榻米上。制作时纯用手工捏成，不用轳辘，烧出来茶碗不均衡，釉面也浓淡厚薄不均，多是不太强烈的无光泽的黑色釉面，比起宋朝的天目、青瓷茶碗，有如残次品。但这正是利休刻意追求的效果，是用"侘茶"的思想指导制作出来的茶具，因而是日本独有的。乐烧的诞生标志着日本茶道器物在日本进入本土化创新阶段。在利休的影响下，室町时代曾被视为低端的朝鲜陶器如国产"灰被天目""黄天目"茶盏，与进口的"曜变""油滴"天目一同出现在茶会上，地位越来越高。伴随着本土茶碗开发的成功，唐物在茶会中不再居于主流让位给乐烧、井户烧等非主流茶具。

在艺术上，利休多才多艺，堪比东山文化时期的能阿弥。在从事茶汤美学的实践中，他将珠光的茶禅与绍鸥的侘茶提纯，形成了一套侘茶的理论和实践。

参加茶会的人，进入茶室前，第一步踏上的是被称为"露地"的庭院。按照《南方录》的阐释，"露地"象征一条隔离了世俗污浊和喧嚣的清心洁净之路，茶室即便是位于闹市中，也要求要有"露地"，才能体现深山幽谷的意境，给人以"心远地自偏"的世外桃源之想。为了祛除上层武家茶会的奢侈遗风，他将四帖半的茶室进一步压缩，一举改为二帖，进一步拉近主客之间的距离。

客人进入茶室，欣赏过悬挂在"床之间"的墨宝之后，面对茶台子席地而坐。茶主取出炭盒，放好风炉、茶釜，当面燃起炭来，这就是烧炭手法。为什么要在客人面前整理炭火呢？为的是请客人们领略火相之美。早在客人莅临之前就开始燃烧的炭，已蒙了白色的炭灰，拂掉炭灰，把红彤彤的火炭集中起来作为火种，把粗的黑炭围在火种四周，在黑炭上架起劈好的细细的炭条。这样，从小山一样的木炭构架里，燃起了旺盛的炭火，构成美妙的火相。烹茗还讲究用水，好的水有灵气。对水的重视源自村田珠光的传统，早年他在大德寺旁边的"醒之井"旁卜居，就是为了获得好水点茶。而千家在京都的祖居之处小川路，其地下也有清泉。在细雪堆积的严冬天，在静谧的茶室里，观赏火相，聆听茶壶里水沸的声音，如闻深山的松涛，思绪高蹈飘远，主客共同参与创作一种安详宁静的审美体验。

一直保存至今的京都妙喜寺的茶室"待庵"，相传是千利休亲手打造的，是一级国宝，虽然对外公开，但是参观要提前一个月或几个月预约，瞻仰不易，更多人像我一样只能从写真或画册上领略。从外观上看，实在是一间非常不起眼的小茅屋。最另类的是小屋的设计，出入之处不设门扉，代之以一个低矮的躏口，长宽也就50厘米，人必须低头弯腰或屈身才得以进入，其情形有如钻狗洞。武士要进入参加茶会，得先把佩刀卸下寄存在外。这样就相当于将不祥的凶器和好勇斗狠之心屏蔽在外，也就有了"偃武兴文"的和谐，还有"以和为贵"的诚意。不论身份高低，以先到者为贵，在靠近茶台子前就座，并第一个享用高级茶碗里的茶汤。人到齐了，万事俱备，茶室助手会用力把躏口的门板"啪"的一声关上，纷繁浮躁的世界被隔在外面，以茶会为媒介，主客一起进入另一个美与和谐的时空……

这才是利休"侘茶"的精髓，是一种以"今生唯此一次"的诚心诚意付出的待客之道。在我看来，这才是利休留给后世最宝贵的精神文化遗产，生生不息。

开宗立派，百家竞艳
——茶道的发展

茶道在江户时代获得了长足的发展。德川幕府统治下的日本实行严格的四民身份制，茶道也被纳入这一体制中。同时，将军和大名等上层社会的茶道职位也被安定化。在此背景下，茶道迎来了一个新的发展机遇，开宗立派成为可能。从千利休的弟子和再传弟子中诞生了以古田织部为创始人的"织部流"、以小堀远州为始祖的"远州流"和以片桐石州为始祖的"石州流"等影响深远的武家茶道流派。

千利休的孙子千宗旦复兴了祖父的茶道，将家业分给三个儿子，次子宗守、三子宗左和四子宗室分别继承利休以来的"官休庵""不审庵"和"今日庵"的道统，并分别成为"武者小路千家""表千家"和"里千家"，形成了日本茶道史上影响非常深远的"三千家"流派。在此基础上确立了茶道"家元"制度，各家世代相传的茶风与传统得到社会承认，作为不同流派而自立。

从江户时代中期起，茶道向町人阶级传播，茶道得到更大规模的普及。与此同时，来自中国的新型饮茶时尚对日本产生影响。明清鼎革之际，大量东渡的福建僧人带来了全新的饮茶形式和理念，以散叶瀹茶为特征的饮茶方式在日本普及并发展出"煎茶道"，进一步丰富了日本茶文化的内容，日本茶道进入百家竞艳的全盛期。

武家茶道

古田织部

——在武道与茶道之间

武道或茶道，这是一个问题。

——山田芳裕《战国鬼才》

对餐盘器皿的珍重是日本饮馔业的一个传统，食神北大路鲁山说"器皿是料理的衣裳"。这个传统与茶道的熏陶有很多关联。

我曾在大宫市一家百年老字号寿司店打过工，积攒了一些感性知识。那家寿司老铺不但口味制作严守古法，连上茶、食器这样的细节也十分考究。让我惊诧的是那些大小不一形态各异的碗盘壶碟，手感粗糙得近乎瓦片，少有花纹图案，即便有也是简单潦草一两笔涂抹；造型古怪，长条、椭圆、三角，甚至难以归类的不规则形状，有的豁口歪嘴，好像小孩玩泥巴的恶作剧。当我得知那些名为"织部烧"的碗碟、盘子都是价格不菲的高级餐具时，不禁感觉某种匪夷所思。少见多怪，时间久了，看习惯就顺眼，隐隐觉察出那些貌似粗制滥造的食器，在装上五光十色的寿司或鱼贝类刺身拼盘之后，有一种古树逢春的意趣。慢慢地才知古田织部这个人，也知道他与茶道有关的点点滴滴。

利休之后最伟大的茶人

古田织部是千利休的直系弟子，也是利休之后最杰出的茶人。

利休在世时，因为在茶道上卓越的造诣和显赫的声望，追随者如云，门人遍及社会各个阶层，上自朝廷公卿、大名、武士，下到商家、工匠或引车卖浆者流，都有他的门徒。在他死后，被公认为最出色的后继者有七位茶人，号称"利休七哲"，他们分别是古田织部、蒲生氏乡、细川三斋、濑田扫部、芝山鉴物、牧村兵部和高山右近，其中最为突出的是前三位古田织部、蒲生氏乡和细川三斋。蒲生氏乡是会津藩藩主，是拥有92万石俸禄的超级大名；细川三斋（一名忠兴）是九州大名，他创立的"三斋流"茶道至今在佐贺县、福冈县影响力犹在。濑田扫部以下四人，尽管生前声名远扬，但或因艺术后继乏人，或由于艺道没有与时俱进而渐渐被后世遗忘。而古田织部是"七哲"中首屈一指的人物，尤其在千利休死后，古田织部成为日本茶人中的佼佼者。据说利休生前就非常看好古田织部，曾断言："百年之后，继吾道统者，其重然（织部）乎？"果然不出利休期待，织部在师匠离世后，成了第一个将他的茶汤发扬光大的茶人。

与出身商家的千利休不同，古田织部的家世非常显赫，据成书于江户时代的武将大名家谱《系图纂要》载，古田一族是在室町时代就声名赫赫的武家名门之后，世代追随统治美浓国（今岐阜县南部和长野县的木曽郡）的土岐氏。天文十二年（1543），古田织部出生于美浓国，幼名景初，后改名重然。"织部"是后来朝廷授予的官职。织部的父亲古田重定是战国时期的名将，后来继承家业成了山口城（今岐阜县木巢市）的城主，据说在现今岐阜县还生活着很多古田织部一族的后裔。日本历史小说家司马辽太郎有一部长篇小说《盗国物语》，写的就是战国时期美浓国武士的兴衰传奇，那是古田织部成长的背景。古田织部生活的年代，大致在战国时期中后期到江户时代初期。稍微了解日本历史就知道，那是日本历史上内战频仍的动荡时期，是名副其实的乱世。古田织部的生涯可谓波澜万丈，他一生经历了从斋藤道三、织田信长、丰臣秀吉到德川家康等几大军事强人先后主宰日本的时代，可以说从战国时代后期到江户时代早期半个多世纪之间，影响日本历史进程的几次重要战争，他都参与过。不过，让他青史留名的不是攻城略地的武功战绩，而是独树一帜的茶道艺术。

武家流茶道鼻祖

织部父子生活在茶汤文化非常浓厚的战国时代。父亲古田重定对茶汤之道有很高修养，拥有很多唐物名器，是当时的茶道名人，织部从小就在父亲的熏陶之下发展出对茶道的热爱，是个集武道的刚强勇猛与茶道的优雅于一身的武士，他也在追寻武道与茶道的完美融合上付出了毕生心血。

后来，土岐氏没落，斋藤道三父子取而代之，成为美浓国的领主。永禄十年（1567），织田信长击败美浓国领主斋藤义龙，成为拥有尾张、美浓两国的大名。古田织部父子投入织田信长麾下，成为织田的家臣，因为在茶道上的造诣，父子先后成为信长的茶师。古田织部被信长身上散发出的雄才大略所折服，相信他是一个安邦定国的英明之君，从此追随织田信长东征西讨建功立业，前后驱驰二十年。1568年，织田信长挥师上洛（进入京都），帮助室町幕府末代将军足利义昭重新掌权。在京都、大坂，织田信长见识了茶道的巨大影响力，萌生利用茶道这一软实力文化力量成为"天下布武"的辅助，因此重用堺港商人出身的千利休作为自己的茶人。这样，古田织部与千利休同时成为织田信长手下的茶人，一般认为正是这段时期，古田织部投入千利休门下学茶道，成了他的一名弟子。尽管他是利休的门徒，但因身份远远高于商人出身的利休，所以在传下来的利休致古田织部书信中，都冠以"公"的尊称。从现存的这些信件，可以看出利休对织部的看重和期许。据研究，古田织部直接从千利休手里继承了"珠光流"茶道的秘法。织田信长在本能寺遇难后，织部和利休同时被脱颖而出的羽柴秀吉（后由于天皇赐姓，改名丰臣秀吉）纳入麾下，被封为"从五位织部正"，成为领有山城国西冈三万五千石的大名，织部一名即从那时开始叫开。利休则成了秀吉的茶头，利用自己高超的技艺和广泛的影响力为秀吉举办茶会。

丰臣秀吉继承了信长以茶道作为统一天下的辅助工具，酷爱茶汤之道，个中既有战国武士对优雅文化和美的憧憬的积习，骨子里又有更多地借用茶道来炫耀财富与权势，这些都与利休倡导的"和、敬、清、寂"的侘茶美学理念相去甚远。两个人的鸿沟越来越深，而利休作为天下茶头的影响力也达到顶点，很多朝廷公卿和实力大名都成为他的门徒。随着秀吉统一天下，用身份制治国，利休的存在成为秀吉的潜在心病，加上盛名之下疏忽了明哲保身之道，以致招来杀身之祸。

作为千利休之后最出色的茶道家，古田织部被秀吉委任茶头一职，执掌天下茶道。据载，秀吉对织部的家世、人品和才艺都非常看重。利休死后，丰臣秀吉在京都建造伏见城聚乐第，并于周围建筑大名府邸，让那些在追随他南征北战中建立卓越功勋的大名前来居住。古田织部作为受禄只有三万七千石的大名，也获赠了一座大宅院，称为"织部伏见宅邸"。据当时的茶道爱好者神谷宗湛的《宗湛日记》载，织部在伏见宅邸里设有"凝璧亭"和"吸香亭"两个数寄茶室，并经常在这里举办茶会。

丰臣秀吉认为利休的茶道不符合他的理想，于是转而把改革茶道的希望寄托在古田身上。据珍藏在岐阜县古田织部直系后裔的《古田家谱》载，秀吉曾说："利休的茶是堺城町人之茶，尔乃战国武士，务必将其改为武家之茶。"一种新的艺术风格的确立，需要漫长的积累过程，织部的武家茶道，也随着丰臣秀吉统一天下的进程与时俱进，特别是到了江户时代，由于士农工商身份制度的最终确立，武士阶级开始登上历史舞台，成为社会各阶层的领导阶级，因此需要有一种能代表武士阶级意识形态和审美特色的武家茶道或者大名茶道，以取代在寺庙和市民之间流行的町人茶。从日本茶道发展史来看，作为茶人的古田织部，在千利休在世时籍籍无名，而在千利休遇难后，他在茶道上才声名日隆，他在继承利休茶道艺术的基础上融入自己的创意，形成了独树一帜、深刻影响江户幕府的武家茶道，被誉为继利休之后最伟大的茶道宗师。

"织部流"茶道美学

织部在茶道美学的创意多多，几乎涉及茶道艺术中的方方面面。可以从不同侧面对织部和利休在茶道艺术上进行比较。比如在对茶汤美学的探索上，利休是古典作品，织部是当代艺术；利休重在发现，而织部重在创造等，这些也许是后者最终得以青出于蓝而胜于蓝的一大要因。

首先是改造被称为露地的茶庵小院。利休的草庵是"侘寂"美学理念的外化之物，院子里栽种松竹，在尘世间呈现出深山幽谷的意境和超然物外的幽情，体现一种清寂枯槁之美。古田织部成长于武家之中，深受战国后期兴起的安土桃山美学风潮的熏陶，在审美趣味上趋向于华丽绚烂之美。这种美学旨趣体现在茶室建筑上与千利休就有了本质的区别。在设计茶庵时，他有意扬弃利休的草庵精神，从山谷挖来盘根错节的枞树，并引来斑鸠啼叫，展现一种春光融融的生机，开创了武家园林艺术的先河。

其次是改造茶室。在举办茶会的茶室中，他设计一种尺寸独特的

"台目叠"，也就是茶室榻榻米。榻榻米是日式房屋的地板，以蔺草编成，也用来计算房屋的面积大小。一张榻榻米大约相当于1.6平方米。千利休追求须弥中见宇宙之大，方寸中展现大千世界的生机，所以茶室极尽"缩小"之能事，推崇缩龙成寸的数寄屋风格，茶室多为三叠、两叠甚至一叠半的风格。千利休生前亲手打造的茶室有不少，完整保留至今的有京都的"今日庵"，只有一叠半大小，被当作日本国宝，也是里千家"家元"的一大象征。古田织部要将利休的茶室改造成与武士的社会地位和美学趣味相符合的茶室，他设计的以四叠半为基准的"台目"，成了后世武家茶室的标准尺寸。战前在名古屋城里保存一座织部设计施工的"猿面茶室"在日本茶道史上非常有名，是标准的织部式四叠半台目。遗憾的是原物后来毁于战火，从留下的照片看，茶室的墙壁和悬挂书画的"床之间"的柱子都没有任何修饰，并且刻意保留着凹凸不平的原木风貌，有如猿猴的面孔，这也是茶室命名的由来。另外，在设计茶室中，他着意突出"床之间"，也就是悬挂书画的壁龛的位置和光亮，让茶挂的翰墨更为亮丽醒目，成为整个茶室的中心。为此，他在房间里适当的位置设计窗户，让室外的光线在不同时辰都能照进里面，照亮壁龛里的书画翰墨。这种源于古田织部创意的茶室窗户被后世称为"织部窗"或"笔墨窗"。奈良国立博物馆里收藏着一座织部亲手打造的"八窗庵"茶室，最能体现织部茶室的创意：四个榻榻米房间，光照从四面墙壁上的八个窗户射进来，更显得敞亮开阔，一扫利休一叠半草庵的局促与荫翳，在审美上更接近现代风格。

古田织部的茶室影响江户幕府武家茶道数百年，直到明治、大正时期，很多在时代转型中发财暴富的商人、实业家仿效前幕府时代贵族、大名在宅邸里开设茶室的做派，他们取法的茶室样板，几乎无一例外都以古田织部的武家茶室为理想，如明治财界大佬益田钝翁的"幽月亭"、松永安左卫门的"耳庵"，都是名垂茶道史的建筑艺术。

茶道中茶碗是重要的茶器之一，茶碗的嗜好体现了茶人的美学精神。古田织部在茶道上最大的造诣是茶器物，尤其在茶碗上最能体现他的艺术精神，也最能体现他对利休茶道的继承和创新。在茶汤道具上，利休是在既有的器物中发现美；而织部则是打破既有规范创造美。广为人知的是，在何为茶道器物之美的理念上，利休已经远远超越他的前辈，但利休是美器的发现者，不是创作者。作为日本陶器的艺术，或者说茶人亲自动手创作茶碗茶具，以织部为滥觞。茶碗作为一种熔制作工艺与书画艺术为一炉的器物，兼具实用与审美，成熟的陶器艺术，离不开漫长的技术累进和艺术积淀。在东亚大陆，中国陶器制作有着悠久的历史并对周边国家产生影响。自奈良时代以来，中国生产的陶器传入日本被当作奇货可居的奢侈品，后来也成了茶道中不可或缺的道具。但中国的陶器艺术过于完美，要超越首先从观念上突破既定价值观，反其道而行之，也就是确立另一种美的标准。不过知易行难，破除既定观念不难，难在创造。因为烧制陶器是一项技术含量很高的行当，技术的壁垒首先就难以跨越。但真正的艺术家在局限中实现突围，发现美也创造了美，千利休如此，古田织部更是如此，他充分利用当时所提供的社会生产条件，利用前辈的智慧，在长期的求索中实现突破，创造了超越前人的茶器美学风格。

战国晚期，日本的海外贸易十分兴盛，在输入日本的外来器物文化方面，除了中国、朝鲜、东南亚等东亚海域诸国，又随着大航海时代的到来，来自"南蛮"（西欧）的器物和工艺也源源不断涌入日本，比如陶瓷工艺。古田织部通过海外贸易接触了与传统东亚陶瓷艺术迥然异趣的西方器物，受到启迪与激发，渐渐获得了突破中国器物之美的灵感。

与喜好井户烧、乐烧（今烧）的千利休不同，织部嗜好的是濑户烧和唐津烧。濑户烧和唐津烧都是在吸收朝鲜半岛制陶工艺基础上发展起来的日本国产制陶，织部从中开发出一种履形茶碗。"履形茶碗"的原型，原本是丰臣秀吉侵略朝鲜时带回的陶器，因为形状硕大酷似鞋子而得名，本是粗糙的民用器物，织部认为这种椭圆形的茶碗底部大，造型孔武有力，仿佛能凸显武士的强大，足具武家特色，于是加以仿造，竟大受秀吉喜爱，成为武家茶道的代表性器物。还有茶叶罐，织部烧制一种名叫"饿鬼腹"的茶叶罐，上下尖，中间隆起，有如饿鬼大肚汉，据说是对利休"尻膨"（底部肥大的茶叶罐）的改造，用来装茶粉。织部死后，这种怪异变形茶叶罐声名鹊起并以"织部烧"来命名。器物上的绘画在当时看来也很超前，并非写实，也不是写意，而多的是几何形图案，有几分后现代艺术的味道。传说织部让陶工按他的想法做出陶坯后，让小孩在纸上涂鸦，然后织部再将儿童幼稚画作临摹到器物上烧制。这样他做出来的各个面目不同，粗野、张扬、怪异，给人强烈的感官刺激，是20世纪的风格。古田织部在生前就被奉为日本茶道"织部烧"的始祖。

另外，古田织部还善于从不完美的茶器中发现美，赋予残缺品崭新的美学价值。或许是因为当时日本烧窑技术缺陷，制陶技术幼稚，火候拿捏不到家，烧出来的作品完成度极低，但织部别具慧眼，从烧坏的残次品中发现了另一种不均衡的数寄美（残缺美）。本来是败笔、次品或者废品，但在织部眼里却变成了美。这个现象好比宋瓷中的桂冠汝窑瓷器。原本因为技术缺陷或者某个环节出现失误，将瓷器烧坏了，器皿内外呈现出冰裂纹，但审美超前的宋人从中却发现了另一种沧桑美，起而研究火温，刻意烧出冰裂纹，成为绝品。织部和陶工合作，有意把好端端的茶碗做得歪歪扭扭，甚至夸张变形，釉药不均匀，烧出来斑驳满目，变化多端，绿、黑、白、黄四种颜色挨挨挤挤横斜交错，有如欧洲野兽派画作。

后来古田织部父子触犯江户幕府律令被杀，名位、领地和俸禄都被幕府剥夺，家族被贬为平民，遗族的一支在岐阜的飞弹高山潜居下来，为了生计，便以烧制"织部烧"茶具为生，如今成了当地一大旅游特产。有一年，我和几个国内朋友从关西雇车穿越中部山区前往东京，路经古之美浓国，在飞弹高山古城下町的织部烧一条街足足逛了一下午。一个在媒体从事专业摄影的朋友，是骨灰级陶器爱好者，恨不得把整条街的各种造型奇异的织部烧带回家。我印象最深的是他在高山街道买了两个大陶瓶，褐色，表面凹凸不平，足足有三十斤，可装绍酒，因为瓮大又是异型陶器，无法盒装，只能抓住瓶口拎着一路小心呵护，总算完好无损带回厦门。置于书房的博古架，这两个奇形怪状的大陶瓶竟然成了书房最亮丽的风景，随便插入几枝鲜花野草，便有一种古朴鲜活的盎然野趣。

说到织部对茶道艺术的贡献，值得一提的还有竹制茶具，如茶勺、茶匙和茶筅也都体现他独特的武家审美趣味。他一改利休的优雅古趣，取向于粗犷强悍的造型，有一种武士的张扬刚健之美。他制作的茶筅、茶匙也极为考究。茶筅是宋徽宗赵佶的发明，较之唐朝的茶匙、茶箸更进一步，"茶筅以筋节老者为之"，劈成细条状的茶筅在高速旋转击打中与末茶汁液充分接触产生大量白色泡沫，显示出一种白云傍山的画面美，是末茶一大技术性革命。赵佶茶筅被荣西法师带回日本，成为末茶不可或缺的道具。后来田村珠光对茶筅进行改造，取向轻、细、雅的风格，后为利休所沿袭。织部要恢复茶筅"重如剑柄"的古朴之美。据传，庆长五年（1600）9月，德川家康发动关原之战，织部是对立方西军阵营。两军对垒，敌阵用的是战国以来就在战争中普遍使用的火枪。德川家康命人在阵前密密麻麻插满竹竿，以抵消敌阵射来的火枪的杀伤力，也避免霰弹流弹误伤士兵。古田织部念兹在兹的却是制作完美的茶具，得知竹竿是稀罕的关西深山竹类名种，竟然冒着流矢飞弹在竹丛里寻找适合做茶筅、茶勺的竹子，被敌营射来的霰弹击伤脸部，差点送命。

茶道与武道

古田是大名武士出身，一生都在戎马驱驰搏杀中度过。但他对艺术有着非同凡响的造诣，身上既有强烈的美学家气质，又有武士的豪放侠义，是深受桃山文化熏陶的武家大名，也可以说是武道与茶道完美结合的一种人格范例。也许是这个原因，著名动漫家山田芳裕在《战国鬼才传》中以武道与茶的冲突和调和来塑造古田织部，剧中织部每到人生重要关头，都要面临"武道或茶道，这是一个问题"的抉择，也是他广为人知的口头禅。

在茶道上独辟蹊径，某种程度上对导师的茶道美学实现了超越与逆袭，展现了一种"学我者死，似我者生"的创造奇迹。他的茶道美学，动静有度，水火相济，有一种笑傲江湖后独立岸边看尽千帆的淡然与沉静。艺术风格即是人格。古田织部同样值得称道的还有他作为一个武士的气节与品格。

古田织部具有无可挑剔的战国武士气质，一种类似中国春秋时代义士的铁骨丹心。他对利休保持了终生的崇敬与忠诚，成为历代茶道美谈。1591年，利休因为在大德寺山门悬挂雕像被秀吉问罪，命其离开京都取道南部的淀川渡口回故乡堺港市闭门反省。那些师从利休并与之密切往来的大名或门徒，由于忌讳丰臣秀吉的威势避之唯恐不及，只有织部与细川三斋两人专程前往渡口送行；利休弥留之际陪伴他度过生命最后时光的也就是古田织部和细川三斋二徒而已。据说利休对这两个弟子的忠义甚为感激，专门致函细川三斋致谢，谢函原件现存于东京永青文库。顺便提及，永青文库馆长是细川护熙，原日本首相，是细川三斋的直系后裔。利休自知永别将至，用两根精心挑选的竹根制作了两支茶勺，一支刻有"泪珠"的送给古田织部；另一支刻有"命运"二字的送给细川三斋，这两支利休的临终遗作至今收藏在德川美术馆里。丰臣秀吉亡后半年，庆长三年（1598）阳春三月，古田织部利用游春踏青的时节，携弟子小堀远州在奈良吉野给恩师利休办了一个颇具规模的镇魂茶会，这是织部以自己的方式给恩师祭祀安魂。

花落春仍在

古田继承了利休的茶道，成为衣钵传人，也不幸继承了其师的宿命。秀吉死后留下的权力真空很快由德川家康填补，古田织部迫于形势，不得已归顺了家康。庆长三年（1598）他将家督传给长子古田重广，隐居潜心研究茶道，因为首屈一指的造诣，被二代将军德川秀忠聘为茶道老师，风光一时。不过作为一个战国武士，织部对丰臣家有很重的感情。这种感情，随着后来德川家康欲将丰臣势力剿灭而爆发出来。

自庆长十九年（1614）开始，德川家康一连发动两场旨在覆灭丰臣家族势力的大坂之战。彼时，古田织部的小儿子古田八九郎是丰臣秀吉的继承人秀赖的近侍。一方面是爱子心切，另一方面是感情的天平倾向恩待过自己的主君遗孤，所以在两军对垒之际，古田织部授命家臣木村宗喜暗中向大坂城（今大阪）射箭传书，泄露德川军队动向的情报。后来，更利用家康秀忠父子率军离开伏见城后，密令城里的家老起兵反叛，试图与大坂城的丰臣家里应外合，夹击德川军。大坂城陷落，阴谋败露，丰臣家覆灭后，织部父子被家康以谋反罪赐死，家产、领地被没收，大名地位被废黜。元和元年（1615）6月的一天，织部与嫡子广重被家康命令在伏见城的宅邸里切腹自尽，父子两人互刺而亡，场面极为惨烈。

花落春仍在。古田织部死而不朽，"织部流"茶道在整个江户时代经久不衰，经由弟子小堀远州继承并发扬光大，创立"远州流"茶道，成为江户时代与"千家流"双峰并立的武家茶道流派。

小堀远州

——从幕府建设部高管到天下茶人

到日本旅游，观览日本古代名城是一大乐趣，比起神社寺院更有味。我觉得最能代表日本建筑特点的，就是散落在国内各处的古城。有几处给我留下很深的印象，如爱知县的名古屋城、京都的二条城、伏见城和静冈县的骏府城。当得知这些著名城堡的设计施工都与一个名叫小堀远州的幕府建设部主管有关的时候，不禁对他的生涯事迹产生了深深的兴趣。读了一些资料，才和茶道历史上的相关脉络建立关联认知。

小堀远州是继千利休和古田织部之后的"天下茶人"，从茶道流派系谱上来说，是上承古田织部，下启片桐石州的日本近世武家流茶道代表人物。

和古田织部一样，小堀远州也是大名出身，只是级别小得多，与古田织部年俸三万五千石相比，小堀远州只有一万两千石，不到前者的一半。不过，论及业绩成就，小堀远州不在古田织部之下，从茶道上说，源自战国时代后期的武家茶，到了小堀远州手里才宣告最后完成。况且精通建筑和造园术的小堀远州也是日本文化史不可磨灭的艺术家。

小堀远州出生于天正七年（1579），是战国名门之后。父亲小堀新介正次是丰臣秀吉四弟丰臣秀长的家老，食俸一千石。秀长殁后出任丰臣秀吉的"普请奉行"。所谓普请奉行，就是负责大型工程建设的首席主管官员，属于技术部门。在战国时代，工程建设是一个重要保障职能部门，无论是修建城池还是铺路架桥，都直接与战争有关，因此相当于现代工兵司令的小堀新介正次颇受倚重，增加到五千石。1600年关原之战中，小堀新介正次归顺德川家康，主要负责战时的工程建设。因为战功，后受封备中松山藩藩主，食俸增加到一万四千石。

庆长九年（1604），小堀新介正次在前往江户途中亡故，26岁的长子小堀远州继承了父亲的武士身份和领地。元和五年（1619），小堀远州奉幕府之命移封近江国小室藩，成了该藩第一代藩主。虽然是武士身份，但因为世袭的家职是建设工程主管，所以并没有参加过战争，是个技术型的官僚。这一点他与同样是大名武士出身的古田织部有很大差异，从艺术本身来说，艺术作品会受到艺术家成长环境的支配，生长于和平年代的远州与在打打杀杀的战争中的织部，会有很大差异。

战国时代，茶道在武士之间非常流行。小堀新介正次在侍奉丰臣秀吉时期也深受影响。远州自幼生长于这样的环境中，耳濡目染茶道礼仪做法，这对他后来的造诣埋下伏笔。据史料记载，天正十六年（1588），丰臣秀吉到大和郡山城内巡视，小堀新介正次举办茶会欢迎。远州当时年仅10岁，便荣幸地担任了欢迎茶会上献茶的重任。据《甫公传书》记载，"（远州）十岁时即得遇利休，其时曾一同仕奉太阁光临，利休用木帛茶巾点茶。"利休即千利休，当时是丰臣秀吉麾下的茶头。大约十四五岁时，远州正式投入千利休门徒古田织部门下学茶道。远州天资聪颖，又肯下功夫，所以进步很快，古田织部预言他将会在茶道上走得很远。也是听从织部的建议，他到京都大德寺，师从春屋宗园禅师参禅，18岁受"宗甫"之号。庆长四年（1599）3月，古田织部带领小堀远州于奈良吉野踏青游春，借机给恩师利休办了一个颇具规模的镇魂茶会。也正是在这个天下茶人云集的茶会上，首次登场的小堀远州，作为利休、古田织部茶道艺术的继承者的形象呼之欲出了。在远州31岁时，春屋禅师赠其道号"大有"。大有者，无所不有之意也，这在某种程度上也可以概括远州一生追求的茶风——调和了王朝时代的绝代风华与武家东山文化的名士风流，又融合了安土桃山时代的浮华如梦以及大明、南蛮文化的高贵典雅——总之，一切美好的、值得怀念的事物都可以在远州流的茶道中找到自己的归宿。这是后世对作为远州流茶道创始人的高度评价。

庆长二十年（1615）的大坂"夏之阵"战役中，担任德川秀忠将军茶道师范的古田织部因为谋反之嫌，被德川家康勒令自尽。二代将军的茶道老师就由古田织部弟子中最具实力者担任，小堀远州成了茶道师范的不二人选，彼时远州年方36岁，就已经确立了天下茶头的地位。

德川秀忠病逝后，小堀远州又成为第三代幕府将军德川家光的茶道老师，作为一名茶人，一生指导两代将军，可以说达到了茶人的极致。正保四年（1647）2月，小堀远州在位于京都伏见六地藏府的家中无疾而终，享年69岁。

小堀远州多才多艺，是那种意大利文艺复兴时期通才式巨匠，一生成就横跨多个领域，几乎是但凡涉猎皆有造诣，除了茶道，在建筑营造、园林艺术、陶瓷工艺和文学创作等领域，都有非同凡响的贡献。而一切艺术门类的造诣最后都汇集并滋养在他所钟情的茶道艺术上，造就了当时独树一帜，并在后世发扬光大的"远州流"茶道。

小堀远州首先是一名精通建筑的大名。小堀家世代从事工程建筑，这是家职，也是本职。他的父亲小堀新介正次凭借精湛的建筑才能在战国乱世征战中发挥重大作用。小堀远州继承家职后，日本已经进入由战国黩武到文治的转型，在天下太平的幕府治世，他家传的建筑才干，也跟着向优雅精致的路线演进，留下很多流芳百世的建筑精品。江户时代初期，几乎所有重要工程和园林，都有他智慧的结晶。小堀远州在二条城里设计了三个庭院，这几个庭院都富有浓郁的中国庭院风格，分别是二之丸庭园、本丸庭园、清流园。从弯曲流淌的河流和山石围绕的小湖，以及花草树木的排列布局与节奏，无不让人感受到东方文化的含蓄之美。

今天中国游客到关西游览，大阪城（原写作大坂城，1877年后改"坂"为"阪"并沿用至今）的天守阁是登临之处。大坂城，始建于安土桃山时代（1583），位于今天日本大阪市中央区的大阪城公园内，为大阪名胜之一，和名古屋城、熊本城并列日本历史上的三名城。后来德川家康以两次"大坂之战"（即"冬之阵"与"夏之阵"）消灭了丰臣家势力，因此由丰臣秀吉在1583年至1598年所建筑的大坂城已全部不复存在，后来地表上所能见到的大坂城的遗迹，是1620年至1629年间由德川秀忠修建的相当于全新的大坂城（又名"德川大坂城"）。今天位于大阪城公园里的城池遗址，基本保留了贯穿整个江户时期所修建的木制建筑、门楼、仓库等13处建筑。

小堀远州也是日本园林史上著名的造园家。现今在日本本州，很多遗存至今的山水庭园都与小堀远州有关，其中京都桂离宫可以说是他为后人留下的最完美作品，是日本古代园林史的集锦之作。桂离宫，这座别墅位于京都西部的岚山山麓，原名桂山庄，以桂川从山间流过而得名。桂山庄兴建于1620年，主人是当时的京都皇族智仁亲王。明治维新以后桂山庄更名现在的"桂离宫"，成了天皇的行宫。桂离宫占地七万公顷，有山、有湖、有岛。山上松柏枫竹翠绿成荫，湖中水清见底，倒影如镜。岛内楼亭堂舍错落有致。桂离宫由很多典雅精致的建筑物组成，其中最具日本建筑精华的古书院、松琴亭等就是小堀远州直接参与设计和施工的。从整体看，整个景区以"心字池"的人造湖为中心，把湖光和山色融为一体。湖中有大小五岛，岛上分别有土桥、木桥和石桥通向岸边。岸边的小路曲曲折折地伸向四面八方，具有王朝古典美学风格。松琴亭、园林堂和笑意轩都是露地草庵式茶亭，是供主人举办茶会之所。最大的创意是体现了江户时代茶道建筑的美学元素，将数寄屋、露地与山水完美地融为一体，被欧美园林界誉为日本传统建筑精华的园博展示会。

作为陶艺家的远州，以发掘制作富有日本审美特色的茶器而闻名，日本制陶史上赫赫有名的"远州七窑"就与他的名字紧紧联系在一起。所谓"远州七窑"，指的是在小堀远州指导下烧制出来的符合茶器艺术标准的七座器窑，具体指的就是远江的志户吕、近江的膳所、丰前的上野、筑前的高取、山城的朝日、摄津的古曾部、大和的赤肤。经专家研究，这七座陶器窑都直接或间接和远州有关。其中筑前的高取烧与远州最为关联。现在的茶会上经常使用高取烧的茶叶罐或茶，高雅华丽，色彩明快，还具有古典之风雅。一般认为，自织部开始有了华丽之风，到了远州时代，茶器变得更加华丽风雅。日本茶道在江户时代开始向女性渗透，首先从武家的闺秀开始，而契机之一就与远州茶道更符合女性审美的喜好有很大关联。据说受女性喜爱的茶道始于远州。千利休时代茶人和禅僧所崇尚的茶碗贵黑色、闲寂的旨趣，古田织部推出的粗犷茶碗，与女性的喜好之间的鸿沟，最终到了远州茶道的出现才被填平。其一就是代表"古雅之美"高取烧的茶叶罐或茶碗。这种美学风范有其来路，远州不仅出身大名，而且与幕府将军和京都朝廷都有很深渊源，所处环境的熏陶，提高了他的艺术品位。

远州还是一位杰出的茶器艺术鉴定家。每一个时代都有其审美风尚，作为茶道中最主要的物质形态的茶具，从中国传入日本，也经历了一个不断本土化的过程。日本历代茶人在学习、吸收中国茶文化的基础上，也在不断探索寻求与本民族的审美相适应的器物。在千利休之前，凡是有历史渊源的茶器都被称作"大名物"，就是符合上流武家阶级艺术品位的器物；远州则走得比千利休更远，以他的眼光重新打量茶器，将他认为出色的茶器指定为"中兴名物"，其中既包括了利休时代以后的名器，也将利休在世之前其审美价值未被充分发现的"唐物"囊括进来，其中也包含日本国产的陶器，如古濑户烧、唐津烧等。符合远州审美趣味的茶器都是既风雅又华丽，同时具有很高的艺术品位，在茶道史上打开一条新的通道。小堀远州对名物具有不凡的鉴赏力以及鉴赏角度之新颖，由此可见。

在制作陶器上，小堀远州开启了在茶器上创作诗歌铭文的先河，这种极具创意的做法让文学和茶道相融合，比翼齐飞，提高了茶道的文学品位。小堀远州在成为幕府第三代将军德川家光的茶道师范之后，有机会接触来自中国景德镇青花瓷茶器和明朝官窑瓷器，受到启发。就像中国明清陶瓷喜欢在器物外写上诗句一样，远州也从《古今集》《敕撰和歌集》中寻找适合运用于茶器制作的和歌，这就是所谓中兴名物的和歌铭文。在日本，茶器上书写或镂刻和歌铭文古已有之，比如南北朝时期茄子形状的茶叶罐"九十九发茄子"，也就是在陶制的茶叶罐表面写有和歌铭文"九十九"，这来源于一个很有诗意的典故。

日本古代文学经典《伊势物语》中有一首和歌云：

> 百年不足一，九十九发也。向我垂青眼，莫非有恋情。

歌里蕴含相关语，百不足一即是九十九；汉字"百"不足上面如"一"就是"白"字，所以，"九十九发"者"白发"也，思君不可遏止早生华发之谓也。这首和歌相传为平安时代著名的歌人、皇太子在原业平思念宫廷女官藤原高子所作，是一首散发着《源氏物语》风流余韵的经典诗作。小堀远州取了其中的一句作为"九十九茄子"的铭文，给茶叶罐增添了不朽的文学馨香，这只"九十九发茄子"后来成了日本茶道史上的至宝。"中兴名物"中也并非全部都有和歌铭文，像今天收藏在五岛美术馆的"濑户春庆"葫芦形茶叶罐，据传也是小堀远州的作品，却没有和歌铭文。中兴名物除了本土国产的陶器外，当然也包含来自中国的陶瓷制品，但与战国时期"唐物庄严"旨趣已经有了区别，就是要符合小堀远州的美学意趣才算，目前收藏于五岛美术馆里的"文琳茶入"，是宋朝烧制斗茶用的茶叶粉罐，外面粗糙，平口短颈，看起来就像旧时闽南农村常见的盐卤坛子，在日本却是茶道名物，被小堀远州列入"中兴名物"的名器，曾是江户时代云州松平家世代相传的宝物。

同样的艺术旨趣也体现在他制作的茶勺中。茶道名人，大多是茶器名家，除了陶瓷，还包括茶勺、茶筅、茶釜乃至茶巾的设计和制作。就制作茶勺而言，从千利休到古田织部到千宗旦，都是名垂茶道文化史上的名家。远州喜欢用斑竹、东洋矮竹来制作茶勺，将接近根部的地方刨开，切成片后削薄，再仔细打磨。与古田织部制作茶勺以厚重粗犷为旨趣相比，远州的茶勺纤细优雅，有人将两者的区别做了比喻，织部的茶勺是武士刀，远州的则是贵妇人云鬓上的发簪。在那光滑纤美的茶勺上，还嵌入和歌铭文。上方写题，下方再用假名错落有致地刻上原文，这样一支茶勺，就像一首诗一样具有文学品位。这样一支竹子，被赋予灵魂与生命，具有了很高的艺术品位。将文学引入茶道领域，也是小堀远州的一大创意。

不过，比起有形的器物，片桐石州更重视看不见的精神气质，这是远州茶道艺术理念中最令人称道的地方。石州流茶道的精髓之一是诚心诚意的"待客之道"，其中《远州随笔》中的相关论述充分体现了他的茶道精神。比如他说茶道的精髓就是接待的精神"只要真心款待，粗茶淡饭亦是好物"。这句话强调了款待客人时主人心诚的重要性，"如若主人缺乏诚心，就算有急流之，水底的鲤鱼，亦索然无味"。意思是说，即使拿出急流中的鲇鱼、水底游的鲤鱼等各种珍奇美味，如果款待客人时主人的诚心不够，同样无济于事。这一信条对日本的待客之道影响甚为深远，至今成为各种吃喝玩乐服务行业的信条。

犹记得七年前，日本申办奥运会，日本和法国混血的女主播泷川雅美作为申奥团代表登台演讲，宣示日本是最具"接待之心"的民族，获得广泛激赏。出奇制胜的未必是那张有特点的混血面孔，在于别出心裁的辞令。她刻意用已经淡出常用语的日式词语"おもてなし"（款待）来替代早已融入不同年龄层的外来语"サービス"（来自英语 service的日式音译）或汉文词语的"招待"，显示出一种本土文化特定的内涵，竟然成为网红词汇。而这一词汇，就是源自江户时代茶道中的常用术语，而片桐石州就是一个在茶道中身体力行实践"おもてなし"之道的茶人。据说石州惯常用浅显易懂的日常琐事来说明深奥的哲理，他的门徒记录了他经常念叨的就有这么一个"先哲逸话"：

> 大籔新七是古田织部的得意弟子。有一次为了款待热诚邀请恩师来家做客。织部欣然应允。恩师来参加茶会，对于一个茶道弟子来说这是莫大的荣耀啊。但如何恰如其分款待大名兼茶道巨匠的恩师呢？他使出浑身解数精心准备了各种山珍海味，还亲自做了仙鹤汤。知道此事之后，新七的亲戚、族人都非常担心，前一天蜂拥至他家。终于到了茶会的当天，老师织部大驾光临。新七的族人和弟子们都来围观，他们想看一看，新七会在什么时候以怎样的方式端上准备好的仙鹤汤，也想看看新七的主君风范，特别是想目睹茶道名人古田织部的客人风范，因此一直耐心等候。然而，织部来了之后，新七只是敬上一杯淡茶，杂谈片刻，织部便施礼告辞了。不要说仙鹤汤，连其他的美味也没有派上用场。亲戚、族人都大失所望，揶揄主人没有尽到礼数，好不容易准备的美食却没有端上来；同时觉得客人不通人情，好不容易来一趟怎么能喝一杯淡茶草草了事呢？面对亲友们的不解，新七缓缓答道：

> "师父织部连日来一直忙于伏见的茶事，又受到各地大名的邀请，已经吃尽了山珍海味。现在再端上仙鹤汤也没什么意义，所以只敬上了一杯淡茶。"

有人又问："既然如此，为何还要准备仙鹤汤？"

新七回答："为了款待客人，该做的准备还是要做的，所以准备了仙鹤汤。"

只要主人待客诚心诚意，即使没有任何美味也无关紧要。就算只有一碗白米饭，几块"渍物"（腌渍咸菜），一杯淡茶，只要心怀诚意，客人也能感受到主人的厚意，也会心情舒畅，如临盛宴。这就是片桐石州极力推崇的茶道精髓和灵魂，对此，当代茶道研究大家桑田宗亲深有感触，直言这才是真正的茶道精神，他说：

> 所谓茶之道，最关键的是要真心待客，不断为客人着想，才能实现茶道。如果只考虑自己就会偏离茶道。……也就是说，不要只考虑自己，而要考虑客人的心情，在款待客人时尽量让客人满意，这才是茶道精神，也是绍鸥、利休的教诲。（桑田宗亲《茶道六百年》）

以人为本，重视人心，这或许才是茶道真正有生命力的地方。脱离待客的诚意，任何豪华盛宴与徒有形式的橱窗摆设毫无二致。要说日式接待是如何炼成的，可以追溯到日本茶道的形成历史，其精神源头甚至可以在宋代的茶禅中找到。桑田宗亲还说过：

> 在茶会中，最重要的还是人心。如果茶会只重视形式而缺乏内涵，就会变得比世俗的普通吃喝聚会还要低级，也就失去了茶道原本的意义。（同上）

从古田织部到小堀远州，都践行了利休的茶道精神，也就是重视内心的诚。我想说的是，以人为本，以诚待人，珍惜每一次遇见，在重视人心方面做到极致等，这或许才是日本茶道能超越时空获得持久生命力的核心力量，也是对我们复兴中国茶文化中最有参照价值的地方。

片桐石州

——"柳营茶道"元祖

日本茶道最早起源于禅门寺院，后来逐渐流入民间，发展到江户时代的中后期，形成了众多流派。从社会身份来看，一般可分为代表武士、大名的"武家流"和代表城市商人、工匠和市民的"町人流"。

江户幕府确立了士农工商的身份制度，武士阶级成为社会的代表，需要有一种代表本阶级价值观和审美取向的武士流茶道，或者说武家流茶道。"武家流"源自利休门下七哲之一的古田织部，古田织部再传备中松山藩藩主小堀远州，由此开启了武家茶道的"远州流"。"武家流"另一个著名流派是以片桐石州为始祖的"石州流"。

片桐石州也是武家出身，是奈良小泉藩的二代藩主。他曾师从的茶道师匠桑山宗仙是千利休的长子道安的门徒，从茶道系谱来看，他属于千利休一脉。后来博采众长，脱颖而出渐渐形成自己独特的武家茶风——"石州流"茶道，与小堀远州的"远州流"一起成为江户时代影响深远的代表武士阶级价值追求和审美趣味的武家茶道流派。

作为武家茶道的茶人，片桐石州与古田织部、小堀远州有很多相似之处。比如都出身大名，都是源于千利休一脉，都凭借高超的茶道艺术开启不平凡的人生等。此外还有一个最大共同点就是，都曾担任过幕府将军的茶道老师。所以，在了解日本茶道在江户时代的变迁历程中，将这三个武家茶道的代表进行互相比较研究，会发现很多关键的却又很容易被忽略的历史细节。

片桐石州（1605—1673），原名片桐贞俊，后改名贞昌，因曾受幕府委派出任本州岛西部的岛根石见国守官（从五位下），因而又名片桐石见。石见国就是著名的白银之国，古称石州，江户时代是幕府的直辖领地。片桐曾以从五位下官衔出任石州守，此为片桐石州一名的来历。片桐石州制作的茶器上常常印有和歌铭文，落款常有"片桐石见守"，也是源于此。石州可以说是江户幕府的同龄人，是成长于太平时期的武家子弟。庆长十年（1605）石州出生于今天大坂北部和京都交界处的摄津一个大名世家。片桐家是战国时代以来赫赫有名的武家，石州的伯父片桐且元是自丰臣秀吉长滨城主时代的贴身直系家臣，安土桃山时代名震日本四岛的"贱岳七本枪"之一，丰臣秀吉病危，临终托孤，授命片桐且元辅助爱子丰臣秀赖。在消灭丰臣势力的"大坂夏之阵"中，片桐且元因为极力协调江户与大坂之间的和解，遭到丰臣家的猜疑，于是和弟弟片桐贞隆一起因采取和德川家康合作的立场退出战斗，立了一功。战后受封，成了大和国胜田藩二万八千石的初任藩主。弟弟片桐贞隆也因为协力有功，受封大和国小泉藩，食禄一万六千石，是为小泉藩的初任藩主，他就是后来大名鼎鼎的远州流创始人片桐石州的父亲。

片桐石州的家世，对他今后人生的发展产生了深远的影响。庆长十九年（1614）发生的方广寺钟铭文事件，成了德川家康征讨大坂城丰臣氏势力的借口。片桐且元为避免战祸波及少主，将9岁的侄子片桐贞俊作为人质送到德川家康直系重臣板仓重胜军帐中。这一经历，成了片桐贞俊早年的勋章，1817年荣获拜谒二代将军德川秀忠的资格，与此同时也被片桐家立为继承人。宽永四年（1627），片桐贞隆病逝，年仅22岁的片桐贞俊成了二代藩主。

关于片桐石州从何时开始学习茶道，迄今没有明确的资料记载。战国时期以来，茶道在大名武士之间非常流行，武家子弟从小就接受茶汤的熏陶。据研究，石州正式学习茶道大约在20岁前后，他投入茶道名家桑山宗仙（1560—1632）门下，而后的人生轨迹才开始清晰起来。桑山宗仙即桑山贞晴，是活跃在战国后期至江户时代初期的著名武将，也是片桐贞俊的父辈的同袍战友。片桐石州与伯父片桐且元一样，曾是丰臣秀吉麾下的直系家臣之一，秀吉殁后一同辅佐秀赖，"大坂夏之阵"之后与片桐且元一起归顺德川家康。桑山贞晴是千利休长子千道安门下弟子。所以，片桐石州吸收了千道安茶道中的元素，是千利休嫡传茶道的另一个直系分支。据载，片桐石州在宗仙门下学习茶道，进步迅速，很快就精通了自利休传承的茶道奥秘。宽永九年（1632），一个意外的机会让他登上大显身手的舞台。

就在桑山病殁的翌年，位于京都西北面东山的净土宗大本山知恩院发生火灾，整座寺院，除了三门、经藏阁、势至堂等少数几座建筑外，其余全化为灰烬。知恩院与信仰净土宗的德川将军一族有着很深的因缘，这座寺院与二条城一样，是德川一族在京都的两大据点。幕府成立后，德川幕府曾倾注财力将知恩院翻修，规模不断扩大，工程一直延续到二代将军德川秀忠才告一段落。在幕府将军德川家光的指示下，知恩院的灾后重建很快提上了日程。1633年，幕府任命片桐石州为知恩院普请奉行，也就是工程总负责人，从设计到复原重建，片桐石州全副身心都扑在工程上，前后历时八年，才告完工。由于工作出色，业绩突出，不久被幕府任命为关东郡奉行，主要负责关东地区河流的水灾防护和水土保持，这个工作一直到辞世前五年才卸任。

赴任京都的八年时间给片桐石州带来的另一巨大收获，是与京都茶道界的结缘。在茶道文化发源地的京都，他得以和许多著名的禅僧、茶人交际，从中观摩、交流和实践，茶道艺术获得飞跃式进步。京都紫野大德寺与日本茶道有着很深的渊源，从珠光、绍鸥到利休，都有在大德寺参禅的经历。片桐石州在京都督造慈光院期间，到大德寺和玉室、玉

舟和尚参禅。宽永十五年（1638），34岁时，他师从玉室和尚获得"宗
关"的道号，这是他正式作为一个茶道名人的印信，具有毕业证般的重
大意义，为此他捐资在大德寺内建造"高林庵"以示纪念，还自画一幅
肖像。这幅肖像至今收藏在奈良郡山小泉町石州为父亲建造的菩提寺
"慈光院"里。在知恩院重建完成后，他还得到了隐居在京都的武家茶
道大师金森宗和的知遇之恩，又结识了松花堂昭乘，得到这几个名匠的
指导，片桐石州的茶道艺术获得整体提升。八年的京都普请奉行，片桐
石州作为武家茶道的一颗巨星已经在日本冉冉升起，当时郡山藩藩主德
川家康的外孙松平忠明、近江小室藩藩主小堀远州这两个大名兼茶道大
师，经常邀请他来鉴赏茶器或一同举办茶会。后来，连声名远扬的一代
明君、会津藩藩主保科正之和水户藩藩主水户光圀（"圀"通"国"）
都成了片桐石州茶道的门下弟子，武家茶道大师的地位从此确立。

　　片桐石州生逢其时，不仅出生在一个偃武修文的和平年代，而其
良好的家世出身让他左右逢源，获得非同一般的人脉资源和影响力，
在追求茶汤之道上可谓顺风顺水一路坦途，使得源于战国后期的"织部
流"武家茶道（大名茶道）在江户时代中期迎来鼎盛。保科正之是德川
家康嫡孙、幕府第三代将军德川家光的异母弟弟，会津藩松平家初代藩
主，深受将军信任。德川家光病逝后，保科正之继续辅佐第四代幕府将
军德川家纲。1647年，小堀远州去世，在保科正之的力荐下，片桐石州
接替小堀远州成了德川家光将军的茶道老师，走到当时茶人的顶点。德
川家光是一个有雄伟抱负的将军，正是在他任上，江户幕府社会实现了
由"黩武"向"文治"的转型。茶道，作为一项文化形态，不仅受到他
的特别关注，也被他纳入安邦定国的"一揽子"策略之中。在这个背景
下，真正具有江户武家社会特点的"柳营茶道"才告最后完成。

　　所谓"柳营茶道"，即是将军茶道，又称为府茶道、大名茶道。
"柳营"一词，意思是军营、军帐，语出司马迁《史记》所载周亚夫

屯军细柳营的典故，杜少陵有云"忽过新丰市，还归细柳营"。在江户日本也被用来指代幕府将军的军营。1648年，德川家康着命片桐石州对幕府"柳营御物"——德川一族累世荟萃积累的茶器名物，进行分类整理记录在册，就像室町时代能阿弥为足利义政将军整理《君台观左右帐记》一样。这是一项艰巨无比的工作，因为所谓德川家藏宝物，汇集了德川氏（松平氏）一族数百年的收藏，数量庞大，年代久远，种类繁多，鉴别难度很大。非一般文物鉴赏家能胜任，它不仅需要学识、见识、经验，还有赖于远在云端的灵感。片桐石州不负重托，完成了全部鉴定工作。据说当时，将军本人自不必说，很多精通茶道的大名也十分惊讶，对石州的"目利""目明"感到难以置信乃至怀疑他是利休转世。当时德高望重的老茶人很多，都自愧不如石州的眼力和学养，对于他出任将军茶道师范无不心服口服。因之，片桐石州在德川家光殁后，又接连担任第四代将军德川家纲的茶道老师。

经他认定的历代唐物和本土陶瓷制品、美术品，现在都成了日本国宝级历史文化遗产。在重新整理的基础之上，石州在书中规定的"柳营茶道"，也就是武家茶道的标准，制定了将军、大名、公卿、住持、庶民等不同阶级之间茶事规则。由于《石州三百条》是在德川家纲将军的授意下编制出来的，因而具有强烈的官方色彩，也代表武家茶道的最后完成。日本在幕府将军的支持和垂范下，石州流茶道发展成为具有浓厚官方色彩的"大名茶道"，在江户时代的茶道界确立了无可撼动的地位。很多大名、旗本以及有权有势的武士阶级纷纷仿效，以学习石州流茶道为时尚。"石州流"也成为江户时代与"远州流"并驾齐驱，势力遍及整个日本列岛的两大武家茶道流派。

江户时代三大杰出武家茶道艺术巨匠，古田织部、小堀远州和片桐石州三人身上有很多惊人的一致性：都是大名武士出身，都有显赫的家世和身份，都是不折不扣的骨灰级茶道迷，都在茶道艺术上留下很深的刻度。但具体到每个人，却是各具特色，各有胜场。如果从对后世的影响上看，则三者之中，片桐石州更胜一筹。石州的身份是武士，他身处太平盛世，作为一个社会统治阶级，武士的社会职能已经发生很大变化，远离战场的武士，成为社会各个领域的行政管理人员，好比现代社会的官员，这种社会背景与在战国时期驰骋疆场的古田织部是迥然不同的。这也必然会在茶道艺术上有深刻的反映。比如说，远州也罢，石州也罢，就缺乏古田织部那种豪迈与旷达的武士之风，更多带有优雅洗练精致细腻的审美特点。石州曾长期担任将军的茶道老师，与京都皇族、公卿、大名等显贵往来密切，深谙主流社会崇尚的美学旨趣；为了迎合他们的趣味，他必须在源自利休的"侘茶"之上有所改进，使之符合将军、皇族、大名、贵族等"贵人"的口味。在探讨片桐石州的茶道艺术时，还应该注意到一点，就是他刻意在茶道中淡化了日本茶道自珠光以来就如影相随的"茶禅一味"，可以说就是向武家价值观和审美趣味调和妥协的结果，在他生前就有人腹诽石州茶道偏离了自珠光、千利休开创的康庄正道。

片桐石州的茶道艺术还体现在《石州三百条》《一叠半秘事》和《侘之文》等茶书经典中。《石州三百条》是他从事柳营茶道实践的心得，体现了他的茶道美学旨趣。从书中看来，他似乎偏爱列举了一些简单质朴的茶器。比如烧水的铁釜，既可用在火炉上，也可用于风炉上。他巧用葫芦瓢作为装木炭的容器，别出心裁又有一种接地气的朴素美；茶挂大多用有个性书法作品，而不拘泥于千利休定下的用禅宗名僧的墨宝张挂在茶室的"床之间"的训条；茶叶罐尽管可供选择的种类繁多，但他一般只用黑色的枣形茶叶罐；茶碗多用乐烧；用来插花的容器多竹制花筒等。此外，片桐石州还是极少数有幸得到千利休"一叠半"茶道真髓的茶人。一叠半茶道是利休所创，经过千道安、桑山宗仙再传给了石州。片桐石州写于万治元年（1658）的《一叠半秘事》记录了其中秘不示人的要诀，显得神秘兮兮。在一张半榻榻米大的茶室里从事茶汤之道，需要极高的造诣，不是普通的茶人能问津，也只有极少数受到命运特别垂青的茶人才有机会接触这一核心秘传。据石州在书中称，从利休那里受此秘传的不多于五人，其中一人便是石州的老师桑山宗仙，这也从一个侧面反映了片桐石州的茶道是利休侘茶的道统嫡传。

片桐石州于延宝元年（1673）去世，享年69岁，翌年家业由三男贞房继承。不过贞房继承家职却没有继承父亲的茶道艺术，石州子孙在继承和发扬家业上大多乏善可陈，后裔中重振"石州流"茶道雄风，复兴于百年之衰的是第七代孙片桐贞信（1802—1848），惜乎英年早逝。也许是石州作为开创者的光芒过于耀眼，以致于在他殁后很长一段时间，"石州流"茶道的发展一直后继乏力而黯然无光。后世"石州流"的茶人中，声名最为显著的是云州松江藩（今松江市）的藩主松平不昧。

松平治乡，法名不昧。他是德川家康的直系后代，属于越前松平家第七代，也是出云国松江藩的第七代藩主。不昧最初师事"利休七哲"之一的细川三斋的传人志村三休，修习"三斋流"茶道，后来才改投"石州流"的名家伊佐幸琢，二十来岁就得到"石州流"真传，为了领悟茶禅的精髓还入江户麻布的天真寺修习禅宗，"不昧"一名即是修成后寺中住持大颠禅师所授。

不昧是江户时代中期武家茶最重要的代表，在理论上和实践上对茶道都有贡献。他所著的茶书《云州藏帐》颇有影响力，此书最富于思想文化色彩的地方，是他将当时盛行的朱子学原理融入茶道中，倡导在茶道中贯彻"修齐治平"的政治理念，使茶道成为治国安邦的有效工具。这种茶道观是江户时代朱子学成为幕府国家意识形态在艺道上的投影，颇富时代特色。不昧的茶道并没有止步于理论，还积极付诸实践并获得很大成功。不昧重用精通茶道的家老朝日丹波进行藩政改革，殖产兴业、鼓励贸易、大兴水利、振兴教育，使松江成为一个富饶文雅之乡，是幕府时期功勋卓越的改革家，与水户藩的德川光圀、米泽藩的上杉鹰山和冈山藩的池田光政并称为"四大明君"。松平不昧学问渊博，是个学者型政治家，他对茶道文化的另一个贡献就是组织并撰写了长达18卷的文物鉴赏巨著《古今名物类聚》，将当时日本所有茶器名品做了详尽的记录和分类，至今是茶人也是茶道研究者案头的必备工具。

片桐石州辞世已近三个半世纪，但与他有关的史迹散点在日本各处，那是他留下的建筑艺术杰作。对于爱好茶事的中国游客来说，到关西古都奈良、京都旅游，一定不要错过两个凝聚片桐石州茶道艺术建筑的地方，一是前面说过的京都桂离宫，二是他故乡奈良郡山的慈光院，尤其是后者，从设计到施工完全出自片桐石州之手。这是一座临济宗大德寺派的寺院，建于宽文三年（1663），是石州为先父片桐贞隆祈祷冥福而建的菩提寺。入门处赫然写着"茶道石州流发祥之寺"，显示着它在日本茶道史上的特殊地位。

慈光院是日本农家院落式建筑，茅葺屋顶，位于能俯瞰整个奈良平原的高处，放眼望去，一览无余的青冈绿水，远处的山水景观被融入寺院中，成为园林外景的天然有机部分；而这庭院经历了350年岁月风雨的冲刷，苍苔斑斑，本身也成为自然景观的一部分。寺院建筑的最大特点就是整个建筑全体都是以一个茶席的构思来设计建造的。从山门沿着青苔斑驳的小路步入院内，就像走入一个天然的茶席，前面是代表自室町时代以来武家建筑审美的"书院造茶室"；里面则是体现"侘寂"格调的"数寄茶屋"。其中的"高林庵"最为著名，是石州根据自己的喜好建造的茶室，只有两张榻榻米大小，不到4平方米，典型的维摩诘方丈斗室，与书院茶室一样，都是日本国家指定的国宝级文物。

井伊直弼

——在怒涛与风雪中凋零的名匠之花

一

幕末是日本历史上的一个重要节点。这个历史时期具体指的是1853年美国"黑船来航"事件到1869年戊辰战争结束这段16年的历史时期。时间上虽然短暂，意义却非同凡响，它标志着日本近代史的序篇，也是日本从封建社会通向现代化国家的重要桥段。

这段历史波澜壮阔，精彩大戏此起彼伏，惊心动魄的程度有如中国的春秋时代，因而这段历史也成了文学和影视作品的热门题材，十年前佐藤纯弥执导的影片《樱田门外之变》就是其中的杰作。这部影片就是以幕末"黑船来航"事件为背景，生动描述了以水户藩浪人武士为首的倒幕势力在江户城的樱田门外对幕府大老井伊直弼实施暗杀的史实。（注：大老是江户时代幕府政权机构的职制，是辅佐幕府将军政务的最高行政长官，相当于中国的宰相。）在两个小时的时间内，将日本在面临西方坚船利炮胁迫下开国的艰难历程演绎得非常精彩。

樱田门是江户城内郭的城门之一，位于今天东京千代田区皇居的护城河中段，因为那一场改变历史的恐怖事件，樱田门成了日本的重要历史古迹。

安正七年（1860）阴历三月三日。这天，江户幕府大老井伊直弼

(1815—1860) 比往常起得更早，在喝过早茶、简单用过早膳之后坐上轿子，从彦根藩府邸（今天的明治神宫御苑）出发前往江户城。此日是"上巳节"，是日本传统五节之一，按照习俗，在江户参勤交代的大名均要登城谒见幕府将军，对于级别相当于今天内阁总理大臣的井伊直弼来说这天是个重要的日子。不过，节序已是阳春，但这天拂晓前却罕见地下起了大雪，江户城里白茫茫一片。

不知为何，井伊大老的行列意外精简。随从护卫武士共26人，加上步卒、提行李箱的足轻、轿夫、牵马夫，也就60人左右。由于大雪的缘故，武士们都戴着斗笠，身穿蓑衣，迎着风雪一路小跑随行。为防止雪水渗入刀鞘，武士们腰间的长刀都用布套包得紧紧的。

正当行列经过樱田门外，正要沿着城门下的通道向江户城进发时，突然一声枪响，埋伏在附近的一帮浪人武士发动突袭。井伊直弼的随行护卫虽然人多势众，但因猝不及防，再加上武士刀收在刀套里，仓皇之间不能及时应战。浪人刺客最终冲破护卫的防护，取下井伊直弼的首级。

浪人恐怖分子总计18名。17名是水户藩下级藩士，1名是萨摩藩浪人。他们谋刺井伊的最大理由有：井伊直弼在没有经过天皇敕许的情况下与美国签订《日美友好通商条约》；还染指幕府将军继嗣的问题；更切齿于他发动打击面很广的"安政大狱"等，因此将他视为不共戴天的国贼，必欲除去而后快。"樱田门外之变"震惊了整个日本：堂堂幕府大老，竟然在首善之区的江户被一群浪人取了首级，这在德川幕府250年来是前所未闻的事。井伊直弼这位拼命想力挽狂澜于既倒的政治强人，之所以发动"安政大狱"，目的是要以铁腕手段重建幕府已经失坠的权威，但始作俑者死于非命，证明了他的策略是失败的。"樱田门外之变"是德川幕府政权坍塌的第一块多米诺骨牌，此后便是此起彼伏的倒幕维新运动，仅仅过了七年，幕府宣告垮台。

《樱田门外之变》故事环环相扣，高潮迭起，其中很多情节至今让人过目不忘。影片给人留下深刻印象的还在于故事中插入不少日本文化元素，比如茶道。影片中出现了两次水户藩藩主德川齐昭点茶的片段，行云流水简洁利落，这两个片段，将韬光养晦的德川齐昭刻画得入木三分。不过，如果就历史事实而言，这个优雅的茶人应该是他的政敌井伊直弼才是。因为，井伊直弼不仅是幕末时期最著名的政治家，还是名垂日本茶道文化史册的茶道家，他短短的45年生涯里，留下不少关于茶文化建设的论著，有的至今奉为茶道圭臬。这样一个艺术天才，如果没有踏入政治旋涡，或许会成为一个集大成式的茶道艺术巨匠。很可惜，由于不可抗力的原因，他成了时代的牺牲品，成为在时代洪流中凋零的名匠之花。

二

井伊直弼是彦根藩（今日本滋贺县彦根市）藩主井伊直中的第十四子，后来世袭成为彦根藩第十四代藩主。井伊家是江户时代拥有谱代大名地位的名门，其始祖是战国后期的上野国高崎城主井伊直政，以英勇善战闻名，据说每次出战都喜欢披挂红色的盔甲，因而有"赤鬼"之称。1600年关原之战，因战功被封为近江国大名，食禄十八万石，是德川幕府中的直系谱代大名之首。

文化十二年（1815），井伊直弼出生于彦根城二之丸的槻御殿（今彦根市金龟町），为井伊家第十三代藩主直中的侧室所生，小名铁之助，又名铁三郎。早在三年前，父亲已经退隐，家业由兄长井伊直亮继承，而第十一兄直元作为直亮继承人也已定下，其他兄弟也都被各大名门豪族收为养子。由于家里兄弟多，又是作为侧室所生的末子，井伊直弼虽然贵为藩主公子，但在家中却形同摆设。后来父亲死后井伊直弼的处境更加不堪，被长兄逐出家门让他到城下町赁屋独居，每年仅给他三百袋大米做生活费。井伊直弼将自己的住处命名"埋木舍"，意为埋没地下不能开花结果的树桩，不无自嘲自哀的意味，这样的日子一直持续了15年之久。

不过年轻时代的井伊直弼是个意志坚强的人，在毫无指望的处境中他并没有自暴自弃，在隐居市井默默无闻的岁月里，他刻苦精进，读书治学，练武习艺。这期间，经由近江国（今滋贺县）名医三浦北庵的介绍，师从"石州流"的茶道师匠研习茶道。少年时代的出身和经历，对井伊直弼的人生产生了意想不到的影响。

深受石州流熏陶的井伊直弼，对武家流茶道下了很多功夫，他尤其重视经典的研究，曾下大力气抄读片桐石州的茶著《石州三百条》，并在习茶过程中一一实践，后来还获得"宗观"茶号，这是作为一个独立茶人的荣誉称号。在研究茶书，实践"石州流"茶道的过程中，井伊直弼也逐渐形成了"自家流"的茶道，这就是在江户时代颇具影响力的"宗观流"茶道。其茶道的理论见诸专著《茶汤一会集》。这本书被誉为幕末时期茶道重要文献而备受推崇，比如他提出的"独坐观念"丰富了千利休茶道的内涵。所谓"独坐观念"，指的是作为组织茶会的茶人，在客人散去之后，不要马上离开，而要继续留在茶室里独坐；观念，是观照静思的意思，也即是说一人独对一只茶盏，将茶会在脑中回放一遍，回味一天的茶事，觉悟次日不会重来，这时，当事人心里会情不自禁涌起一阵茫然若失之情，但随之又有一种充实的暖流在心里流淌扩散。此刻的心境是一种"主体的无"，这是一种近似禅宗修行后入定的体验。对此，井伊直弼在《茶汤一会集》中写道：

> 主人和客人都要有余情余心，退场的寒暄结束后，客人通过露地的时候不要高声说话。主人目送客人的时候更要静静目送，直到客人看不见为止。院子的木门、拉门等，千万不能早早关上，一天的茶会活动没有结束前，决不能着急把门窗关上，让客

人看不见归路。主人送走客人返回茶室时，要从茶室小门侧身而入，静静地独坐在炉前，要从内心里意识到，今日在一起饮茶叙旧，以后不知何日再聚，此乃一期一会，独一无二。或者自斟自饮，回味今日聚会，这是"茶汤一会"的极意。此时在寂寞中体会亲切交谈之情，眼前除一口茶炉之外别无他物，这种境界不通过如此独坐静思，是难以达到的。

在茶道文化上，井伊直弼最为人所称道的是他将桃山时代茶人山上宗二的名言"一期一会"做了独出机杼的阐述和发挥，见于《茶汤一会集》中提纲挈领的前言：

> 茶会也，可为"一期一会"之缘也。即便主客多次相会也罢。但也许再无相会之时，为此作为主人应尽心招待客人而不可有半点马虎。而作为客人也要理会主人之心意，并应将主人的一片心意铭记于心中，因此主客皆应以诚相待。此乃为"一期一会"也。

"一期一会"之所以成为一种人生哲学，是因为它扎根于佛教中的"诸行无常"思想，意即人生无法彩排预演，乃至每一个瞬间都不可能回放重复，犹如"覆水难收"或西谚所谓"人不能两次踩入同一条河"，云云，提醒人们要彼此珍惜每个瞬间的机缘，并为人生中可能仅有的一次相会，付出全部的诚意；若因漫不经心轻忽了眼前的人事，那会是比擦身而过更为深刻的遗憾。"一前一后"这四个字，虽然是山上宗二所言，但却是因为井伊直弼的阐发而成为茶道哲学中一个重要理念，以致长久以来人们将这句茶道真言的著作权冠在他头上。这四个字后来走出草庵茶室延伸到社会各行各业，至今是服务业坚如磐石的信条。

井伊直弼在生前曾为自己取戒名曰"宗观院柳晓觉翁"。如前所

述，"宗观"是他作为茶人的名号，"柳"字则暗示与代表武家流的
"柳营茶道"的渊源关系。井伊直弼在习茶过程中也注重融入自己的心
得和思考，三十岁出头便写下了第一部茶书《入门记》，讲述大名茶道
入门之初的修行要领。井伊直弼留下的著作还有《彦根水屋帐》，这是
一部记载在彦根藩埋木舍时期举办茶会的纪实性记录文本。自战国时代
以来，日本茶人举办茶会都形成一个惯例，就是由专人记录茶会的形式
和内容。包括日期、地点、参加人员、主持者、茶室的布置、茶会期间
使用的道具、展出的古董、主客之间的对话等。后来井伊直弼继任彦根
藩藩主，参勤交代之际客居江户城，也常常举办茶会，后来也写有一本
《东都水屋帐》，记录江户藩邸举办茶会的各种茶会内容，也是研究幕
末时代武家大名茶道的珍贵史料。

三

嘉永三年（1850），35岁的井伊直弼迎来了人生的大转机。这一
年，长兄井伊直亮亡故，而几年前作为藩主继承人的直元也病逝。井伊
直弼成了唯一有资格继承家业的世子，按照幕府的安排，同年井伊直弼
继任家督，成了彦根藩第十五代藩主。作为德川将军家的谱代大名的重
臣，彦根井伊家向来是在整个江户时代前后出任过幕府将军的大老，相
当于内阁总理大臣，拥有很大权势。当上藩主后不久，被幕府召到江户
接受重点培养，很快成为进入幕府中枢的政治明星。

嘉永六年（1853）6月8日，美国东印度舰队司令官马修·佩里兵
临江户湾的浦贺，撞开了日本闭锁两个半世纪的国门，全国上下鸡飞狗
跳。当时在茶人中流传着这样一首俳句：

茗茶上喜撰，不过才四盏，惊醒百年太平梦。

"上喜撰"是日本名茶，日语读作"じょうきせん"正好与"蒸

汽船"同音，意喻四艘美国黑船的到来，一潭死水的日本被卷起万丈波澜，万民惊醒。"黑船事件"成了日本开国的前奏。

佩里离开日本不久，受到一连串惊恐刺激的第十二代将军家庆病倒，药石无效而殁，享年60岁，留下的世子家定病弱，无法执政。内忧外患手足无措之际，嘉永七年（1854），再度来航的佩里带着美国总统的国书来日，这对积重难返的幕阁来说无疑是雪上加霜。于是，陷入外交僵局的幕阁将美国要求开国的事宜向外样大名公开征求意见。

外交大政让外样大名参与讨论，这在德川幕府两百多年历史上是破天荒之举。蜂须贺、岛津、伊达、山内等外样大名从各自立场参与讨论，不仅谈到外交问题，还牵扯到了将军继嗣问题，当然不可能有一致的结论，却成了幕府权威失坠的开始。年轻的幕府老中阿部正弘忧心成疾，于安政四年（1857）4月病逝。

阿部正弘的突然离世，留下两个棘手问题：一是将军的继嗣；另一个则是《日美友好通商条约》的洽谈。围绕这两个问题，幕府内部展开了激烈的权力斗争。安政五年（1858）4月，彦根藩主井伊直弼受命出任幕府大老。幕府大老是幕府时期将军属下最高职位，虽非常设，但权倾朝野，而且只有井伊、酒井、土井等极少数年俸在十万石以上的谱代大名才有资格担任，意味着走向权力巅峰。对井伊直弼来说，对比前半生的不遇，至此可以说实现了完美逆袭。只不过"琼楼高处多风雨"，生逢其时的他却赶上了一个风雨飘摇的大旋涡时代。

井伊直弼上台后，围绕着和美国签约开国和将军继承人问题，被推到时代的峰尖浪口，成了众矢之的，幕府也陷入了风雨飘摇的统治危机之中。为了重振幕府权威，井伊直弼以铁腕手段对付持不同政见者，一举发动"安政大狱"，无情打击反对他签约开国的"攘夷派"和插手将军继嗣问题的"一桥派"，下狱或处以极刑，上至水户藩主、朝廷公卿，下至非议国是的教师武士，牵连者涉及一百多人。就这样，井伊直弼成了全日本人人皆欲诛杀之的"卖国贼"。

四

井伊直弼的死，让日本近代化的进程大大提速。后来终结幕府统治的明治维新英豪很多就是"安政大狱"中的幸存者或继承人。

历史是胜利者书写的。影片中的井伊直弼是个刚愎自用、骄横跋扈又心狠手辣的政治家，大致沿袭明治时期的主流史观。但是，日本茶道史中却呈现出了另一个与既成印象迥然有别的井伊宗观大人：作为日本有史以来地位最高的茶人，井伊直弼博雅通识，意志坚强，出身大名贵胄之家，自幼受过严格的学养训练，他精通儒学、禅宗和和歌创作，除了茶道，还擅长枪术与刀法，还会能乐和击鼓，一句话，井伊直弼是江户时代最标准的文武兼具的完美典范。

综观流茶道，作为石州流武家茶道的一个分支，在日本茶道史上占有重要的席位。除了他富有创见的茶学理论著作，还有一所他亲自打造的茶室"澍露轩"在茶道史上熠熠生辉。"澍"字读"对"，是个生僻字，《康熙字典》里做"溃，濡"解，也就是沾湿的意思。杜甫诗《万丈潭》云：削成根虚无，倒影垂澹澍。在露水沾湿绿叶的雅室窗前冥想，确实是一种清雅幽玄的境界，主人的襟怀由此可见。这个茶亭相当于井伊直弼的私人会所，建在偏离府邸的林苑里，在结束繁忙的公务之余，他常常来这里点茶、读书、作和歌，也常在这里举办被称为"茗宴"的茶会，《东都水屋帐》记录的大多是在这里举办过的茶宴，在彦根城博物馆里展示的物品中，就有井伊直弼生前爱用的茶釜、茶盏、水指（水壶）、茶叶罐、风炉，还有他亲笔书写的茶会记录。从茶会内容来看，井伊直弼堪称幕末时期日本顶级茶道宗匠，茶会记录文本中出现许多井伊家历代收藏的茶道具、古董，有的甚至是价值连城的美术品，可谓高雅宏富，中国"唐物"

有鼎彝图谱、法书名帖、汉铜宋瓷；日本历代茶道名匠制作的茶碗、茶勺、茶筅、案几等；此外，还有主人精心培育的盆栽；参加茶会的幕府名流，艺能界人士；还有每次茶会出现的酒肴佳品和精美点心，都记录得一丝不苟，是当时顶级文化盛宴的缩影。

澍露轩不仅是一个高级茶道会所，也是井伊直弼修身养性之所。井伊命名"澍露轩"，还有更深层次的寄喻。"澍露"一词本源自佛教经典《观世音菩萨普门品》中的四句偈颂：

> 悲体戒雷震，慈意妙大云。
>
> 澍甘露法雨，灭除烦恼焰。

由此，也许可以窥知他的抱负和担当。他要像观世音菩萨一样，来拯救陷于内忧外患的日本，普度芸芸众生，其政治抱负之大由此可见。所以，怀菩萨心肠，行霹雳手段，为了伟大目标，不惜一切手段来扫除前进路上的障碍，也做好赴汤蹈火的准备。据载，在就任将军之下万人之上的幕府大老仪式之后，井伊直弼并没有意气风发踌躇满志，而是心事重重地回老家拜访了彦根清凉寺住持千准禅师。清凉寺是接受井伊家供养的菩提寺，井伊直弼从江户千里来访，不为别的，就为和法师交代自己的身后事。他和禅师商定后为自己取戒名"宗观院柳晓觉翁"，墓地选在何处，让千准禅师代为设计灵牌的样式等，将这些后事写在纸上，放入一只装有百两黄金的小箱子交予禅师。也就是说，从井伊直弼就任幕府大老之日起，他就已经预见今后可能会面临的不测和凶险了。而在"樱田门外之变"发生前三个月的正月新年，他特地请当时著名的狩野派画师狩野永岳为自己绘制遗像，一样两幅，一幅存江户"澍露轩"；一幅存彦根藩清凉寺，其中清凉寺的一幅至今还完好，复制品就悬挂在"彦根博物馆"里。画中的井伊直弼面白无须，眯着细眼，一副忧心忡忡的神色，根本看不出大权在握的踌躇满志。这一切都说明他对自己的处境是很清醒的，这种必死的心理准备绝非常人能有。作为一个精明世故的政治家，井伊直弼再怎么我行我素，也深知自己为了推行理想树敌太多；再怎么自以为是，也不至于迟钝到连自己的生命成为别人猎取的目标都没有察觉的程度。而茶道的修行，也使得他对生死有一种置之度外的超然。据说，他遇难后，家人从书房里发现他出事前写就的和歌：

　　　春来寒犹在，清水结为冰。池底赤诚心，谁人能相知？

　　实际上，"安政大狱"之后，国内反对井伊直弼暴政欲除之而后快的传闻，就从幕府遍布各地的情报网络源源不断地传入井伊直弼手中。手下劝他加强警卫力量，他不以为然地说："如果真有人蓄意谋刺，再严密的防范也无济于事，不如顺其自然吧。"据载，遇难前夕，彦根藩留守江户的侧役宇津木六之丞在目送主人行列远去之后，回到井伊的书房，看到他书案上有一封摊开的信件，无意中瞄了一眼，大惊失色，原来是密探送的情报。信中详细报告了水户藩浪人正在策划暗杀大老之事，警示他提高警惕，严加防范。宇津木立马安排武士赶去加强护卫，这时浑身是血的侍卫跌跌撞撞闯来报告主君遇难的噩耗。彦根藩的武士赶到现场时，一切都结束了。

五

　　井伊直弼的视死如归，影片《樱田门外之变》也有所交代。而对井伊直弼生命最后关头的刻画，也是非常贴合历史真实的，这时的井伊直弼让人想到千利休、古田织部等以血殉道的日本茶人。在樱田门外遭遇水户藩浪人突袭的瞬间，井伊直弼端坐在轿子里，泰然自若，当他遭到枪击受伤，并承受致命的刀刺之际，留给世间的最后一句话竟是：

日本，往后该怎么办啊？！

一期一会，后会无期。井伊直弼最终没有等来日本的天亮，就悲惨地倒下了。45岁，正是年富力强、大有作为的年纪。战后著名历史小说家舟桥圣一所著《花的生涯》一书，描绘了他短暂而又波澜万丈的生涯。由于不可抗力的原因，这位江户时代茶道艺术的名匠之花被裹挟进时代的怒涛与风雪之中，"零落成泥碾作尘"，这样的悲剧性结局，不必说作为一个惊才绝艳的艺术家，就是对一个普通人来说，也是令人触动恻隐悲悯之心的。

井伊直弼殁后七年，墓木未拱，统治日本两个半世纪的江户幕府落下帷幕，历史翻开了新的一页。只是，令井伊直弼九泉之下冤魂愤愤的是，当年仇视他的攘夷志士们，一朝大权在握，立马华丽转身，开国尺度之大哪是井伊晓觉（井伊直弼死后的戒名）翁能"晓"能"觉"的呢！

町人茶道

千宗旦与"三千家"

千利休虽死，但道统相传，侘茶后继有人。不过最先继承他创立的茶汤之道，并将其发扬光大的是他的门徒而非子嗣。后人据此盛赞利休在茶道上公而无私，重能力而轻血缘，是个"实利主义者"。他的后辈中，二子六女相对平庸，到了孙辈，在经历过一系列挫折之后，千家再现生机，发展出承续千利休一脉的"三千家"茶道，与古田织部创立的"织部流"、以小堀远州为始祖的"远州流"和与片桐石州为创始人的"石州流"等茶道流派互为呼应，在江户时代迎来了全盛期。

承前所述，千利休被丰臣秀吉勒令自裁之后，全家跟着落难。宅邸、家产连同一生费尽苦心收藏的无数珍贵茶道具尽被没收充公，遗孀宗恩和子孙均受到牵连，四处逃散流往列岛各地，家业一时呈现人走茶凉的悲凄之境遇。利休膝下有二子六女，其中嫡长子千道安（1546—1607）与养子千少庵（1546—1614）自幼跟从利休学茶，是利休茶道的嫡系传人，不过或许是利休的光芒过于炫目，千家第二代的造诣显得平淡无奇，直到第三代，千家的基业才重现曙光。

孙承祖业

将千家茶道事业重新打开局面的是千利休的嫡孙千宗旦。

　　千宗旦（1578—1658）的身世颇为"数奇"。很多茶道史文献都记载他是利休次子少庵的长子，这种说法本身从源头来看就有问题。利休膝下子女不少，与原配宝心妙树生有一男六女，千道安是嫡子。宝心妙树去世后利休续弦，娶了当时著名能乐师宫王三郎的遗孀宗恩为妻，宗恩与前夫所生的少庵一同过门到千家，被利休收为养子，同长子一样悉心培养。少庵成人后，利休将原配所生的幺女阿龟许配给少庵。天正六年（1578），千宗旦诞生在堺港。宗旦小时候聪明伶俐，又懂得自律，颇受千利休夫妇喜爱，童年时代与祖父母生活在一起。利休遇难时，家族受到牵连，道安、少庵兄弟俩踏上颠沛流离的流亡之路。少庵一路向东逃亡，最后到本州东北地方投奔利休门徒会津若松藩藩主蒲生氏乡，在他那里藏匿了一年半；道安也隐藏在美浓国（今岐阜、长野交界）的飞驒高山，在当地大名古田织部的庇护下生存下来。那一年，宗旦才14岁，因在京都大德寺跟随第110代住持春屋宗园修禅，侥幸躲过一劫。

　　与父辈们从小生活在富商兼天下茶人之家的优裕环境不同，千家第三代的宗旦从小就被当作接班人培养，小时曾与祖父母一起生活在京都聚乐第的大宅邸里，耳濡目染祖父的茶风与待人接物风范。由于某种机缘，或者说家里出于对他的特殊期待，在他10岁时就被送到与千家渊源甚深的京都紫野大德寺，接受了正规严格的修行训练，于今天而言相当于在部队服役的磨砺。在大德寺里，他从勤杂小僧做起，从最简单也最烦琐的日常琐事修行，从为寺院僧众准备一日三餐、洒扫庭院、搬柴送水到外出行乞做法事，然后一步一步精进，有意或无意间似乎在践行孟子"天将降大任于斯人"的古训。果不其然，早年这段动心忍性的磨炼，对于千宗旦今后在重重困难之中力挽颓势复兴家业关系至大，"乞食宗旦"成为他爱用的一个茶号。

　　利休死后，秀吉的怒火渐渐熄灭，也开始念及他多年来的运筹效劳。后来在利休生前颇有交谊的德川家康、前田利家等一班大名的

　　旋下，秀吉赦免了利休的后人，首先被召回的是少庵，归还了一度被没收的两大箱利休生前爱用的珍稀茶具，还将京都的几处土地赐予他的遗族，这些都成了后来千家茶道重新出发的物质基础。文禄三年（1594），少庵以复兴家业为由，让宗旦还俗。随着丰臣秀吉两次出兵朝鲜失败，身心疲惫暴病而亡，德川家康登上历史舞台并最终结束战国乱世。千利休子孙终于等来了振兴家业的机会，最终在孙辈千宗旦的努力下，千家茶道再次迎来隆盛期。

　　时势变迁，利休的两个儿子先后从流亡地回到京都。不过，受家族灾变的刺激，千家兄弟厌倦了世事纷争不再出头露面，退隐到京都嵯峨野西芳寺研究茶道。道安后来出游，在四国、九州等地云游之后回到故乡堺港市继承家督。不久道安去世，因为没有子嗣，千家当主由少庵继承。庆长五年（1600）少庵退隐，22岁的千宗旦继承了家督。千宗旦成了一家之主后，把复兴家业、弘扬祖父的茶道当作一生最大的使命。他致力于祖父侘茶的振兴，摒弃一切奢华和夸饰浮华，潜心于心灵的修养。为了不重蹈祖父覆辙，发誓远离政治，不再出任将军或大名的茶头，尽管二代将军德川秀忠以年俸500石聘用他当茶道师范，仍不为所动，矢志不移于茶汤之道，以一个隐居茶人的身份安度一生。

　　作为深受祖父茶风影响的千家茶道传人，千宗旦基本上延续了千利休的茶道精神，穷极"侘茶"的美学风格。江户时代初期有一部茶书《禅茶统一味》，相传为宗旦的遗著，从思想理念到内容到与文政十一年（1828）问世的《禅茶录》（寂庵宗泽著）如出一辙。虽然两书之间的关系尚未完全弄清，但从时间上看，宗旦的遗作远远早于后者，所以借助《禅茶录》，也可以窥知千宗旦茶道的某些显著特点。

　　1648年，千宗旦在京都千家祖居建造茶室"今日庵"，只有一叠加一台目大小（台目为茶道术语，用于计算茶室面积，一台目约3平方米），是作为晚年的修身养性之道场而建的。如今已成为日本国宝，不对外开放，参观需提前预约。据研究资料介绍，今日庵虽然小，却具备了一切茶室的元素，使人有尘芥之中森罗万象的广袤之感。3平方米见方的空间，是典型的维摩斗室，对人数有严格限制，最多3人，通常是主客各一。这种茶室空间据说是源自千利休的秘传，战国时代征战杀伐无休无止，千利休为诸侯设计这种密室用于谋划运筹战事，和平年代则被运用在传授手艺秘诀。别小看这个方寸茶室，却是千家大本营的象征。

在日本茶道史上，千宗旦是继往开来的一代宗师。正如《茶道传》的茶人系谱所记述的，千宗旦是将拯救茶道于衰微，复兴千家基业作为自己最高使命并为之奋斗不息的杰出茶人。祖父剖腹自尽全家逃亡星散的惨痛经历，使得宗旦潜心探索家业延绵不绝之道。为了防止再次出现家族绝灭的危机，在权力更迭激烈、关系错综复杂的时代，他绝了出仕之念，自立于权力斗争之外，心无旁骛致力于弘扬祖父的侘茶之道。他对利休茶道的最大功绩主要有三点：一是成立了茶道"三千家"；二是确立了"千家十职"；三是设立了"家元"制度。

"三千家"的成立

成立茶道"三千家"，这在日本茶道传播史上具有里程碑的意义。所谓"三千家"，就是千家大当主宗旦将千家的家业（侘茶）一分为三，分别由三个子嗣继承的制度。这相当于将千家鸡蛋分装三个篮子，大大降低了在乱世中成为覆卵的风险，而且依托"家元"制度，可以保障子孙在利休开创的基业庇护下衣食无忧。

宗旦生有四子，长子后来不知何故被逐出家门，至今成谜。剩下三个儿子，次子宗守、三子宗左和末子宗室都是在宗旦系统而严谨的教养下健康成长的出色茶人。千宗旦在末子宗室（1622—1697）成人之后，就开始考虑退隐，将家业传给三个儿子。诸儿中老三宗左技艺最为精湛，曾担任德川"御三家"纪州藩的茶头，千宗旦首先将传家之宝、利休创建的"不审庵"传给宗左继承，宗左遂为"表千家"始祖。次子千宗守幼年过继给漆器商武者小路家，曾担任四国赞岐高松藩主松平家的茶头，后来辞职回到京都潜心研究茶道，创建"官休庵"，他这一家就叫"武者小路千家"。两个千家分出后，宗旦与四子宗室生活在一起，后来宗室也被加贺藩前田家聘为茶头。宗旦有意让宗室继承总本家，他在"不审庵"北侧后面建造"今日庵"，连同后来建造的"又隐庵""寒云亭"两处茶室都交给宗室继承，因为位于"不审庵"之后部，以日本方位的表达习惯来说为"里"，确立宗室为"里千家"源头。三千家都在京都，后来原来堺港市的利休门徒薮内绍智也移居到京都，他与利休子孙的三千家互相提携，一起成为"京都茶道四流"。

"三千家"至今已经传宗十数代绵延四百年，成为日本茶道界影响最大的流派。目前三家之中以"里千家"的实力最为雄厚，势力最大，影响遍及世界各地，这主要得益于第15代当主千宗室（与千宗旦四子同名）的活跃。千宗室是"里千家"家元，生于1923年，大学学的是哲学，后来致力于在世界范围推广茶道。千宗室如今依然健在，已近百岁，长得相貌堂堂，天生一副宗师哲人风范。饮水思源，中日邦交正常化以来，千宗室频繁前来中国追根溯源，致力于两国茶道文化交流，几乎年年来华，迄今访问交流上百次。

"千家十职"

千宗旦对茶道的另一个功绩就是确立了"千家十职"制度。所谓"十职"，就是指在"三千家"里出入的与茶道器具制作有关的十个职业的称呼。比如，榻榻米、铁壶、茶碗、漆器、木作、竹细工等十种器物工艺制作领域的一流工匠。这一做法在千利休在世时就初具雏形。茶道关联的领域门类甚多，举凡建筑、园艺、家具、室内装饰、书画裱褙、陶瓷烧制、铸铁等，又因为对各个环节的审美有着细入毫巅的要求，为了凸显艺术上的不同凡俗，就必须做到个性化。所以自己打造富于个性特征的茶具，在战国时代以来的茶人中蔚然成风。千家茶道上使用的茶具的制作工匠都是特定的，有的自己制作，比如利休本人就是制作茶勺的名匠；有的是与杰出工匠合作完成，比如曾为千利休制作茶碗的陶器制作工匠长次郎（初代乐吉左卫门）与京都茶碗制作师辻与次郎烧制的茶具，在当时都极负盛名，流传至今的都是"国家文化财"级别的珍品。

千宗旦本人也是在工艺美学上很有造诣的艺术家，从小在祖父身边耳濡目染，颇受熏陶，也热衷于茶道具的研发制作。据说他最擅长风炉，设计制作的茶炉很有个人风格特点，是茶道具收藏家的最爱。他预见到今后千家茶道将会迎来繁荣发展，除了制度上保障基业香火不灭，在技术上也需要一支优质而稳定的研发制作团队的支撑。因此他不惜重金聘用当时一流的职人为他制作各种茶道器具并世代为三千家服务。"千家十职"并非一次性聚集，而是经历了漫长的发展才趋于完善和稳定。宝历八年（1758）在三千家举行的"宗旦百年忌茶会"上，乐烧、竹器、制壶、木作、茶勺、铸造、建筑、裱褙等十个行业的工匠被邀请来参与纪念活动的茶具制作，这是在"千家十职"最早最完整的一个记录。随着时代的发展，10家职人变成12家，到20世纪初发展到20家。

"千家十职"采用江户时代武家通行的家业传给嫡长子的家督制，家传手艺只传长男，而且世代单传。有了这支精于茶道器具制作的技术团队提供的技术支撑，"三千家"才能既保证事业拓展扩张，又保证各种道具品质的上乘。

"家元"制度

"三千家"茶道基业长青，在日本乃至全世界遍地开花，不仅在日本社会深深扎根，而且成了最具日本特色的文化符号之一，作为一种基业长青的商业模式在世界享有盛誉。这一切都得益于千宗旦创立的茶道"家元"制度。

"家元"，就是掌门人世袭制度，负责继承上代的茶道技艺再向下传授，有绝对的权力和威望，是保障家传手艺技能代代世袭传承的铁律。这种凭借血缘和技术权威建立起来的"家元"制度，是日本近世工匠社会与身份制度的混合物，牢不可破，至今仍被很多行业坚守。日本企业的"家元"制度是起源于茶道的一种商业创新模式，其产生的动因，一是基于行业自我保护的需要，二是利益最大化的驱动。

江户时代，德川幕府实行严格的身份制度，社会划分士、农、工、商四民，茶人属于工匠阶级，地位已经大不如战国时期，待遇极低。比如，当时担任超级大名加贺藩的茶头，年俸三百石，只有利休的十分之一，却已是江户时代茶头的最高纪录；尤其是利休子孙一系，由于远离了权力中心，沦为手艺人阶级，与插花匠、裱褙匠、榻榻米工匠为伍。而代表大名茶道的"远州流""石州流"因为武士身份，拥有很高地位，追随者如云，千家茶道的发展空间受到压缩和排挤，生计也成问题。为了扭转这一颓势，就需要一种制度来保障家传技艺的利益。另外，随着时代的发展，日本的社会也发生一些新的变化。18世纪开始日本商品经济获得前所未有的发展，町人（城市里的手工业者和商人）人口也随之大为增长，他们由于拥有了强大的经济实力，参与文学、艺术等高雅文化活动的热情日益高涨；与此相反，武士阶级的经济地位在商品经济浪潮中不断被削弱。为了适应这一社会形势的变化，表千家第六代掌门人觉觉斋改变以武士阶级为传授对象的做法，将茶道向有经济实力的町人普及，这一变化催生出了新的茶风——町人茶，在此基础之上诞生了茶道"家元"制度。明治维新后，武家茶道随着武士阶级退出历史舞台而没落。新确立的町人茶风与严格"家元"制度的"三千家"，以经济实力雄厚的财阀和实业家为依托逆势成长，到大正年间迎来了前所未有的发展繁盛期。

"三千家"茶道发展至今，已经在日本列岛遍地开花，甚至大举"进军海外"，在欧美都有分支机构。茶道既是手艺，更像一门生意。从运作来看，与其说是在弘扬日本传统文化，不如说是商号企业的拓展与扩张。"三千家"名义上都以尊奉千利休为始祖，身为家元的千家掌门人向亲传弟子传授茶道垄断证书资格的发放，并收取学费。亲传弟子再向自己的弟子传授茶道，收取学费后，按比率将其中的一部分上缴家元。如此一层一层向下发展，形成以家元为中心的金字塔式系统，有如传销，乃至民间有"老鼠会"之讥。如今，"家元"制度不限于茶道，已经扩展到剑道、花道、香道、能乐等其他领域的传统艺能界。

以茶得道，人生达人

千宗旦开创了千家茶道发展的新纪元，在生前就获得极高评价。

万治元年（1658）阴历十一月十九日，千宗旦以80岁高龄在京都无疾而终，在当时来说超级高寿。吃茶养生，以茶悟道，修习茶道的本质，是为了让人趋利避害，实现人与世界的和谐。千宗旦的人生完美地诠释了日本茶道。

从流传下来的一些史料上看，千宗旦是智商和情商都很高的一代茶人，他善于审时度势，超乎于各种是非争斗的旋涡之外，又淡泊于得失名利，有着乐观旷达的心态，也懂得享受生活中一切美好，从某种程度上说，是个真正从茶道中获得大本源和大自在的人生达人，在我看来，仅此一点就远比他的祖父千利休高明多了。

十一月十九日是千宗旦的忌辰，每年到了"宗旦忌"这天，日本乃至全世界所有属于"三千家"茶道系谱的茶人都会举行盛大的祭祀活动，纪念这位千家茶道的中兴之祖。

煎茶道

江户时代的"煎茶热"

梳理日本茶文化的发展脉络和变化轨迹，可以看到贯穿一千多年日本茶道发展史的一条红线，那就是源自中国大陆茶文化的影响。可以说，在饮茶之道上，中国在各个历史时期所创造出来的新型品饮方式都会波及日本，并在茶道文化上或深或浅留下烙印。

谈茶论道，最终离不开"喝茶"。日本茶道哲学家久松真一说："茶道是以喝茶为契机的综合文化体系。"因此研究茶道，茶的品饮方式是一个关键题目。以饮茶方式的变迁来看，日本茶道史可分为三个历史发展时期。第一时期是模仿中国唐朝饼茶煮饮法的奈良、平安时代；第二时期是受到宋朝点茶法（末茶法）影响的日本中世时期（镰仓、室町、安土、桃山时代）；第三时期是江户时代初期从明朝传入的以散茶、叶茶冲泡为特征的煎茶法（"瀹茶法"）。日本茶人借鉴中国江南文人的品茶方式，融合日本茶道的礼仪做法，形成了一种有别于传统茶道的"煎茶道"，并在江户时代中后期开始引发经久不息的"煎茶热"。

江户时代是日本茶文化发展的成熟期，至此，日本人的饮茶方式已经大备，雅俗共赏，饮茶才真正普及社会各阶层。随着煎茶成为全民性饮茶方式，从茶道内部分出许多流派，形成百家争艳的景象。

"中国饮茶文艺复兴"辐射日本

在中国茶文化发展史上，明朝出现了一个很大的转变。明朝初年，洪武帝朱元璋摒弃自唐宋以来实行的团饼茶法，诏命"罢造龙图，惟采茶芽以进"，以国家法律的形式废止团饼茶，推行散茶、叶茶。团饼茶改为蒸青叶芽散茶，引发了饮茶方式的变革。自唐宋以来流行制为饼茶、饮为末茶的方式，被用茶叶直接放入壶中煮开，或茶壶冲泡再倒出来分杯品饮的煎茶法取代。以散茶或叶茶放茶釜里煎煮，或烧沸后的热水淹泡后饮其汤液的煎茶法古已有之，在各个历史时期都曾存在，只是到明朝才蔚为潮流，最终全面取代末茶。

这一转型，在中国饮茶历史上可谓划时代，其影响不仅仅限于饮茶习惯的变迁，连锁引发的还有做茶工艺、茶器制作、赏味方式以及品饮场的诗意营造等领域的技术革新，并引起社会经济形态和文化意识形态的变化，诚如日本学界所说的，堪称"饮茶的文艺复兴"。

这一变化，对位于中国海上丝绸之路最东端的日本也产生重大影响。传统日本茶道的品饮方式是"抹茶法"（一名"挽茶"），基本上是源自两宋时期通行的"点茶法"的形态，"点茶"至今也是茶道中常用技法。所谓"点茶"，其基本特征一如宋徽宗《大观茶论》所载：先将茶饼炙烤后碾成齑粉尘末，把水烧开，用小匙将茶粉放入茶盏中，以热汤浇注后"运筅击拂"，也就是用茶筅有节奏地搅动，直到茶盏浮起一层洁白晶亮的茶沫。在日本茶道中，用这种手法"点出"的一盏茶汤，参加茶会的人一个接一个轮着品饮。这几乎是江户时代以前茶道主流的饮茶方式。17世纪中上期，在明朝文人雅士之间大行其道的"瀹茶法"传到日本后，被冠以"煎茶法"之名开始流行。

明朝煎茶是一种捆绑式的综合文化。文人、学者、艺术家聚集于一尘不染的茶室里，不拘形骸地饮茶清谈，一边鉴赏古董书画美术品，一边挥毫作诗，泼墨写意，极尽风雅韵事。这种标榜了中国文人高尚品位的修养和嗜好的品茶方式，时尚、优雅而又自由不羁，令人耳目一新，传到日本大受欢迎，特别受到憧憬中国文化的文人艺术家和在商品货币经济浪潮中崛起的商人阶级的青睐。他们模仿明朝人的做派，聚集在一尘不染的书斋里，不拘形式地饮茶，闲聊，赋诗吟句，赏玩千方百计收购来的古董书画，极尽文房清玩的情趣。到江户时代中期兴起了空前的"煎茶热"，随着新的制茶工艺在日本的普及，大批明代茶书相继传入，日本文人在钻研中国茶书之余，也开始撰写符合本国实际的煎茶论著指导实践。

　　江户时代后期到幕末，煎茶文化进一步扩大了受众基础，形成了重视煎茶道具和茶汤本身的色香味，以及礼仪做法的日本煎茶道，出现了各种风格的宗匠流派，形成与传统抹茶道分庭抗礼的一种崭新的饮茶文化。

隐元东渡与日本煎茶道

　　明朝中期以后，散茶、叶茶就曾以民间走私或官方勘合贸易的形式传到日本，不过都没有形成太大的影响力。江户时代，德川幕府实行锁国政策，不和外国通交，也禁止日本人出国经商，允许贸易往来的国家仅限于东亚的大清帝国和欧洲的荷兰，在指定的长崎商港进出。所以长崎港成了锁国时代外来文化输入日本的一个窗口。1644年，中国大陆发生明清鼎革，大量东渡到日本的福建人从长崎进入日本，福建福清万福寺黄檗宗隐元隆琦（1592—1673）禅师东渡日本，也将散茶炒制法和瀹泡法一同带入，先是在长崎、京都的寺庙中流行，后来这一代表明朝文人雅士教养和情趣的饮茶法向外扩散传播并在日本扎根。

　　隐元和尚生活的年代，中国喝茶时尚已经发生很大变化，彼时虽然工夫茶还没有出现，但以茶叶冲泡为特征的瀹茶法，也就是沏茶已经在闽东、闽南广为流行。明初明太祖朱元璋罢造龙团，改用茶芽、叶茶进贡，从此全国主要产茶区向朝廷进贡的御茶，由团饼茶改为蒸青叶芽散茶。实际上，早在"罢废团茶，改以叶茶进贡"的法令颁布前，将茶叶放入铁釜中煎水而饮的煎茶法就一直存在。即便在茶文化十分盛行的南方产茶区，散叶绿茶冲泡法在南方早在元朝时期就进入寻常百姓家。随着饮茶形态的变化，也引发制茶工艺的革新。为了增添茶叶的香气和独特风味，南方的茶农摒弃沿用数百年的蒸青法，改用铁釜炒青法，即用锅高温炒茶，将茶叶杀青，让茶叶停止发酵，保留茶叶的新鲜和芳香。用炒青制出的茶叶，冲泡出来，在色、香、味方面与以往抹茶迥然不同。这一做法源自安徽松萝山僧人的意外发现，明代由松萝山僧人传入武夷山，在明末清初已经在八闽之地广为流行了。散叶或叶茶冲泡法，沸水注入，可以一遍一遍喝，就是现今通行的泡茶。

与此同时，伴随着散叶泡茶这一方式的兴起，用于沏茶的道具也出现了新的样式，茶壶茶杯。其中江苏宜兴的紫砂壶和江西景德镇的青花瓷茶具，是精美绝伦的道具，香茗和茶具相得益彰。这种煎茶法，到隐元和尚东渡时煎茶喝法在中土已经流行了近300年。当时的日本，尽管通过民间走私或一度繁荣的"勘合贸易"进口过散茶、叶茶及茶壶、茶杯等茶具，但因受限于种植面积和技术，煎茶没有形成气候。从17世纪初中期开始，以隐元隆琦为代表的福建僧人大量赴日弘法，带来了明清中国新的饮茶时尚，煎茶才得以在日本普及。

隐元赴日，不仅传来了黄檗宗禅文化，也带来了明朝的饮茶方式和道具。如今京都宇治的黄檗山万福寺里珍藏着一只隐元生前爱用的紫砂茶陶泥壶，是镇寺之宝。底部有火烧留下的痕迹，壶底留有茶渣结块。可以推测当年隐元喝的煎茶，就是将茶叶放入茶壶里煮开，再倒入茶杯喝的。隐元还将当时在福建寺院里已经通行的炒青绿茶手法传到京都万福寺，后来以万福寺为中心，铁釜炒青制茶工艺开始向周边扩散。

万福寺建于京都南部的宇治山下。宇治是日本茶文化的"龙兴之地"，荣西明庵从中国带回茶种植在九州一带之后，也将部分茶种分赠宇治高山寺的住持明惠上人，这便是"宇治茶"的起源。煎茶在日本兴起之前，宇治专门出产抹茶，沿袭的是唐宋传来的蒸汽杀青工艺。江户时代，幕府独占了宇治茶园的产销，指定专门茶师将不惜工本生产的优质茶叶制成碾茶，专供江户幕府将军及上层社会抹茶道场之用，十分金贵。而茶园中的粗枝大叶，摘下或剪下后，放入铁釜用沸水一焯，沥干水分后放在草席上搓揉，在日光下晒干做成粗茶供应一般庶民阶层冲泡，此后这种粗放式的制茶法成为大众煎茶。万福寺的炒青制茶法后来传出寺庙外，使宇治成为全国炒青制茶的先驱。大约在1738年前后，宇治茶农永谷宗圆（1681—1777）创制"煎茶"，即高级叶茶。手采嫩芽一芽三叶，薄摊蒸汽杀青，火上揉捻，然后用焙炉烘干。色泽翠绿，有淡淡的焙火香，滋味甘醇，茶叶呈薄片状，茶的有效成分极易浸出，适用于泡茶法。但由于工本高而未能在当时广泛传播。19世纪初，永谷宗圆式的制茶法在日本得到广泛的推广和普及。1837年，山本德翁创制出最适于煎茶的高级茶叶——玉露茶。

　　隐元从明朝传来了黄檗宗禅宗及相配套的风俗文化，对日本宗教和生活形态影响十分深远。黄檗宗成了和临济、曹洞宗三足鼎立的禅门一宗，在日本拥有广泛的信众。隐元在日本地位很高，受到日本上层阶级的礼遇，圆寂前还受到天皇的加封。隐元传入明朝煎茶法，代表饮茶文化的新潮流，一开始就对上层社会产生影响，贵族、武士纷纷热衷于煎茶道。到了江户时代中期开始在商人、文人、艺术家中流行，在半个世纪之内已经达到了相当普及的程度。成书于元禄五年（1692）的料理书《本朝食鉴》（人见必大撰）相关条目中写道：

　　　在江户街头贩卖的煎茶产于骏州（现静冈县）、信州（今长
　　野县）、甲州（今山梨县）、总州（今千叶县）、野州（下野

国）以及奥州（今日本东北）。近来江东地区的人习惯在早餐前
先饮用几碗煎茶，此称为朝茶，最受妇女们欢迎。

在17世纪后期的幕府首善之区江户，煎茶已经以女性为中心在市
民之间普及了。

江户时代的"茶书热"

煎茶道也是一种综合性文化。表面看起来是一种饮茶方式，实际
上包含了一个非常庞大的知识结构和审美体系，举凡茶叶的生产、制
作、品饮、茶具制作、饮茶环境的装饰与布置，和到江户时代已经蔚为
鼎盛的日本茶道一样，是一个综合的体系。因此伴随着煎茶的流行，日
本茶界对于煎茶道相关知识的需求达到一个历史高度。在这个背景下，
大量的中国茶学著作，尤其是明代的茶书源源不断地输入日本。

明朝是中国茶文化发展的重要阶段，是继唐宋之后的又一高峰，
其中最为显著的成就是茶书大量出现。据研究，从唐代迄止晚清，包括
失传散佚的茶学专著计有118种，明代出版并流传至今的就有50种，数
量之多远超任何一个朝代，其中大都出现在晚明万历年间。与前代相
比，明朝的茶学著作出现了以下几个特点：

从著作种类的性质来看，有原创性茶书、半原创半编著性茶书和
汇编性茶书三种。

从著作内容来看，明代的茶书可分为从种植到生产、管理、制
作、保存、销售等各个环节的综合类通书，以及涉及茶叶、泉水、茶
具、茶艺、茶室、茶诗画、茶人修养和赏味法的专门类茶书。

从作者身份看，除了农学家、布衣学者之外，还有皇室、官僚、
文人雅士。其中出身仕途的文化人占了一半，而更多的是明代商品经济
和文化都高度繁荣的江南三吴的文人和艺术家，显示出饮茶开始被作为

一项艺术来加以研究和总结的趋势，这也使得明代特别是晚明的茶书带有浓厚的文化品位。

长崎港是日本锁国时代的对中贸易商港。在日本对清贸易进口的物品中，除茶叶、陶瓷之外，汉文典籍、书画工艺品等文化商品也占了很大比重。随着煎茶在日本的流行，明代的大量茶学著作输入日本。据统计，在19世纪之前输入日本的明代茶书或记载茶事的著作，几乎包含了迄止明代出版的所有与饮茶有关的重要著作，其中最具代表性的计有：

> 《茶经》（唐陆羽）、《北苑贡茶录》（宋熊蕃）、《茶录》（蔡襄）、《大观茶论》（宋赵佶）、《王氏谈录》（宋王钦臣）、《斗茶记》（宋唐庚）、《茶疏》（明许次纾）、《茶考》（明陈师）、《茶解》（明罗廪）、《茶谱》（明朱权）、《茶录》（明张源）、《茶略》《煎茶七类》（明徐渭）、《茶笺》（明闻龙）、《遵生八笺》（明高濂）、《考槃余事》（明屠隆）、《遍览群芳》（明王之彤）、《岩栖幽事》（明陈继儒）、《煮茗小品》（明田艺蘅）、《茶史》（清刘源长）、《茶寮记》（明陆树声）、《蒙史》（明龙膺）、《茶董》（明夏树芳）、《本草纲目》（明李时珍）、《三才图会》（明王圻）、《农书》（明王祯）、《农政全书》（明徐光启）、《随园食单》（清袁枚）等。

明代茶书东传，对中国近世茶文化在日本的传播起到巨大促进作用。经过日本茶人的学习、消化、吸收与创新，具有日本本土审美特色的煎茶道逐步形成。一些精通此道的茶人、学者也开始尝试对这种新型的品茶艺术进行理论上的研究、阐释和总结，著书立说，在日本近世出版史上出现"茶书热"。

　　1748年，积极从事弘扬煎茶文化的月海元昭（俗称卖茶翁）在多年从事煎茶研究的基础上撰写的《梅山种茶谱略》脱稿并在京都出版，开了日本人写作煎茶文化著述的先河。受到启发，很多嗜好煎茶又具有文笔教养的茶人、著作家都纷纷投入煎茶论述的写作，其中大枝流芳的《青湾茶话》、上田秋成的《清风琐言》和小川可进的《吃茶辨》是江户时代最具代表性的煎茶著作。

　　出版于宝历六年（1756）的《青湾茶话》，一名《煎茶仕用集》（"仕用"一词在日语中就是"指南，要领"的意思。），被誉为日本煎茶道文化史上继往开来之作，作者大枝流芳是一个香道师出身的茶人，他开创的香道流派"大枝流"在日本很有名，如今在中国也有分支机构。《青湾茶话》由上下两卷和附录三部分构成，书中前言开宗明义就主张煎茶道是有别于抹茶道的品饮艺术。上卷主要内容为藏茶、焙茶、洗茶、汤候、淹茶、辨水、择器、称量、得趣等共计18个部分；下卷以图谱为主，介绍了水注、建城、紫砂、景德镇等十几种煎茶道具等；附录部分主要介绍了中国斗茶的形式和茶具图谱。此书在序言之后还附录了"采择诸书"，也就是参考文献书目，这使得本书具有一定学术价值。从中可知，大枝流芳写作《青湾茶话》主要参考了中国的茶学著作，包括明初陶宗仪所编撰洋洋上百卷《说郛》中收录的自唐宋到明代的24部茶书经典，如《北苑贡茶录》《茶录》《煮茗小品》等；还有《蒙史》《茗考》等13部茶书和《本草纲目》《三才图会》《遵生八笺》等包含茶在内的医书和百科类书等，从中可一窥作者对中国茶文化著作研究涉猎之广，也提供了江户时代中国茶书在日本的流通情况。这本书代表了当时日本煎茶道研究的起步阶段著作，但原创性不足。全书几乎都是从历朝历代茶书中摘录相关条目连缀而成，个别地方加入一些自己的经验心得，虽然也有对引用部分进行评价，但整体上都是亦步亦趋的，给人以蹒跚学步的质朴与稚嫩之感。有的部分，如第十三篇到第十七篇，整整五个部分，则几乎原封不动从许次纾《茶疏》中复制过来，没有任何说明，也就难逃"文抄公"之讥了。尽管如此，我们还是不难感受到，煎茶作为一种崭新的饮茶文化时尚在传入日本之后被接受、学习初始阶段的状况。

同样是研究煎茶之道的综合性著作，相比之下，晚《青湾茶话》近40年问世的《清风琐言》（1796年付梓），因为更多地加入了反映日本内容显示出本土化的努力，因而具有较鲜明的独创性。《清风琐言》出自18世纪后期著名的怪谈小说家上田秋成（1734—1809）之手，不仅内容丰富、有趣而且独创之处不少。全书也分上下两卷，上卷主要介绍茶文化的源流、品种、制法和煎茶要领；下卷主要涉及茶具和茶叶的储藏方法。全书在内容上，与《青湾茶话》没有太大的不同，要说不同，就是文中处处显露出的本土特色。首先在结构上，虽然书中也像《青湾茶话》一样大量引用中国茶书典籍，但同样是引用，上田秋成引述更重视的是茶书内容与日本茶叶的关联。这也可以从篇章结构看出。与《青湾茶话》等茶书不同，上田秋成在开头第一章就先讲茶叶东传日本的来龙去脉，然后在第二篇再整个回顾茶文化发生发展的历史。此外在介绍中国茶书的内容时，对日本本土茶文化的介绍也十分详尽具体，给人感觉是一本针对日本茶事写的著作。书中很多章节也包含了只属于日本茶文化的内容，如第六章"地灵"，专讲日本各地名茶生产与中国全然无涉。第七章"品解"和第八章"品目"则是具体针对日本当时国内名茶的分类了。

比起《青湾茶话》，《清风琐言》还有一个特色就是显示了自我特色的投影。上田秋成是一个个性分明的怪谈小说家，又是国学家，对日本远古时代以来的经典有着非同一般的造诣，这就使得他与一般煎茶爱好者不同。他在书中用了不少篇幅阐述了文人与煎茶之间的关系，指出煎茶是最适合文人的喝茶方式。比如"秉性"中说："茶之有性，如人之有性。人性皆善，茶性皆清。"提出"茶以清雅为贵"的观点，这与抹茶道崇尚的"茶贵涩味"的旨趣有所不同。最能体现上田秋成文人趣味的饮茶观，要数《茶略》的"得趣篇"，其中写道：

> 饮茶贵茶中之趣，若不得其趣，而信口哺啜，与嚼蜡何异？隐然趣固不易知，知趣亦不易。远行口干，大盅剧饮者不知也。饭后漱口，横吞直饮者不知也，铁器漫煮者不知也。必也由窗凉雨，对客清谈时知之。蹑屦登山，扣舷泛棹时知之，竹楼待月，草榻迎风在时知之，梅花树下，读离骚时知之。杨柳池边听黄鹂时知之。知其趣者，前酌细嚼，觉清风透五中，子下而上，能使两颊微红，冬月温气不散，周身和暖，如饮醇醪，亦令人醉然第语大略，至于个中微妙是在得趣者自知之，若涉言语，便落第二义。

上田秋成认为只有到了这个境界，才称得上"深谙茶之真面目"，他赞赏蔡君谟（蔡襄）、苏子瞻（东坡）"老而不饮，日日煎而玩之，如陶渊明弹无弦之琴"，是精于此道趣味的雅人。对于传统抹茶道的繁文缛节，上田秋成颇为不屑，在煎茶随笔《茶痂醉言》中不乏批判攻击的言论，他指出：

> 艺事必有技法，开始如无技法，秩序混乱，不能熟练。然而如被技法限制，则无法自由活动，即成呆滞。应超越技法，归于无法，顺应当下的动作。抹茶家不能从技法解脱，可谓为茶奴。

上田秋成晚年写有一篇《背振翁传》（一名《茶神物语》），这篇传记模仿苏轼《叶嘉传》笔意，将茶拟人化，托名两个深受皇帝器重的姓叶的中国兄弟在日本的因缘际会。他俩在中国被异族铁蹄沦陷之际逃往日本，一个憧憬上层路线步荣西后尘来到镰仓；另一个则在九州的深山里隐居保全名节。两个不同人生追求的兄弟分别映射中国茶文化在日本形成抹茶和煎茶的不同发展方向和旨趣。

　　煎茶从江户时代中期开始在社会上广泛流传，到了19世纪已经渗透在社会各阶层的日常生活中，有关煎茶的著作如雨后春笋般出现。据统计，幕府灭亡前的半个世纪内，在日本付梓出版的茶书就有上百种之多，木村兼葭堂、村濑栲亭等著名文人都有专著问世，幕末时期京都画坛巨匠田能村竹田绘制了《茶说图谱》，图文并茂地展现了当时煎茶的一般流仪和法式，其间更有京都汉医小川可进写的《吃茶辩》和《煎茶记闻》两本书，是代表江户时代煎茶专著最高水平的作品。

分流衍派

　　煎茶道发展到了江户幕府时代后期，开始呈现一些具有日本特色的变化。首先煎茶渐渐脱离了中国明清文人趣味的主旨，重视茶道具和追求茶汤本身的色、香、味，以及礼仪做法的日本煎茶道初现雏形。随着煎茶道逐渐步入技艺化，同时逐渐扩大了大众基础，江户时代的化政时期（1804—1829）以后，在煎茶道文化浓厚的京都、大坂出现了各种煎茶的宗匠流派，他们对煎茶这一源自中国的新型饮茶艺术进行整理规范、制定细则，以便教有所依，传有所据，他们"三千家"的做法是制定了煎茶道的家元制度，即一个流派有一位家元，家元即是该流派的始祖，也是艺道专利的保有者和技术传承人。至此，煎茶开始被赋予日本文化的特色。

　　田中鹤翁是日本最早出现的煎茶道家元，他所创立的"花月菴流"是诞生于幕末时期的煎茶道流派，原名为"清风流"。田中鹤翁，原名龟之助，天明二年（1782）出生于大坂一个世代经营酒庄的豪商之家，16岁便继承家业。田中家笃信禅宗，是京都宇治万福寺的一大施主，田中鹤翁少年时代便和寺中住持闻中法师参禅，受其熏陶迷上煎茶。他一边经营家业，一边投入到煎茶的活动中。后来在自己大宅院里建造豪华茶室"花月菴"，庭中设立陆羽、卢仝和卖茶翁的石像，朝夕祭祀。后来这里成为关西地区的公卿、武士和豪商学习煎茶法的高级会所。天保九年（1838），京都朝廷贵族一条家当主一条忠香为其挥毫题写"煎茶家元"，这一年被当作"花月菴流"的发祥之年，田中鹤翁成为初代家元。此后从"花月菴流"门下出师后独立的弟子们，分别开创了"黄檗花月流""习轩流""松风清社""煎茶道学会""风韵社流"等众多煎茶道流派。

在日本煎茶文化史上，与"花月菴"齐名的还有小川可进创办的"小川流"，两者成为江户时代最具影响力的两大煎茶道流派。

小川可进（1786—1855），出身于京都医生世家，原名弘宜，自号"后乐"。早年追随京都朝廷御医荻野台州学医，年轻时开始醉心于煎茶之道，50岁时转行以研究传授煎茶道为业，是日本历史上第一个职业煎茶宗师。小川可进著有《吃茶辩》一书，是论述煎茶道的集大成之作。他主张喝茶在于寻求茶汤的固有真味，提出"茶非为止渴，乃在于吃"；为了将茶的固有美味发挥出来就必须讲究科学合理的做法规范；此外，如何选用富有美观的煎茶道具，如何让煎茶与节序的流转相调和，如何在煎茶中贯彻礼仪以体现煎茶道的美学等等，都是小川可进对煎茶道艺术的思考，这些也构成了"小川流"煎茶道的特征。小川的创意和努力在他生前就获得很高评价，时人称赞道："煎茶之有法，实以小川可进翁为嚆矢。"另外，出身宫廷御医的背景，使得小川可进拥有不同寻常的人脉资源，使得煎茶道在上流社会流行并被民间所仿效。幕末时期京都朝廷的公卿近卫忠熙、一条忠香、岩仓具视等都是他茶席的座上宾或弟子，和著名汉诗人、史学家赖山阳之间终生不渝的情谊也成了茶道史上的佳话。

煎茶道在江户时代中期开始广为普及，并在明治、大正时期迎来空前繁荣。1926年，全国具有影响力的各大煎茶道流派集结京都万福寺，以"小川流"和"花月菴流"等煎茶道家元为核心，结成彰显卖茶翁功德的"高游会"，并在京都万福寺兴建"卖茶堂"和煎茶推广中心"有声轩"，开了现代复兴煎茶道的先河。此后，除了"二战"时期活动一度中止以外，每年都举办全国性的煎茶道年会。在战争中濒于毁灭的煎茶道在战后又迎来复兴，1954年，以纪念隐元东渡日本传播黄檗宗300年纪念大会为契机，全国煎茶道三十多家流派的家元开始酝酿成立统一的煎茶道组织机构。1956年1月，"全日本煎茶道联盟"（简称"全日煎"）在京都万福寺成立，共有39家实力雄厚的煎茶道流派加入，翌年开始发行联盟机关刊物《煎茶道》。基于日本煎茶道与隐元禅师、月海和尚的不解渊源，联盟总部事务局常设万福寺内，会长由万福寺方丈兼任也自此成为惯例，因循至今。

到2018年，煎茶道联盟的成员达到四十多个流派。

千人云集的煎茶盛会

文久二年（1862）4月，春明景和，惠风和畅，大坂西南部的淀川南岸如云似锦的樱花倒映在碧波微漾的青湾上。樱树下人流如织，在这里举办的一场煎茶道，历史上最为盛况空前的茶会，竟然成为充满内忧外患的幕末时期难得喜笑颜开的热门话题，就像日暮时分那投射在江面上的最后一抹亮丽的斜阳。

茶会的发起人是京都南画名家田能村直入（1814—1907），也就是绘制了《茶说图谱》的画师兼茶人的养子。田能村直入是九州大分县人，原名三宫松太，9岁时投入田能村竹田门下学画，后成为田能村的养子兼家业继承人。田能村直入是跨幕末和明治维新的著名文人画家，曾参与筹建京都府画学校，是该校初任校长。田能村直入在养父手下学画期间，受其熏陶也成了一个在茶道上颇有造诣的茶人。召集上千个茶人参与他主办的"青湾茶会"，足见他一呼百应的影响力。

这个堪称超级规模的大茶会在江户德川幕府末期非同凡响，其举办缘起与茶事有关。茶主田能村直入在居处所在地青湾发现了两处适于煎茶的水源，一处在田能村书斋的大长精舍北畔；另一处在樱祠南边。青湾的水质历史上享有盛誉。其水源是发源于京都北部山区的琵琶湖支流，流经京都盆地和大坂平原，在大坂西南部注入大坂湾。青湾位于大坂北部淀川的北岸，据说，由于在淀川河湾的岸上种了很多从中国杭州西湖移植的柳树，终年柳色青青而被赋予"青湾"之名。青湾之水，甘甜柔滑，自古享有茶汤名水的盛誉，从天正年间（1586—1592）雄踞大坂的丰臣秀吉，以及隐元、卖茶翁、大枝流芳、木村兼葭堂、田中鹤翁等历代茶人都有赏评。直入经过反复品试发现的两处水质最接近传说中的"青湾上水"，大喜之余着工匠刻"青湾"二字石碑立于水源附近，以彰显烹茶名水。这一年春，石碑落成，直入与茶界同好筹划在青湾一带举办规模宏大的煎茶会。刚好这一年又是煎茶道史上继往开来的一代巨匠卖茶翁高游外百年忌辰，所以7月间，田能村直入又在青湾举办了一场纪念主题茶会，彰显煎茶祖师卖茶翁的功德。

两场茶会，能文善画的田能村直入都做了详细的记录，合编成《青湾茶会图录》。这部煎茶名著遵循日本茶会类图书的通例，先图后文，首先以图绘形式将会场的陈设、布置、道具和展出的艺术品做精妙入微的描摹，然后再用文字进一步记录。从中可知，茶会在发现煎茶名水的两处水源之间进行，以大长精舍北畔为首席，樱祠南边为尾席，中间或别墅，或临时搭盖的屋舍，或屏风，或舟船，总计11个会场，每场各有7个主题茶席，分别为"喉润"、"破闷"、"搜肠"、"发汗"、"浪花游"、"肌清"、"江阳社"、"通仙"（副席"赤壁游"）、"风生"（副席"随意社"），杯盏茶壶磕碰的脆响，响彻云霄，来自日本各地参加茶道的人数达1200余人，摩肩接踵，以致姗姗来迟者竟无法插足喝茶。

　　田能村直入主导的文久二年春夏两场茶会，影响至大，大坂成了19世纪中后期日本煎茶道的中心。至明治八年（1875）冬，大阪古董行业巨头山中吉郎兵卫仿照田能村直入的做法，也在青湾举办一场旨在纪念先父簧篁翁的茶会，获得空前成功。会后吉郎兵卫也著录《青湾茗宴图志》并刊行于世，与直入的《青湾茶会图录》相辉映，青湾成为一个日本煎茶道史上散发着茗香与文化馨香的地名。

　　声势浩大的青湾煎茶盛会堪比天正十六年（1588）秋丰太阁和千利休共同主导的"北野茶会"，这两次分别处于两个新时代前夕的茶道盛会，给人很多想象的空间。前者是继承荣西明庵"茶禅一味"之遗绪，延绵数百年，经过珠光、绍鸥到千利休等历代茶人的创意而宣告完成的传统茶道；而后者是自由不羁代表充满现代艺术精神的煎茶道。如果从日本茶道文化发展来看，青湾茶会则可以看成是一种崭新品茶艺术臻于成熟的呈现——明治维新后煎茶道迎来了发展的鼎盛期，甚至到了连传统抹茶道都望尘莫及的地步，在社会文化生活中发挥越来越重要的影响力。

　　从某种意义来说，煎茶法自明末传入日本，经过两个世纪的发展，在明治维新前已经成为足以和抹茶道平分秋色的艺道了。

"卖茶翁"高游外

——日本煎茶道的中兴之祖

16世纪中期中国大陆发生明清鼎革，大量明朝遗民移居日本。明初以来在福建产茶区风行的沏茶法和制茶技术也随之传到日本并很快风行起来，促成了一种新型的喝茶方式的诞生，那就是煎茶法。在几代茶人的大力倡导下，煎茶成为与传统抹茶道并驾齐驱的流行时尚。其中外号"卖茶翁"的高游外是日本煎茶文化形成过程中的重要人物，也是一个充满传奇色彩的风流茶人。

卖茶翁（1675—1763），历史上确有其人，只是因为相关史料的缺失，其中有关他的事迹又夹杂着传说乃至戏说的成分，所以他在茶道史上的面目总是影影绰绰，显出几分神秘。

美国籍东方文化学者、日本龙谷大学名誉教授诺尔曼·瓦德（Norman Waddel）在多年研究基础上撰写的《卖茶翁的生涯》，被誉为迄今为止研究日本煎茶道中兴之祖的月海和尚最为翔实的专著，这本书以卖茶翁的生涯为线索，以倡导煎茶道的活动为主线，展现了卖茶翁与日本煎茶道的不解之缘。在我看来，这本书的最大特色是简明扼要地将隐元之后煎茶道的发展状况交代得清晰明白，也纠正了很多茶书上似是而非的说法，对于了解日本煎茶道的发生、发展，是一种有趣又有益的读物。

　　"卖茶翁"俗名柴山元昭，出生于肥前莲池藩道畹（今佐贺县佐贺市），父亲柴山杢之进是莲池藩领主锅岛家的御医。莲池是镰仓时代从南宋学成归来的荣西明庵过化之地，茶禅之风非常浓厚。荣西在第二次归国时，将南宋带来的茶种播撒在位于佐贺县和福冈县交界的背振山上。元昭天才早慧，父亲对他寄予很大期望，只因不是长子无法继承家职。为了他的前程，11岁那年父亲将他送到肥前黄檗宗系统的龙津寺，拜寺庙住持、隐元再传弟子化霖道龙为师，被授予"月海"法名。13岁那年，他随师父到长崎巡礼"唐三寺"——兴福寺、圣福寺、崇福寺，在那里他喝到一种气味芬芳让他铭记一辈子的"武夷茶"。

　　15岁那年，元昭随师父化霖道龙渡过关门海峡到京都万福寺向师祖住持独湛性莹（1628—1706）祝寿。独湛性莹是追随隐元东渡的福建黄檗宗僧人，在隐元往生后任京都万福寺的第四任方丈。当时元昭虽然年少，但天赋异禀，性情又极为纯厚，被独湛性莹视为异才并赠他禅偈。当时万福寺中来自福建的僧人占了很大比重，他们身在京都，但无论从语言、佛事还是饮食规制都保留着福建寺院的传统，隐元传来的包括禅法和煎茶礼仪在内的黄檗文化已经在寺院内扎根，使得万福寺成为当时扶桑境内非常时髦的寺庙。月海浸染其中深受熏陶，他对明朝的煎茶情有独钟，预感到煎茶这一远比抹茶道自由洒脱的喝茶方式更接近于通仙达道的法门。得度后来到宇治高山寺瞻仰荣西法师从南宋带来的茶种培育出来的"日本最古茶园"，决心像学禅开悟一样孜孜以求"煎茶之道"，将荣西开创的茶禅文化在日本发扬光大。22岁时，一场怪病之后，元昭发奋自励，云游本州东北部，又辗转各地禅寺刻苦修行，广结善缘，一直到43岁时，回到肥前龙津寺侍候恩师化霖道龙。14年后化霖道龙圆寂，他将龙津寺交给法弟大潮元皓打理，自己一人再度来到京都。

　　重新出现在京都禅寺的月海已经脱胎换骨，历经数十年的沉潜涵泳扬弃，一种既脱却禅门繁复礼仪，又不坠入恶俗趣味的煎茶道圆融而成，很多地方大名、文人画坛巨匠都成为他的门下弟子。

江户时代，佛寺被幕府赋予很大的特权，寺院僧侣过着腐化堕落的生活。他们打着茶道的幌子，招摇撞骗，追求穷奢极欲的生活。信奉"一日不作一日不得食"信条的月海对此甚为不满，他决心以自己的努力，来贯彻一种真正的修行生活，在《对客言志》中写道：

> 纵观今日僧俗，身处伽蓝空间，心驰世俗红尘者，十之八九。借出家之名，千方百计贪求信众的布施——凡唐土禅林，大都主伴各自耕田自生活。余无力于编鞋卖柴，只能烹茶于往来之客，此乃余之夙愿。

他对当时繁文缛节的传统抹茶道也不以为然，认为任何一种艺道，一旦沦为形式之上的技艺，就是走向低俗的开始。流俗所致，甚至寺庙禅僧也不例外，他说："今日游荡僧人，漫效茶事，以遂尘业，与古人相较有天壤之隔。"他不愿同流合污，顿悟出"乾坤都是一壶茶"，于是走出寺院，将吃茶店延伸到民间市井，他先后在京都游客香客最多的东山开设纯煎茶的新潮吃茶店"通仙亭"，以"卢仝正流"自诩，熔禅理与世俗于一炉。为了传播煎茶道理念，甚至身穿中式道袍，挑着装有煎茶道具泥炉、茶壶、茶盏的担子在开福寺、三十三间堂、圣护院等禅门佛寺外路边卖茶开讲，宣扬煎茶的益处，有钱没钱都来开怀畅饮，不拘形迹，时人称之为"卖茶翁"。

卖茶翁一生形迹无凭，似僧似俗，极俗极雅，充满神秘感，与生俱来的宗师气质，很像室町时代的禅僧一休宗纯。追随他的弟子中既有像伊藤若冲、池大雅、横山华山这样当世丹青巨擘，也有与谢芜村俳谐大师，更不乏公卿大名巨富豪绅。横山华山曾为晚年的卖茶翁画过肖像，黑脸白发，胡子拉碴，衣衫凌乱，不修边幅，一个"非儒非道更非僧"的怪人。但就是这样一个七老八十的糟老头子，还有妙龄女弟子愿意翻山越岭为他赴汤蹈火。晚年还俗居家成为在家居士，自号"高游外"，端的是不折不扣以煎茶而开悟，在入世与出世之间自由自在的茶道高人。不过他似乎无意开宗立派，80多岁时将用了一生的茶具分赠友人弟子，临终前又将手头的煎茶名器尽数焚毁。

卖茶翁能诗善文，是个有学问的和尚。和他那特立独行一同流传后世的还有他的诗文，其中大部分与禅与茶都有关。卖茶翁生前写有一部茶著《梅山种茶谱略》，成书于75岁时，是江户时代煎茶道的重要著作，影响很大。书中记述了中日两国茶文化的历史和交流，在书中还用了很大篇幅为神农氏、陆羽、卢仝、蔡襄、荣西、千利休、隐元、雪村友梅等十多名中日杰出茶人树碑立传。这部书，对茶道文化的进一步传播，发挥了普及作用。我曾经借阅过这本书的翻刻本，扉页一幅明治时代著名画家富冈铁斋画的卖茶翁画像，给人印象极为奇崛：披头散发，胡子拉碴，缺牙豁嘴傻笑，活脱脱一个东洋版的济公和尚。

在江户时代中后期，煎茶已经成为庶民饮茶的最主要方式。在这个过程中，各种煎茶流派争奇斗艳，形成了由"黄檗松风流""花月流"两大最有名的煎茶流派。后来以这两家流派为基干，组成的"煎茶道"，奉卖茶翁为始祖。1928年日本成立了"全日本煎茶道联盟"，总部即设在万福寺，并在这一年建造了"卖茶堂"和"有声轩"。"卖茶堂"是卖茶翁的纪念堂，只有四个榻榻米大，供奉着卖茶翁的塑像。

『仆而复兴』
——茶道走向世界

明治维新是一场深刻的划时代变革，作为传统文化的日本茶道也受到激烈冲击。一方面，原先依附在封建幕藩体制肌体上的传统抹茶道，因为武士阶级的消亡失去了靠山而急遽衰颓；与此相反，原属于町人阶级的煎茶道却一枝独秀，明治初期，规模大、档次高，极尽豪奢之能事的茶会几乎都在财界、实业界中举办，豪商大贾成了新时代优雅文化的主导者。另一方面，煎茶道的繁荣昌盛，也带动了一度式微的抹茶道的复兴。首先是财界时兴古董热，煎茶道蔚为时尚，也带动了传统抹茶道的复兴。

另外，明治中后期，日本接连获得"甲午战争"（日方称"日清战争"）和日俄战争的胜利，国粹主义思想抬头，茶道被当作日本文化重新受到推崇。美学家冈仓天心用英文写了《茶之书》，向西洋人介绍日本的茶道美学，以此作为日本文化的精神表征。由此，茶道走出国界在欧美世界不胫而走，成了西方理解日本文化的重要途径。

明治初期的茶宴雅集

——以《青湾茗宴图志》为例

2020年，岁在庚子，新冠疫情肆虐横行之际，离群自肃，闭门索居数月之久。禁中百无聊赖，从书架上取出去年年底网上购买的书解闷。中有《青湾茗宴图志》，图、文、书法、装帧均有堪为赏玩的地方，翻翻很有趣味，不知不觉就迎来了玉宇澄清万里埃的日子，仅从这点来看，这也是一次值得一记的阅读经历。

《青湾茗宴图志》是一本成书于明治八年（1875）的记录茶宴雅集的文本。本书作者山中吉郎兵卫，是日本明治大正时期关西大古董商。所谓"茗宴"，即是茶会的雅称。该年旧历八月初秋，山中吉郎兵卫为纪念已故父亲山中箸篁翁而在青湾的私家会所举办的一场大型茶会。青湾位于大坂北部淀川河畔，可以远眺大坂城和大坂湾，风景绝佳。据文久二年（1862）关西画家田能村直入所著《青湾茶会图录》一书介绍，青湾水质清冽甘美，尤其适于煮茗煎茶，据说17世纪中期渡日的福建黄檗宗禅师隐元和尚从九州长崎前往京都，路过大坂青湾，曾称道此水有西湖水味。幕末时代，很多文人雅士在此结庐而居，或吟咏风月，或饮酒品茗。书中有晚清上海书法家王道（海鸥）写的前言，将此次茶宴雅集的缘起交代得很清楚：

　　甲戌（1872）之冬，日本大坂蓄篁堂主人追荐先考，以资冥福。爰集文人高士，大会于淀川之青湾。是日风和晴朗，群贤毕至，瀹茗清谈，各携古今名画法书吉金乐石纵观评赏，挥毫题咏，少焉张筵奏乐，举酒行觞，丝管互陈，觥筹交错，宾主尽欢，竟日无倦。虽时值冬令，名花退藏，而苍松翠竹，清气袭人，殊胜花妍媚也。

从王道所书前言可知，这是一次以追思已故父亲为缘起，以书画古董展示为主要内容，以文人雅士为对象的煎茶会。这次茶会，无论从主办方参与者，还是茶会形式，在明治初年的茶会中都具典型意义；如果从茶文化史看，则从其中所呈现出诸多丰富的历史细节可以了解日本茶道文化在近代时期的嬗变轨迹和独特风貌。

豪商大贾成了优雅文化的主导者

在江户时代，德川幕府以朱子学治天下，确立了身份阶级制度，人分四等，士、农、工、商各司其职。武士是四民之首，商人则处于末流，有钱但没有社会地位。18世纪之后，随着江户、大坂和京都等城市的繁荣，商品经济得到空前发展，商人的经济实力日益增强，商人和城市市民一起参与各种文化活动，并逐渐成为近世社会经济和文化创造的主体，只是在社会上的政治地位，依旧没有什么本质上的改变。

但是，这一状况随着封建幕府制度的垮台，日本步入近代资本主义国家轨道之后，有了实质性的改变。

明治维新是一场深刻的划时代变革，其内容最大特征之一就是社会阶级重新洗牌，旧的阶级没落衰败，新的阶级崛起，原先居于四民之首的武士阶级随着幕府的垮台而退出历史，取而代之的是原先位于四民之末的商人、财阀，他们凭借手中巨大的经济实力，对文化产生重大影响。从茶道发展历程来看，原先依附在封建幕藩体制肌体上的传统抹茶道，因为武士阶级的消亡失去了靠山而步入衰颓之境；与此相反，原先不入主流属于町人阶级的煎茶道却一枝独秀，明治初期，规模大、档次高，极尽豪奢之能事的茶会几乎都在财界、实业界中举办，豪商大贾成了新时代优雅文化的主导者，"青湾簪篁堂"主人山中吉郎兵卫即是一例。

山中吉郎兵卫（1840—1917）出身于幕末明治时期著名的关西古董商，他是大坂古董商山中家的第三代传人。山中氏一族的发家史颇富传奇色彩。先祖初代吉兵卫（1767—1827）是兵库县伊丹郡的书画裱褙师，后来到大坂发展，在天满宫大工町开了一家裱褙店。到二代吉兵卫，也就是山中吉郎兵卫父亲簪篁翁开始，裱褙店向书画文物店转型。幕末时期，很多大名武士豪族经济拮据，将家传的书画古董拿出来变卖，大坂就是全国最大的古董美术品交易中心。簪篁翁凭借雄厚的财力和独到的鉴别力，很多上层之家都把好东西拿来出售给他，到了"天下之语书画古董者，日填噎其门"的地步。左右逢源的山中簪篁，不但很快发家致富，步入当时富豪之列，而且长年从事古董交易积累可观的文物收藏。山中吉郎兵卫作为长子秉承父业，将家传古董业进一步发扬光大，被誉为大坂古玩行业三杰之一。古董交易使山中吉郎兵卫成为当时日本国内最具实力的文物商，资力雄厚，又长袖善舞，结交豪客雅士，和当时的社会文化名流都有不同一般的交往。

吉郎兵卫并非个案。很多出身豪商之家或者在从事商业活动中富裕起来的富二代，受到良好的教养熏陶，学习茶道、书法、汉诗等，按照传统商人的价值成为有财力、有文化、有品位的新型商人，依托雄厚的财力和声望，对明治初期的社会文化潮流产生影响。

日本四大财团之一的住友家继承人住友春翠也是如此。住友春翠出生于1864年一个名门望族之家，祖上是京都累代公卿德大寺家，从小受到纯正的上流社会教养，尤其钟情中国的诗书琴画和文房四宝，后来兴趣逐渐延伸到对中国古典名物的研究。成年后过继给住友家，成了住友家第十五代传人，他对住友财阀的形成发挥重大作用，被誉为住友家中兴之祖。尤其对源自中国明清之交的煎茶道颇为倾心，曾悉心钻研。从收藏煎茶道具开始，他进入了中国文物的收藏世界。他购藏了宋代的越窑陶瓷、建窑的天目茶盏、夏商周的青铜器、北魏石雕佛像和平安时代书法真迹《白氏诗卷》等传世珍品。后来，他将兴趣转向中国古代青铜器，第一只青铜器是1899年重金购藏的夔纹筒形卣，开始是作为煎茶道的插花瓶使用，在接触中国文物过程中，被中国古青铜器夺人心魄之美所震慑，以家族雄厚的财力为依托，大量收购中国青铜器，后来成了日本首屈一指的青铜器文物收藏家，位于京都市左京区鹿之谷的"泉屋博物馆"，原是住友春翠生前住过的大别墅，殁后改造成博物馆收藏了3000件中国商周时期的青铜器，其中住友春翠生前收集的就有500件。

又比如明治时期的岩崎弥之助（1851—1908），也是因为嗜好煎茶之道而步入文物收藏殿堂。弥之助是三菱集团创始人、三菱财阀创始人岩崎弥太郎的幺弟。岩崎弥太郎原是幕末时期土佐藩（今高知县）的浪人武士，因为贫困，家里变卖了祖上世袭的土地，连武士的身份也保不住，但他善于学习，幕末时期，在风起云涌的时代浪潮中大显身手。他在同样出身土佐藩的藩士坂本龙马创办的商社"海援会"担任经理人一职，不仅创立三菱商会，还开办海运业。在后来西南战争中依靠为明治政府军运送军备物资大发横财，后来又得到新政府的大力扶持，一举成为日本第二财阀。弥之助比弥太郎小16岁，从小按照哥哥精心安排的路径顺利成长。在大阪协助兄长经商的时期，弥之助投入汉学家重野安绎开办的成达学院学习，受其赏识，跟随他一起钻研汉学，连带对中华文物产生浓厚兴趣。1885年，弥太郎病逝，弥之助接过兄长的班，成了岩崎家三菱商社的第二代掌舵人，并辅助弥太郎的长子久弥。在久弥成人之后，弥之助果断将岩崎家在三菱商社中占有的权益全部归入侄儿名下，并扶持久弥成为家族本家，自己分得本家五分之一的财产。弥之助对于名和利，有着世人难以企及的潇洒淡泊，但对于文物名器的投资，却近乎疯狂。早在1885年初，为了将当时流落到民间的茶道名物——"付藻茄子"和"松本茄子"入手，不惜向大哥预支全年的薪水。他还凭借巨大实力大肆购藏中国文物，像坐落于东京二子玉川的静嘉堂美术馆，收藏了大量价值连城的中国文物，他从清末四大藏书家之一的陆心源后人那里购得的宋元善本古籍四千多部，四万五千多册。

富而学斯文是日本商人的一大传统。江户时代，商人处于社会的末流，虽然有钱但是地位低下。因此为了提高自己的社会形象，城市商人在实现了财务自由后都会大力投资于文艺方面的教养，如和歌、俳谐、茶道、园艺等艺道之中，甚至成为都市文化创造的主体之一。明治中期开始，举办茶会在实业界的茶汤爱好者之中十分流行。比如，出身商人之家，经过几代的奋斗和积累成为大富豪，或者在时代转型中因缘际会迅速发家的财阀，在当了总裁或会长之后就开始热衷举办茶会，并且在茶会上展出自己的收藏，既是炫耀财富，又是艺术鉴赏，也展示风雅品位，更有广交人脉获取资讯和商机的用心。明治时期全国几个大城市都有名震一时的茶会，如京都的"光悦会"和东京的"大师会"，云集了三井财阀的益田钝翁、根津青山、井上市外等一流的政治家和实业家。

另外，出色的茶人也在新时代中重新找到自己的定位。在江户幕府时代，茶人成为依附藩主大名的职业技术群体。明治维新后，茶人处境艰难只能寻找新的依附对象，比如，幕末时期赫赫有名的茶人小林逸翁、藤原晓云、河村瑞轩等都被嗜好茶道的巨商所聘用。

煎茶道是上流社会的主流

明治维新终结了统治日本两个半世纪的德川幕府，标志着一个崭新时代的开始。明治初期，甚嚣尘上的废寺毁佛运动和脱亚入欧风潮中，日本传统美术工艺面临前所未有的浩劫。小说家幸田露伴通过作品《五重塔》形象再现了时代氛围。以抹茶为正宗的茶道，因为与佛教禅宗和幕藩体制的渊源，也遭遇同样厄运。在战国时代，茶人的地位空前提高，像千利休，不但享有高额厚禄，而且还介入内政外交，成为当权者的超级政治顾问。江户时代，独尊朱子学，朱子学出身的儒者取代茶人成为幕府和地方大名的高参幕僚。在严格的身份制度下，茶人被归入职人，也就是工匠一档。但出色的茶人依旧能够通过成为将军或诸侯大名的茶道师范获得较高地位与收入，安享宗家职分。但明治维新终结了武士阶级的统治，传统抹茶道失去了靠山和经济保障，在明治初期步入衰退之境，取而代之的是后来居上的煎茶道。

日本茶道，从茶叶制作技术和茶汤的饮用方式看，可分为"抹茶道"和"煎茶道"两大类。抹茶即源自南宋时期从中国传入的点茶法，一直被日本传统茶道所奉行，因循至今。另一种"煎茶道"，则是源自明代蔚为流行的瀹茶法，也就是将散茶或叶茶放入茶壶，用沸水直接冲泡的沏茶法。从战国时代到江户幕府时代中期以前，以点茶为主要方式的抹茶道一统天下，但从江户时代中后期开始，出现了与之相映成趣的煎茶道。

明朝中期以后，散茶、叶茶就以民间走私或官方勘合贸易的形式传到日本，不过都没有形成太大的影响力。明清鼎革之际，福建黄檗宗隐元隆琦禅师东渡日本，将散茶炒制法和瀹泡法带到日本，这一代表明朝文人雅士教养和情趣的饮茶法在京都万福寺扎根下来并向外扩散传播。文人学者聚集于书斋，不拘形骸地饮茶聊天，一边赏玩古董书画美术品，甚而挥毫作诗，极尽中国明清文人之风雅韵事。一些文化人开始将煎茶的要领和法式写成书流播，1748年出版了最早的煎茶论著《梅山种茶谱略》。此后，有关煎茶的著作多起来，大枝流芳是江户时代中期的煎茶道名家，精通煎茶道、香道，著有《青湾茶话》等书，对煎茶的

发展起很大作用。此后很多作家如上田秋成、木村兼葭堂、村濑栲亭等
著名文人都有专著问世。在当时的画坛上，深受中国明清文人画风影响
的南画宗师田能村竹田绘制的《茶说图谱》一书，图文并茂，对当时的
煎茶热起到推动的作用。在商品经济浪潮中崛起的商人阶级也纷纷加入
到煎茶道的嗜好者行列。这样，在幕末时期，基本形成了以武士为代表
的大名茶道和以商人和城市市民为主要对象的煎茶道。两者之间虽然未
必泾渭分明，但两种不同旨趣的品茶方式，基本上代表了不同的价值观
和审美趣味。

抹茶道是武士阶级的基本教养，汇集了修齐治平的理想抱负。但
随着社会的发展，茶会的模式与点茶的形式越来越复杂烦琐，茶道越
来越忽视精神上的愉悦价值变成了注重形式主义。与此相对，随着町人
（城市以商人、手工业者和平民为主体的市民）阶级的发展壮大，他们
也需要有能契合本阶级特点的茶文化。于是在京都万福寺黄檗宗流行的
煎茶法基础上，借鉴抹茶道的做法流仪，经过文人不断改良，形成了具
有本土审美特色的煎茶道。

商人阶级和武士有着截然不同的伦理价值观。比起讲究繁文缛节
的做法行仪与阳春白雪的侘茶，带有异国情调，随意、便捷、简单，
更具现代精神的煎茶道受到了他们的欢迎，并且随着商人阶级的不断
发展壮大，煎茶道在拓展受众基础的同时也不断娱乐化与游艺化。所
以，在江户时代成为主流的抹茶道衰微之际，煎茶道作为工商阶级的
饮茶方式得到了迅猛发展并迎来前所未有的隆盛期，煎茶道成为上流
社会饮茶的主流。

明治初期，工商实业界出身的大佬，几乎是清一色的"煎茶党"，
山中吉郎兵卫也罢，住友春翠也罢，岩崎弥之助、三菱财阀总裁益田钝
翁等，几乎都是煎茶道系谱。他们向往中国江南文人燕居书斋、品茶论
画、赏玩珍宝的悠闲生活，他们在家中开设煎茶会，邀请同好参加。明

治初期，大量出现反映茶会、茗宴内容的"茶会记"，如实反映了那段特殊历史时期日本茶文化的某些特点，因而不但具有历史性的文献价值，对于研究当时的社会文化习俗的变迁，也具有很高的参考价值。

青湾茗宴的成功举办，大大提高了山中吉郎兵卫在日本煎茶界、古董行业和财界的地位。

文物鉴赏是茶会一大亮点

煎茶道的受众群体特点，决定了煎茶道的美学层次和趣味。一般来说，以文化人、富商和城市富裕阶层为主流的煎茶人士，其文化品位与武士阶级有着不同的旨趣。他们摆脱了烦琐的规矩意识，相对来说较为自由，他们向往中国明清文人那种潇洒、精致优游的情趣，将明清文房清玩作为煎茶道中的重要一环，在讲究器物实用的同时，也关注到煎茶用具本身所具有的美，从而确立了与抹茶道迥然有别的新的审美方向——文物鉴赏。

自古以来，"唐物"在日本茶道上具有崇高地位，可以说，以茶釜、茶碗、茶罐乃至茶挂等"唐物"一开始就是日本茶道得以存在的基本前提，在日本茶道发展进程中也一直发挥着举足轻重的作用。不过，耐人寻味的是，具体在对中国文物的审美上，抹茶道和煎茶道有着明显的差异。这种差异的产生，就在于抹茶和煎茶传入日本的时间不一样，导致了对中国文物在茶道中的用途、尺寸和选用器物上有着严格烦琐的划分。抹茶道的源头是南宋时期蔚为时尚的点茶法，镰仓时期的渡宋僧从南宋传入日本的茶文化是综合性的，不仅有茶树种植、喝茶方式，茶禅一味，还有茶道具，以及当时的美学风尚。此后日本茶文化走出了一条独自发展的道路，从室町时代的书院茶，到珠光、千利休的侘茶，再到江户时代的武家茶，日本抹茶道积累了各种各样的中国文物，它们是历代茶人在各个时代的感性及理性的美感锤炼中严格挑选出来，并经过检验而存留下来的茶器。以茶碗、茶盏来说，抹茶道喜用单纯的宋元古陶瓷器，最具代表性的是被称为天目茶碗的建盏和龙泉青瓷；而煎茶道的茶具，是以明代全盛期凝重的官窑青花瓷器和清朝制作繁复的官窑瓷器制品为主流，在美感、用途和种类等方面，与传统的抹茶道不相容。更重要的是，抹茶道的器物以实用为原则，"用"是"器"的生命，在"用"中探寻美；而煎茶道的"器"，则是以"玩"也就是赏玩为旨趣的。

与江户时代茶人或大名武士的茶会不同，明治初年实业界大佬举办的茶宴，不仅规模宏大，而且奢华富丽，散发着浓厚的豪门气息。茶会上除品茶席之外，还设置展览席，展览内容有书画、陶瓷、工艺品等，甚至连当时很罕见的中国商周时期的青铜器也作为煎茶道具出现在茶会中。根据《青湾茗宴图志》一书所载，包括禅友、雅友、静友、韵友、名友、殊友、艳友、仙友、佳友、净友、明清乐、涤昏、碧云合计十三席。书中每席先绘制场景，包括里面所展示出来的各种煎茶道具，如风炉、茶釜、铫子（煮茶紫砂壶）、茶瓯、茶杯、茶盘、香炉、古董、古乐器、盆栽、插花等，再以文字描述介绍其中各物，又择要将其中的古董器物详细书写于后，并对其形制、铭文等做了细致的记录，给读者以强烈的临场感。

书中所载的青湾茗宴在明治时期诸多茶宴茶会中颇具代表性，最大的亮点就是茶会上展示出大量珍贵的中华文物，鉴赏性大为增强，成为明治时代日本上层社会茶宴的一大特色。据日本东北大学富田升教授所著《近代日本的中国艺术品流转与鉴赏》一书的披露："明治时期出现了大型茶会（茗宴），会上设有十至数十个会场的茶宴。茶席上装饰着各种各样的煎茶用具，真可谓异趣横生；茶席外还按照主题设置了鉴赏用的展览席。初期仅展览一些书画，渐渐地展览内容扩展到了青铜器、陶瓷器、盆栽等，数量和质量不断提高，鉴赏性质显著增强。"这种美学旨趣，对比江户时代以"和、敬、清、寂""茶禅一味"为旨归的利休茶道（"侘茶"）可谓迥然有别。《青湾茗宴图志》正是这一历史转型期在茶文化上的呈现。首先，这次茶宴上展示的文玩字画堪称高雅宏富，极尽当时古董器物之盛，所谓"海内好事者争携其所藏贮赴之，法书名画、汉铜宋瓷、四方云集"，仅以此次茶宴第一席《禅友》所载，文房品目有：

> 挂幅《黄道周松石孤鹊图》、香炉（青玉带灵芝耳）、箸瓶（高丽窑白瓷方形）、桌（黑漆长方矮几）、花瓶（古铜卣）、如意（九头灵芝）、拂子（白毛黑漆柄）、诗瓢（斑纹古瓢）、书画卷（明清名家合作五轴）、砚（青端石）、墨（明代墨）、水滴（红玉桃实式）、笔（竹管刻有百福百寿各一支）、笔架（小灵璧石）、墨床（南蛮铁嵌金双龙勾）、镇纸（古铜鉴）、诗笺（贝多罗叶）、都载盆（紫檀木四边刻有卐字）。
>
> 茶寮的煎茶道具有：匾额（《黄檗僧费隐、隐元书合作》）、炉（古铜鼎）、花瓶（水晶匾壶）、汤罐（白泥宝珠式）、水注（白玉提梁方尊式）、茶铫（梨皮泥茶釜，俗称"空轮珠"）、茶盏（白瓷盏十个，清人王海鸥赠送）、托盘（纯锡梅花式）、巾筒（青花瓷式）、茶心壶（沈春周制，纯锡椭圆式）、茶叶（林下仙）、副茶壶（竹根卣式）、茶盒（古竹刻有云鹤）、滓盂（纯锡六棱式，雕有花鸟）、茗盆（斑纹竹长方式）、鸟府（古竹篑）、茶帚（莺尾白柄）、具列架（紫檀三层架）、茶具毡（佛手柑纹罗毯）、果器（青玉钵一只）、几（紫檀）、烟盆（紫檀，宣德铜炉两个，嵌入其中）、火炉（海鼠磁炉一只）、帐（浅绛罗纹帐）、席（青色花罗纹）。

其次，这次茶会之所以不同凡响，还在于茶会上展出的中国殷商时期的青铜器。在煎茶会上展出青铜器，山中吉郎兵卫不是首创。他该记得13年前，也是在风景如画的青湾，当时京都南画宗师田能村直入就在这里举办过一场规模空前的煎茶盛会，在1200人参加的茶会上展出的器物中，就有中国上古时期的青铜器，只是没有引发太大关注而已。青铜器和玉器，作为中国最古老且正统的文物，有着特殊的崇高地位。它们本是夏商周三代宗庙之器，其造型直至清朝一直被作为国家祭器的标准，也是明清文人书斋清玩的尊宝。商周青铜器体现了一种原始的、无法用语言表达的宗教情感和观念，与坚实、稳定的造型一起反映了中华文明早期的某种风貌。对于中国人来说，青铜器是美的正统和主流。但对于已经完全本土化，崇尚以"佗寂"美学为主流的日本茶道来说，这种风格未免太过强烈，无法成为进入露地草庵四叠半茶室的鉴赏器物。对青铜器、玉器的鉴赏和接受，需要另一种眼光，以山中吉郎兵卫为代表的关西古董商或深谙煎茶道乐的财界人士，显然对中国上古时期的文物有着更深的理解。

在以煎茶道为主题的青湾茶会上，展出的青铜器虽然都是一些小型器，如簋（读若"轨"）、卣（读若"有"）、壶、盉（读若"禾"）等，在煎茶时主要用来作为香炉，装书画挂轴，插花或盛水，但是可以想象那种古朴而庄严的强烈的美感给与会者带来怎样的审美冲击。虽然茶会中的青铜器物件是画工描画出来的，是真品还是仿制品无法判断，但将中国三千年前的宗庙礼器运用在煎茶道中的创意，显示出一种新的时代审美倾向，在某种意义上开创了日本社会鉴赏中国古代青铜器的萌芽阶段。

近代日本文物鉴赏的成立与抹茶道的复兴

日本煎茶道自江户后期开始步入成熟，同时迅速扩大了受众，尤其成为深受城市商人阶级喜好的品茶道乐。明治维新时期，在时代巨变的浪潮中不但没有受到冲击，反而在新兴的实力商人的庇护下极尽兴隆。相比之下，原来属于武士阶级的抹茶道，因为原先依附的封建制度的溃败失去了靠山，最后趋于衰退。

明治初年举办煎茶会在商业巨子之间蔚为时尚，出现各种高规格的以煎茶为内容的大型茶会，除茶席外，还设有供鉴赏的展览席，并按主题分别设置。最初以书画为主，以后扩展到明清书画、殷周青铜器，甚至一部分明清官窑瓷器。数量多、质量高的中国文物出现在茶会上，不但鉴赏性显著增强，也在无形中奠定了日本近代文物鉴赏的受众基础。

中日两国的交流历史源远流长，近代以前流入日本的中国文物虽然种类很多也不乏精品，但是却与中国正统美术相去甚远。自19世纪末开始，大量中国文物中的主流美术品，诸如商周青铜器、历代官窑瓷器、北宋水墨山水画、北魏佛造像等流入日本。这些中国正统文物被日本的巨贾财阀购藏后，陈列于茶会的展览席上，从而逐渐被人们接受。于是，原先以煎茶为接受媒介的中国正统美术品，如青铜器、玉器和明清官窑瓷器，也在慢慢脱离煎茶的使用目的的范畴，独立出来成为鉴赏的对象——这就是近代日本文物鉴赏的成立。

吉郎兵卫后来创办了"山中商会"并就任首任会长，他在明治、大正时期是非常有影响力的古董商，将家业交给养子兼女婿山中定次郎打理。山中商会在精明强干的定次郎手中迎来了极盛。利用晚清政局动乱，趁机收购很多流出的中国正统美术古董，在日本和欧美建立了广泛的文物流通网络。因此，近代日本文物鉴赏的成立背后与当时八国联军侵华、清末王朝体制动摇及社会动荡导致的文物大量散失海外有关。

另外，煎茶道的繁荣昌盛，也带动了一度式微的抹茶道的复兴。首先是财界时兴古董热，煎茶道蔚为时尚，也带动了传统抹茶道的复活。其次与时代的特殊氛围有关。明治、大正年间，日本接连获得对中甲午战争和日俄战争的胜利，国粹主义思想抬头，茶道被当作日本文化

重新受到推崇，很多原先嗜好煎茶道的财界重镇突然将兴趣转向抹茶
道。比如曾被奉为"煎茶总司令"的住友春翠，还有三菱财阀的益田钝
翁等财界大佬，都在明治、大正之交意外转向抹茶道，并通过举办高规
格的文物鉴赏茶会，使得抹茶道再度引起上流社会的兴趣。

　　1902年12月，在住友春翠宅邸举办了关西财界"十八会"，被称
为开启日本近代茶道复兴的先声。"十八会"是由18个出身关西地区的
实业家、美术商、茶人组成的煎茶会团体，相当于一个财阀大佬的圆桌
俱乐部。以举办煎茶会为核心，展示鉴赏古董美术品，并以此为门径开
拓商业、媒体、政界的人脉和钱脉。朝日新闻社创始人村山龙平、上野
理一，白鹤美术馆创立人嘉纳治兵卫等都是"十八会"成员。此后每月
18日举办茶会雅集，会员轮流举办成定例。刚开始茶会是煎茶道，后来
增加了一席抹茶道。这类富豪俱乐部茶会雅集，也为原先一度沉寂的抹
茶道宗匠提供了新的平台，借助实力商人财阀的提携，茶人们又重新活
跃起来。

"流星一点入南天"

——冈仓天心与茶道走向世界

　　日本茶道从萌芽、发展到最后确立，经历了将近一千年的时光；而茶道作为日本传统文化的代表为西方主流社会所知，却是迟至20世纪初。一个名叫冈仓天心的日本美术教育家用英语写了一本《茶之书》，让日本茶道走向世界。这本《茶之书》，被誉为与荣西法师《吃茶养生记》相比肩的日本茶道的不朽文献。

　　一个半世纪前，日本通过明治维新走上了"富国强兵"的近代化国家道路，短短几十年的变革图强，国力迅速强势崛起，不但打败了曾经虔诚事师两千多年的中国，使争夺东亚海上霸权的政治格局发生逆转；不出十年又击溃了称雄欧亚的老牌沙俄帝国，令欧美列强刮目相看。伴随着一个国家实力的崛起，往往会出现文化上的自觉、自信、自恋乃至文化观念输出的冲动。具体到日本，这种现象在20世纪初已经初露端倪，最具典型意义的是日本基督教牧师新渡户稻造的《武士道》（1899），以及其后美术教育家冈仓天心的《茶之书》（1906），一武一文，都从各自角度，用地道、流畅、优美的英语向欧美世界讲述所谓"玄之又玄"的日本文化精髓，可谓是这一特定背景下日本意识形态领域文化思潮的一种表象。

　　从东京搭乘京滨东北线，不到一个小时即可抵达横滨。作为日本历史上最早开埠的城市，横滨是个异国情调浓郁的所在，欧美风格建筑鳞次栉比，对中国客子来说，横滨是慰藉乡愁之地，这里有日本最大的中华街，有名动日本食坛的中餐老铺可以大快朵颐。在市中心本町一丁目有个"横滨开港纪念馆"，展示19世纪中叶日本在面临来自西方坚船利炮威胁下被迫开国奋发图强的激荡百年史。据介绍，这座建筑物的前身是幕末时期福井藩设在横滨的商贸馆"石川屋"。1863年旧历新年前夕，冈仓天心就诞生在这个绚烂多彩的多种文化碰撞的国际城市的一角。

天心的父亲冈仓勘右卫门原是北陆福井藩基层武士，日本开国后，受命前来横滨经营福井藩对外生丝贸易商馆"石川屋"。横滨原是一个仅有几十户的小渔村，冈仓天心出生时，已经开港。得风气之先，经常和洋人打交道的父亲思想开通，除了让他在家宅附近的寺庙跟住持学习以朱子学为中心的四书五经和汉诗，还将他送入美国人开办的英语塾学习，打下了扎实的英语功底。1872年，明治政府废藩置县，"石川屋"被废弃，冈仓勘右卫门到东京开旅馆另谋生计，天心入东京外国语学校学习英文。明治十二年（1879），东京帝国大学创立，年仅16岁的冈仓天心成为东京帝国大学首届学生。在学期间，天心还和当时著名的茶道师匠修习茶禅之道。因出类拔萃的语言能力，获得该校美国教师欧内斯特·费诺罗萨（Ernest Francisco Fenollosa）青睐。费氏教的是政治经济学，却钟情东方文化，尤其对日本古典美术和日本文化诸相兴致勃勃。于是，熟悉东方文化又精熟英语的冈仓天心进入其视野，拔擢为助教，当他的翻译。后来在文部省支持下，师徒二人前往日本古典文化中心关西京都、奈良等地调查古寺及佛教美术文化。这次经历使冈仓慧眼大开，同时意识到保护、弘扬东洋古典文化的使命。

次年，天心创办了日本东京美术学校（今天的东京美术大学），自任首期校长，并开坛讲授日本美术史。这所学校，不仅为近现代日本培养诸多美术才俊，如福田眉仙、横山大观、下村观山、菱田春草、西乡孤月等人，甚至深刻影响了现代中国美术潮流。据说20世纪初，在日本学美术的300名学子中，从这所学校毕业的中国留学生就多达134位。其中成大器者除了何香凝之外，其他像陈师曾、李叔同、李梅树、高剑父、傅抱石等画坛巨擘无不从这里走出。1893年，为了寻访东洋美术的故乡，天心只身前往中国，游历北京、洛阳、龙门、西安，寻访中国古代艺术的踪迹；为了探求东方佛教源头，1901年一人访问了印度，与印度文豪泰戈尔及众多印度名刹古寺的高僧大德结下善缘。中、印之行对天心的文化观影响深远，目睹了曾经光辉灿烂的文明古国在西方列强支配奴役下奄奄一息的苦难，他深深感到作为一个东洋人（亚洲人）所肩负的历史责任。1903年他用英文写了《东洋的理想》并在伦敦出版。但给他带来巨大声誉的却是数年后在美国撰写出版的《茶之书》。

1904年，费诺罗萨推荐天心到美国波士顿美术馆协助收购、收藏和整理中、日美术品，经过多年对东方古典美术文化的沉潜，对东方神秘文化的把握与表述已经炉火纯青，犹如策马平川。1906年5月，天心的《茶之书》在纽约付梓出版，有资料显示，此书是天心在波士顿研究美术期间，为上流社会沙龙里的贵妇人传授茶道课程，在此基础上敷陈展开写成的，出版之际也得到沙龙豪门贵妇的支助。这是日本人用纯正而优美的英文讲述自己母国文化的故事。天心自幼浸润英美文化，又有在欧美游历的历练，他深谙西方人的阅读口味，知道如何抛噱头、吊胃口，甫一出版，好评如潮，席卷全美，一些精彩章节不仅被选入中学教科书，还飞越大洋流行到欧陆，被翻译成德文、法文、瑞典文，大畅其销，冈仓天心俨然是日本传统文化在欧美的代言人，声名远扬。

这是一本名副其实的小册子，译成中文也不过薄薄的百来页而已，全书依次从茶碗、茶道流派、道与禅、茶室、艺术鉴赏、花、茶人风范七个方面对神秘的东方艺术——茶道加以阐述，由此升华为对东洋伦理美学之理念的探求与追索。

深蕴日本文化的周作人一再说：吃茶是个好题目。天心以最具东方文化气息的茶道为媒介，试图向强势的西方世界说什么呢？

茶道是日本国粹之一，有着源远流长的发展历程，虽来自中国茶文化的启蒙点化，却推陈出新自成格局。8世纪奈良、平安时代，前赴后继的日本留学僧、遣唐使带回了大唐饮茶风习，茶事东传日本；平安时期天台宗高僧最澄法师将中国带回的茶种播撒在京都；12世纪南宋时期荣西法师前来中国江南修习禅宗，归国后积极倡导发扬光大，奠定了今天日本茶道的物质基础。此后经过能阿弥、一休、村田珠光、武野绍鸥等茶道师匠的不断开拓创新，在战乱频仍的战国时代，迎来了茶道的盛况。茶道的集大成者是16世纪大坂南部堺港出身的茶人千利休，他在村田珠光、武野绍鸥开创的寺院茶、草庵茶的基础上，将茶道引领至巅峰，提炼出"和、敬、清、寂"的精神理念，并将日本传统审美元素，诸如绘画、书法、插花、器皿、建筑艺术与茶道熔为一炉。后世茶道支流繁复，但万变不离其宗。而冈仓天心这本《茶之书》的结尾，就是以千利休被丰臣秀吉处死前举行最后一次茶会，而后从容赴死的故事为完美终局。似乎在说明：所谓道这种东西，不是扪虱而谈的清谈或站着说话不腰疼的清谈，而是与西方的基督一样，是用血和生命浇灌哺育的信仰之花。

以茶为媒介，天心也在宣扬一种经由茶而生发的"美的宗教"。具体而言，冈仓天心从历史、宗教、日常生活中有代表性的细节出发，鲜活地呈现出了一个活着的茶的哲学，令人感到茶有魂，这魂由几种东方文化元素构成，代表了东方精神能量的内核。在地域文化上，它涉及印度佛教的悲悯，中国道家的玄妙超脱，儒家"修、齐、治、平"的担当，日本匠人精益求精的气质。在茶道文化流变上，日本引进并保留了中国唐宋时期的饮茶习俗，将禅门妙理渗入其中并加以提炼，演绎出极富仪式的茶道文化。花开五叶，片片不同，在茶文化的发展上，日本的茶道一枝独秀并日渐完善，与在中国的境遇不同，茶在日本可以上升到日常美和生活艺术的宗教，而中国的茶道已然"离魂"，沦为一种实用的日常饮料。

冈仓天心通过这本《茶之书》向西方文化界宣扬一种经由茶而生发的"生命观"与"艺术理念"，它是具有东方风范的生命宗教——"唯美信仰"。他认为"和、敬、清、寂"的茶道代表了一种生命美学，是对"不完美的""残缺的"凡俗庸碌的日常人生的超越和升华。他试图要说明的是：在看似复杂、烦琐的茶道仪典背后，其实隐藏着一套精妙的文化和哲学系统。在这本《茶之书》的篇幅里，在分别讲述构成茶道基本元素的茶室、风范、书画、插花、饮茶做法之外，另辟一章讲述"道与禅"的奥理。他推崇中国老庄"物我和谐"理念中所体现的人与自然和谐共生，对宇宙整体关怀的东方智慧；认同佛教悲天悯人的济世情怀；赞赏儒家"温润如玉"的优雅高洁的人格养成训练。他认为大和民族自古崇尚的"空纳万境"中"无"的理念就是来自老子的哲思，日本人将其升华为一种艺术和生活艺术的留白，日本人以日常中不断发现的美，不断加以填充与完善，才形成了独具特色的日本文化。从茶道修行中，他发现其中所揭示的自由无碍的人生境界：

> 我们能与列子一同御风而行，却发现一切竟如此宁静，原来我们自己就是清风。

对日本茶道的源头——中国文化，尤其是蕴藉优雅的唐宋文化，天心是十分敬仰和推崇的。同时，对不幸的动荡的历史，造成纯正典雅的中华文化在中国大地的衰微和变味的命运感到痛惜。他认为：随着13世纪蒙古民族的崛起，扩张一举征服中国，在异族统治蹂躏之下，宋代文化成果被破坏一空。汉族正统的明朝，虽然打着复兴中华文化的旗号，但为内政所苦，19世纪再度落入满族统治之手，这段时期，昔日的礼仪与习俗消失殆尽。比如茶事一道，虽然饮茶习俗代代相传不曾断绝，但此茶非彼茶："他们的茶，依旧美妙地散发出花一般的香气，然而杯中再也不见唐时的浪漫或宋时的礼仪了。"

由茶道所象征的传统文化，在中日之间此消彼长的不同宿命的反思，天心的思想也暴露了矛盾的一面。在对待中、印这两个文明古国时，他一方面为曾经光辉灿烂的东方文化被西方列强所摧毁而深感不平与同情；另一方面却对彼时日本征服朝鲜，以及与俄罗斯争夺中国东北之际，大开杀戒的野蛮行径不置一词。他在写《茶之书》两年前，用英语写了一本《东方的觉醒》，开篇就说："Asia as one.（亚洲是一体的。）"冈仓天心强调，亚洲价值观应对世界文明进步做出贡献，"为了恢复和复兴亚洲价值观，亚洲人必须合力而行"。但他把复兴古老东方文化的使命寄托在当时国势正隆的日本身上，在他看来，印度、中国文化已经在西方势力入侵中沦陷，日本才是担负起振兴东方文明的旗手。这种不无自恋、自我拔高的观念的产生，虽说是在一定时代背景下，虽非天心本意，但被后世法西斯文胆所利用，成了用侵略战争构筑所谓"大东亚共荣圈"的理论先驱。乃至战后，日本法西斯势利遭到清算，天心思想一度被当作为虎作伥的工具受到批判和唾弃。

天心生活的明治时代，国家废儒毁释，"欧风美雨"横扫日本，彼时启蒙思想家福泽谕吉鼓吹的"脱亚入欧"学说甚嚣尘上。作为精通英语又长年生活在美国的日本人，他对所谓工业文明的弊端也是洞若观火的，认为近代西方文明与东方的这种传统相比，尽管物质强盛，却将人变成"机械的习性的奴隶"，认为西方的自由只存在于物质上的竞争中，而不是人性、人格的真正的解放和自由。

而作为纠正西方工业文明带来的弊病良药，必须回到茶道所代表的东方文化宝藏中去寻找，"现在正是东方的精神观念深入西方的时候，"天心说，"现代的工业主义使全世界越来越难以得到真正的风雅，难道我们不比以往更需要茶室吗？"

与循规蹈矩的学者迥然有别，天心是属于那种"奇拔不敌"的天纵奇才的大人物，无论做学问、做事、待人接物都不会按常规出牌，个性生动活泼，时有惊世骇俗之举，但追随者如云，天生的宗师风范。据说，他在创办东京美术学校时，曾亲自为师生设计校服，不是那种明治维新后流行的立领狭袖、笔挺严谨的西式制服，而是采用古画上圣德太子宽袍广袖的样式。他倒是以身作则，天天穿着进出学校，旁若无人，却叫学校教员职工为难，但校长倡导不可违，只好在学校附近找熟人，每天出入校门之际到那里更衣。在美国，出入公共场合也是一身和服，招摇过市，常令旁人侧目指点。1903年，天心与铁杆弟子横山大观、菱田春草等一行人身穿和服脚踩木屐在波士顿通衢大街上"噼里啪啦"昂首阔步，遭遇一群混混刁难，对方不无挑衅质问：

"What sort of nese are you people? Are you Chinese, or Japanese, or Javanese?"

没想到，天心用一口比他还地道的英语反唇相讥：

"We are Japanese gentlemen. But what kind of key are you? Are you a Yankee, or a donkey, or a monkey?"

不爱西装爱和服，这种底气源自对母国文化的自信和对西方文明的了然于心。他常对儿子说："老子自第一次出洋，就穿和服横行欧美。但尔等如有英语呱呱叫的自信，去海外旅行才配穿和服。但外语磕磕巴巴，还是老老实实穿西服吧。"中国也曾出现过那种精通中西学问的文化大师，天心傲视泰西的学问与风采，常常令我想起与之同时代的奇人辜鸿铭。两者在两脚跨中西文化的学力和"仰天长啸出门去，我辈岂是蓬蒿人"的文化自信，还有向西方传扬本民族传统文化精髓的伟绩上有颇多相似之处，在恃才傲物的奇言怪行上更多神似。转眼百年，我们还能出现底气十足叫板西方价值体系的辜鸿铭、新渡户稻造和冈仓天心吗？

以天心的个性和气质，不为当时主流文化界接纳自是情理之中，因而长时间默默无闻，与他在欧美如日中天，俨然日本文化代言人的境遇如隔云霓。直到1929年，以文库本在日本出版业大行其道的岩波书店老板岩波茂雄慧眼看中了《茶之书》的价值，邀来名家操刀翻译，介绍到日本，被知识精英奉为"日本论"经典。这本书至今是书店常销书，成了日本人了解自己的所谓"教养读物"。

这是一本面向欧美国家的茶道入门书，虽然其中有关茶道的论述谬误，饱受后世行家、专家诟病，比如为了试图说明茶道所具有的东方文化独特性，而在书中经常将道教、佛教、神道混为一谈，而有意忽略了其中原本是泾渭分明的差异性；行笔之间似也不无故弄玄虚误导西方人的存心，像他用所讲述的"女娲补天""伯牙弹琴"的故事来说明某种茶道玄理，就有点自说自话的意味了。尽管如此，书中闪烁着理性与思辨之光令人时时惊艳，在如此短的篇幅内，把复杂的美学思想说得晓畅明白，而又意味无穷，换成今天学人，或许每章都可以敷衍成一部厚书吧。其中有些篇章，情理交融，诗意盎然，很有泰戈尔《飞鸟集》神韵，兹摘录书中吉光片羽，可以一窥一代哲人从茶禅里捕捉的妙理幽思：

> 茶不仅是营养学，也是经济学。但从本质上说，茶是生活的艺术，是化了妆的道教。
>
> 茶道是一种对"残缺"的崇拜，是我们都明白不可能完美的生命中，为了成就某种可能的完美，所进行的温柔试探。
>
> 如今的工商主义，使得无论在世界各处，都越来越难以出现真正的高贵典雅。相比而言，需要茶室的，难道不是你我吗？

在宗教上，未来在吾人身后；在艺术领域，现在即是永久。

于邂逅瞬间做决断，然后自我超越，此外别无法门。

茶汤是一出即兴剧，无始，无终，在此中流淌着………

天心原名冈仓角藏，日语中是仓库角落的意思。母亲勤勉，怀胎十月之际仍在忙活，岁末时分在商馆近旁的储货仓库里生下天心，因命其名。年齿日长，学了汉诗汉文，肚里有了点文化，不满于这个名字土气，先后用过同音的"觉藏""觉三"等名。三十多岁时因做手术在胸前留下疤痕犹如汉字草书的"天"字，位置在心脏周边，最后改名冈仓天心。这名字与作为一个美学家倒是十分匹配，本身就是一幅意味深长的画。冈仓天心也写得来汉诗，有一首《月夜寄人》相传是病逝前四个月写给印度女诗人黛薇的情诗：

相逢如梦思悄然，

手抚孤松思悄然。

岩上侧身夜萧飒，

流星一点入南天。

天妒其才，一代美学大师冈仓天心只活了五十来岁，生命的确短暂如划过夜空的流星。只不过，他最终没有如愿入了南天，而是入了西天。1913年天心客死美国，其时《茶之书》早已享誉欧美了。

眺望富士山的茶园

——牧之原茶山走笔

京都宇治茶、静冈茶与埼玉狭山茶并称为日本三大名茶。三大名茶都分布在本州岛上，如果以地理分布来看，刚好代表西日本、中部日本与关东地区。位于中间的静冈县，也是日本最大茶叶产区。有一年黄金周结束前的五月初夏，我陪一个东京朋友驾车去看望他在静冈大学读书的女儿，归途顺路去了富士山脚下的牧之原茶园一游。

静冈县的辖区范围包括历史上令制国中的骏河国、远江国全境和伊豆国的大部分地区（伊豆群岛地区不在其内）。战国时期，静冈的前身骏府是德川氏一族的祖居之地，江户时代是幕府的直辖领地，在全国两百多个藩国中具有非同一般的地位。现在静冈县也可以大致以富士川、大井川为界分为三个地区。不同的地形环境和历史背景使得静冈县三大地区在文化、经济上有较大不同，县内一体性较低。另外，多样的地理、文化特征和地处东西日本分界线的位置使得静冈县有"日本的缩图"之称，温暖多日照的气候和靠近首都圈这一大消费市场的地理位置使得静冈县农业在日本声名远扬，茶叶、柑橘、葡萄等农产品的产量和质量在日本名列前茅。静冈县由于地理和气候条件，适宜栽培茶树，自古以来就是著名的产茶地，静冈县的牧野原市、挂川市、菊川、袋井一带是主要的茶叶产地，而牧之原山地有日本最大的茶园。

牧之原位于静冈县中西部，也在富士山脚下，标高在100—200米左右，沿着富士山低缓的山势自北向南延伸，全年气候温暖潮湿，冬日无挂霜，土质为弱酸性土壤，排水性好，这样的地质不利于农作物，却非常适于茶树生长。在我看来，以富士山为依托和背景的静冈县牧之原茶园可以说是在日本我见过的最美的茶山。富士山是一座火山爆发的岩浆堆积而成的圆锥体山峰，在静冈县域，无论从哪个角度看，都是上窄下宽的几何圆锥体。搭乘东海道新干线往返关西和东京，经过静冈东海道，沿途从车窗都能眺望富士山的雄姿，富士山与新干线，也成了现代日本的新名片。这张明信片的一角，还应该加上一片绿油油的茶山茶园，就构成了古老文化在现代日本生生不息的元素。以往乘坐新干线从富士山脚下疾驰而过，经常能看到当地的丘陵缓坡以及平地上种植的大片茶树，曾心生向往。这次搭乘朋友私家车顺路走访，正好可以从容漫游，将富士山的茶园看个真切。

车在静冈县域的高速公路上行驶，道路两边扑面而来的都是茶山茶园，好像奔腾而来的滚滚绿浪。从富士山五合目极目远眺，到处是低矮起伏的丘陵地带，弥望之处都是碧绿无垠的茶园，修剪得整整齐齐，层层梯田，像翻滚的绿色波浪。在日本民间流传着这样一首短歌"山是富士，茶数静冈"，将静冈茶与富士山相提并论。在静冈县的坡地上，延绵着一畦畦碧绿的茶树，远处是顶上冠雪的富士山，向下俯视，可以眺望水波不兴的骏河湾，远近山水、茶园构成了一幅绝美的风景画。静冈县是日本最大的绿茶产区，生产量居日本第一，其中绿茶约占全国四成，而茶叶流通量约占全国六成，更占了外贸商品茶的绝大比重。静冈所产绿茶称为"静冈茶"，已经成为一大日本绿茶品牌，静冈茶之下还有一些地域品牌，包括挂川茶、菊川茶、牧之原茶、袋井茶等。

走访茶山，总要追根溯源，说来静冈县的茶与中国江南余杭的径山寺有着一段不解之缘。

宋淳祐二年（1241），圆尔辨圆和尚从明州学成回到日本弘扬临济宗杨岐派禅宗。他从浙江径山寺带回了茶种，种植在故乡远江骏河国的安倍郡足久保村，这是静冈种茶历史的源头。圆尔辨圆和尚即后来的"圣一国师"，是继荣西之后将临济禅宗在日本重新发扬光大的一代高僧，他在日本佛教史上和茶文化史上都是流芳百世的不朽人物。如果要进一步追根溯源，静冈茶的源头就在径山寺，有些国内茶友喝了静冈茶都说茶汤里隐约有余杭龙井茶的气息，恐怕不是幻觉。

　　静冈茶园最初规模很小，只限于寺庙栽培或周边属地的藩主、大名府上的园艺栽种，数量不成气候，也就半亩或数畦，年产量十来斤，几乎全供自家饮用。在制茶上沿用径山寺的古法蒸青、炒青，气味芳香，余韵悠长，受到日本茶人珍重，被称为"本山茶"。后来逐渐扩散到民间，到15世纪中期，在全国60座著名茶园中，静冈茶园是排名靠前的名茶产地。江户时代，以江户为中心的关东地区进入跨越式发展阶段，茶道流行，茶园栽种面积随之扩大。元禄时代（1688—1703）的俳人松尾芭蕉经过东海道向西旅行，沿途在骏河国的茶山巡行采风，和茶农聊天、饮茶，并将这些经历和体验写进他的俳句中，其中歌咏骏府茶叶的俳句，成了见证静冈产茶史的珍贵文献资料。

　　静冈茶业得以发展壮大，与日本近代开国的历史密切相关。1853年6月，美国东印度海军司令官马修·佩里率领舰队闯入浦贺，撞开了日本国门。次年签订《日美修好条约》。1859年，根据《日美通商友好条约》的相关规定，距离东京不到100千米的神奈川横滨村因为靠近日本著名茶叶产地的缘故，成为最早对外开放港口。开国之初，日本拿不出什么像样的贸易物资，历史悠久的茶叶成了最受欢迎的大宗商品。第一批出口到美国的绿茶，就是采自静冈茶园。从此，茶叶成为日本重要的出口产品，销往欧美各国，富士山脚下不断有新的茶园开辟出来，其中最有名的就是牧之原山地的茶园，不仅规模大，而且产量和质量都很高，在江户时代原本默默无闻的远江国相良藩，经过短短几十年的发展后来居上，在明治、大正年间就成了足以笑傲被视为茶叶正宗的关西宇治茶的名茶产地。牧之原茶园虽然起步晚，但发展神速，而且本身自带故事与传奇，其开拓史也成为日本近代史的一段插曲。

庆应三年（1867），江户幕府末代将军德川庆喜急流勇退，以不流血的方式实现新旧时代的更替。他在将大政奉还明治天皇后，回到德川一族的祖居地骏府隐居。恪守武士忠义之道的近侍300名追随前往。300名武士在新时代中失去了俸禄，为了谋生，他们选择从事当时获利较稳定的种茶。虎落平阳，昔日骄横霸道的武士夹着尾巴做人，不敢与民争利，就在当地谁也看不上眼的牧之原山地试种茶苗，一举获得成功，从此大面积播种，渐渐延绵整个牧之原山间。据说，这就是今天闻名遐迩的"静冈牧之原茶"的由来。

和很多国内产茶区一样，静冈茶成了当地一大产业，也是政府的一项大事业。静冈县对茶的开发可谓淋漓尽致：不仅由静冈县政府文化观光部牵头推出了各种"茶都之旅"观光线路，静冈市还组织绘制了"茶巡游地图"，将当地主要茶庄、茶叶厂和茶吧标注出来，并安排部分公交线路通过附近地区，为乘客提供免费品茶、试吃茶点、体验茶叶做香料、茶皿做香具的熏香等茶周边产品，品尝每一道菜都与茶有关的茶料理……静冈县当地农民的收入很大一部分来源于当年的新茶采摘。到了每年四月下旬至五月中旬，身穿白色标准制服的采茶人在平地上的茶林间劳作，与远处白雪皑皑的富士山一起勾勒出一幅人间美景。静冈出产的煎茶味道比较清淡，但自有风味，啜饮之时，唇齿间总有一缕清爽别致的香味，我总是无端将这一特质归根于富士雪水浇灌的结果。

静冈有许多茶馆、茶店，各具特色。有一家名为"茶町"的茶叶店，是出售茶叶兼茶文化的艺术展示空间，可以看出店主为凸显关东茶文化的匠心。虽然当日要赶回东京，行色匆匆，但还在位于志太郡的"瓢月亭"茶室里喝到几泡好茶，总算没有白来一趟。

狭山茶发祥地览胜

　　说到不同产地的茶的特色，在日本茶行业界据说有"静冈色，宇治香，狭山味"的说法，似乎在国内不少日本"茶粉"中也很流行。实际上这种见解颇为表面，大而化之的论断便于将复杂事物归类，便于说明某种特色，但往往也掩盖了千差万别的多样性。比如以日本种植茶范围之广，茶叶品牌之多，在色、香、味上不逊上述三地的茶叶也有不少。即便在以味道著称的狭山茶中，无论色还是香，也有较之静冈、宇治茶不逊色的长处。当然这只是我个人的感觉，与定论无关，与个人的偏好有关。

　　狭山茶是我最早喝过的日本绿茶。旅居日本时曾在寿司店打工，第一次见识的日本茶就是狭山茶。在日本寿司店，茶是与寿司搭档的必备饮料，而且免费。寿司米饭含盐与醋，喝绿茶不但能减少盐和醋酸的浓度，而且可以清新口腔里的海鲜味，始终让味蕾处于敏锐状态，充分领略不同鱼贝类海鲜之间微妙的味道，将舌尖上的享乐进行到底。高档的寿司店家对茶叶质量也是百般苛求，常选用最能代表本土特色又能将寿司的美味发挥到极致的茶叶。茶水虽免费，但其中潜藏着一种看不见的促进销售增长的回报，是老字号寿司的一种经营秘籍。我打工的"东鮨"是一家百年老店，长期使用埼玉县西南部山地出产的狭山茶名品，也让员工饮用。狭山茶一般多是散叶绿茶，也有磨成粗颗粒状的茶粉，更容易出味，放入细密的金属网兜沸水冲泡开来，浓绿如春水，香近碧螺春，味道清爽，绝少日本茶特有的草木腥气，与富含醋味糖分的寿司和甜点心都很般配。在个人味觉体验上，我从刚开始的略有抵触到轻微违和感再到渐渐习惯，到最后成为一大喜好，经过了在磨合中接受的过程，即便日本友人以此为据，揶揄我喝日本茶不入流，但对它的亲切稔熟之情，不曾改变。

作为关东地区茶叶的代表，狭山茶并非专指一地，而是泛指分布在埼玉县西部至东京多摩区狭山丘陵地带的区域，虽然产量在日本不是最高，但因为近邻首都圈，受众人口规模大，是在东京较为流行的茶叶品种之一。目前茶产区主要集中在县域西部山区的瑞穗町、青梅市、武藏村山市、东大和市、入间市等地。这些区域的茶园多位于山地丘陵或地势较高的地方，极其有利于茶叶的种植。因土壤中含有历史上火山喷发积淀下来的丰富的矿物质，加上日照时间短，茶叶生长较为缓慢，土壤中的有机物质成分得以被茶树根系从容吸收；又在入间川流域，茶园的排水条件好；初春开始，来自太平洋的暖气流在山地一带徘徊堆积形成长时间的降雨和湿雾天气，能增加茶叶香味，减少涩味等，这一系列优越的地质和气候条件造就了狭山茶独特的口感和优良品质。与京都、九州、静冈相比，关东埼玉县的茶事起步较晚，但后来居上，以狭山茶为代表的茶园继宇治、静冈之后成为日本又一大名茶产地，甚至三分天下有其一，受惠于得天独厚的自然地理气候条件，可能是一大要因。

狭山茶的历史颇为久远，发祥之地就在距大宫只有20千米的川越市的一座古寺里，值得观瞻。川越位于东京的西北方向，搭乘电车也就半小时。这个地名，国人知道的或许不多，但在日本却名闻遐迩，是个古意盎然的历史名城。"二战"美军对东京实施无差别大轰炸，老东京几百年间形成的古迹文物大多毁于炮火，而川越得以幸免，至今原汁原味残留着许多江户时代的风貌，在关东是仅次神奈川县镰仓、栃木县日光的名城，有"小江户"的美称。20世纪80年代，日本兴起江户寻根热，东京都的老城区热过后，与东京毗邻的川越成了另一个怀古探幽的胜地。

古寺名喜多院，是一座天台宗寺庙，全称为"天台宗星野无量寿佛寺喜多院"，有上千年历史。830年，圆仁和尚受淳和天皇之命来武藏国河越郡（今埼玉县川越）建造了无量寿佛寺，分北、中、南三个寺院。圆仁和尚后来以请益僧身份随遣唐使到唐朝留学，在中国滞留15年，行踪遍及中国南北，他用汉文写的《入唐求法巡礼行记》一书，是研究唐末社会生活宗教文化的重要资料，此后这里成为关东地区的天台宗本山，历经镰仓、室町时代，香火更盛。至今，每年正月，俗称"川越大师"的年始参拜是地域内一大传统祭日活动，可以说万人空巷。与寺院同样知名的还有寺庙里的古茶园遗址，也是狭山茶的发源地。寺院里有一块"狭山茶发祥地"石碑，在日本茶文化历史上赫赫有名。据传，圆仁来喜多院开基时，就曾从京都比叡山带来茶苗，分植在寺院的中院花园，中院因而成了狭山茶的源头。不过，从我了解的来看，圆仁传茶川越，似乎不见正式文献记载，更多是一种传闻或推测。关东的茶，是镰仓时代（1185—1333）荣西、道元之后，还有圆尔辨圆等禅僧陆续从南宋留学回来，茶树才开始在关东地区种植，最初也是种植在寺庙里，后来普及到民间。如临济宗和尚圆尔辨圆，于南宋淳祐二年（1241）回到日本，此后一连创办崇福寺、承天寺、东福寺并在所到之处遍播茶种，后来更将茶树种植在家乡的骏河国安倍村，奠定了今天静冈茶园的基础。到了13世纪末14世纪初，日本茶园面积急速增加，从寺院的茶园渐渐往四周拓展，茶从寺院的自给自足进而被当作商品广泛地栽培，农民除了纳贡、自用，仍有剩余可以转售图利，成为农家的一大副业，于生计不无小补，甚至很多人将庄稼用地改作茶园。农村的经济形态有了很大的转变，那时出现了很多有名的产茶区，在《异制庭训往来》里，在列举了栂尾山、仁和寺、醍醐、宇治、叶室、般若寺、神尾寺、大和宝尾、伊贺八鸟、伊势河居等关西的著名茶园之外，还特别提到关东骏河清见、武藏河越（川越狭山）茶，是当时奇货可居的天下名茶。

江户时代开始，民间种茶得到政府鼓励，开始大规模种植并形成产业。1600年，德川家康决胜"关原之战"，论功行赏，谱代大名酒井重忠以战功受封川越城，此为川越建藩之始。元禄时代（1688—1703），第五代将军德川纲吉的侧用人（宠臣）柳泽吉保受封川越藩主，执政期间，他重用藩儒荻生徂徕革新藩政，仿效北宋王安石实行一系列改革，如振兴农业、开垦新田、兴修水利、大种茶树、桑树、甘薯等经济作物，关东武藏国山地大量茶园被开辟出来，打下今天狭山茶作为日本一大产区的基础。

狭山茶以绿煎茶著名。最初产茶应用于抹茶，江户时代初期，福建福清万福寺黄檗宗禅师隐元隆琦受聘到日本传宗，带来了明朝流行的"煎茶法"，也就是将茶叶放在茶壶或盖碗里反复冲泡的散叶瀹茶法。"煎茶法"渐渐从关西向关东渗透，江户人也很快接受这种便捷的喝茶方式，饮茶人口大幅度增多，带动了狭山茶的生产，培育了最适于煎茶的绿茶。

日本绿茶种类不少，包括煎茶、玉露、粗茶、抹茶、玄米茶等，都是完全不发酵的"蒸青"绿茶，这类绿茶中以玉露最为上品，狭山茶的玉露也很有名。在秩父、所泽或入间市的茶园中参观，常常可以看到在绿浪如涌的茶田里，总有几处罩着一片大黑网。茶农告诉我们，那罩着黑网的是要制作玉露茶的茶丛，没有遮蔽的茶树则是生产一般绿茶。在采摘前一个月，在玉露茶区上方搭棚架，覆盖上黑网，为的是减少阳光照射的强度，抑制茶树嫩叶的过快生长，这样就可以保留更多叶绿素，使得叶肉柔嫩滋润。这并非狭山茶独有，也是日本茶农通常的做法，比如，在静冈或九州佐贺县甚至冲绳的茶山，都可以看到这种黑网遮日的光景。狭山玉露茶还包含一整套历代沿袭的传统制作工艺。据说在已经完全实现机械采茶的当今，狭山玉露茶严格按照古法制茶，不仅要求手工采青，而且从蒸青、烘叶、揉捻、干燥、精揉至复火，每一步程序都严格按照古法操作。最有名的是被称为"狭山火焙"的独特炒青工艺，做出的茶，味道香浓，最适于茶叶与汤汁分开的煎茶。

在川越，茶叶店多，吃茶店多，茶点心店也多，在城下町一番街上行走，每隔几十米，都有大小各种风格的茶叶店、吃茶店和点心店。茶事是一种捆绑式的综合性技艺文化，饮茶习俗的兴盛，带动的不仅有种植业，还有贸易、文艺、陶瓷，还有茶食点心（和菓子）等传统手工艺。茶食是和茶道一起发达起来的传统食品。喜多院里珍藏一件《匠人全图》被视为宝物，据考证为17世纪末期的文物，精确描绘了江户时代川越城下町25种手工作坊的生产情景，如佛像雕刻、刀枪弓箭制作、茶具等专供幕府的"御用达"（幕府或藩府指定供应商），其中就包括顶级茶食制作流程工艺。川越茶点制作在关东首屈一指，至今仍有很多源自江户时代的和菓子老字号，在元町二丁目就有一条茶菓子横丁，是茶食专门店街。"龟屋"是一家知名老铺，店头赫然刻着"创立于天明三年"，也就是1783年，至今将近两个半世纪了，在江户时代就是川越藩府乃至将军幕府的"御用达"。这么有来头的点心铺，每盒也就1000日元左右，最豪华的大型礼盒也就2000日元。小街不起眼处时常能遇到物美价廉的茶食，有一种黑豆沙和红芯甘薯为馅做成的糯米团子远近闻名，形状做得像一个蟠桃，切开后，上黑下红外面一层薄薄的糯米衣，入口咀嚼，甘薯的酥香与豆沙的甜腻融为一体，再佐以狭山绿煎茶，感觉每个味蕾都得到滋养温润似的畅美。出游归来，总得给房东、朋友或工作的同事带点"土产"，这也是在日本生活的一个人情小节。其实一盒小点心，分到每人手中也就一小块，但是与出游地有关的种种就在品尝中成了欢快话题的一部分，当然包括出游人，所谓连带感，就这么自然而然楔入日常中。

因为靠近首都圈这么一个大都会，狭山茶叶销售旺盛，像国内茶产地一样，很多私人茶园自己拥有手工制茶作坊。当年旅居日本，住东京的学友假日来大宫找我玩，我尽地主之谊最常带往地就是近邻的川越市，一则交通近便，几站就到了；二则有东京体验不到的乐趣，比如游览茶园，享受当地特有的茶文化氛围。有一次赶上茶季节，我们还曾到茶农家里喝茶买茶。与国内常见的茶园多位于郊区乡间或高山之上，且多远离尘世不同，狭山茶园可以说是深入民间，这种光景往往在市区即可瞧见，且几乎与鳞次栉比的农舍或住宅紧邻。一根根防霜害用的银色三叶片螺旋风扇，仿佛电线杆般密集遍布其间，与或红或橙的明艳屋顶构成缤纷的画面。走累了，在川越古城下古木参天的吃茶店里小憩，点上一壶玉露茶或刚上市的煎茶，水烧开后青绿的茶汤在白色茶瓯中鲜活呈现，杯缘有流金般的汤晕层层扩散；带有些许海苔味的饱满香气，则以柔滑如丝的黏稠徐徐入喉，瞬间拂去我长途旅行的疲惫。佐以糯米加红豆馅的团子或大福，圆润绵密的口感，配上玉露浓郁甘醇的特殊风味，倒是很相配。

每年春夏季之交，新茶上市，川越举办各种"新茶祭"，是年中一大盛事。因为距离东京近，交通又十分便利，川越成了东京都市民的后花园，所以每当"新茶祭"时，优雅娴静的川越城一下子人流络绎不绝，好像天降来客似的。

南岛茶风

——冲绳茶事

　　在冲绳东部海岸有个恩纳琉球村，是个展示琉球传统文化的聚落，这里有个与冲绳茶文化有关的古迹值得一看。这是一座供奉香片茶神的庙，小得像闽南山村的土地公祠。所谓茶神，竟是两个茶碗，茶碗里面放着一些卷曲的墨绿色叶片，夹杂着白色的小花苞，就是当地人一日不离的茉莉花茶。别看小庙不起眼，可是冲绳茶文化的化身。每年三四月采茶季节到来时，这个小庙周围熙熙攘攘热闹得像节日的盛典，茶农和从事茶叶销售的商家都会聚集来此祭祀茶神，祈祷一年好收成，茶业兴隆。茶碗与茉莉花茶被当作神明供奉，可见它与本地人民生活的密切关联。

　　冲绳人的饮茶颇具特色，与日本本岛迥然异趣。冲绳人一般不喝日本本土产的绿茶，也不喝在东京首都圈或大阪、神户等大城市很流行的红茶、奶茶。冲绳人喝茶，九成以上以"香片茶"（さんぴんちゃ读若sanpincha）为主，就是福建人熟知的茉莉花茶，也是沿袭福州方言地区自古以来对茉莉花茶的叫法。

　　冲绳的香片绝大多数是本岛生产，依古法制成。具体做法是：将茶园采摘的茶叶，以每50千克茶叶与30千克的茉莉花的比例进行窨制。到冲绳人家做客，寒暄问候上座之后，茶几或餐桌上照例会有一套茶具，木制茶盘，略显粗犷的陶制茶具或精致的瓷器，盖子很宽，里面放着一个细密网眼的金属兜子，将茶勺深入茶罐，舀出满满一勺香片茶叶，细细弯曲的暗绿色茶叶尖，夹着几朵干枯的小白花，注入沸水之后，盖上茶盖。少顷，几缕茉莉花的清香开始脉脉从茶嘴里冒出，约一分钟后，主人把柄提壶，高冲低泡，注入茶碗里，清香转为浓香，啜一口，茶香瞬间从味蕾口腔扩散，连眉眼都感到清亮起来。香片茶除了冲泡热饮，在冲绳最常见的是便捷式的罐装或瓶装冷饮法。现代社会生活节奏加快，很多人尤其是年轻上班族少了老一辈对坐饮茶的闲情逸致，但喝茶还是无法根除的嗜好。冲绳的茶叶厂家从日本罐装、瓶装咖啡红茶等饮料得到启发，开发各种便捷式茶饮料，种类之多在日本首屈一指，据说遍布大街小巷饮料自动贩卖机里出售的茶饮就有一百多种。冲绳是日本最炎热的地方，终年艳阳朗照高温湿热，冰凉清冽的罐装香片茶似乎更受上班族的青睐，大清早一起来，就从冰箱里取出冰镇得"冒汗"的香片茶，咕咚咕咚喝一气，就一两个饭团，打着饱嗝出门了。

冲绳人还将传统的养生智慧融入饮茶之中，形成味觉享受待客之道与健康美味为一体的健美茶道。冲绳位于亚热带季风气候区域内，光照雨水充足，各种自然花草植物种类特别丰富，自古以来冲绳人就有将草药入馔的习俗，称之为"kusuimun"，意思是养生膳食，冲绳人也利用某些植物，配制成各种花草茶饮用，称之为"药草茶"。在茶树种植尚未普及的王朝时代，茶叶靠从中国福建或日本的鹿儿岛进口，喝茶是高端消费品，一般平民无福消受。冲绳列岛终年高温炎热，尤其夏季不断出汗，必须经常性补充水分，冲绳人自古就学会根据某些自然生长的、有特殊功效的植物来制作消暑降温的饮品，比如葛根、蔗叶、野菊花。

冲绳岛素有"长寿之岛"的美称，人均寿命居日本之首，除了基因和生活环境之外，和他们日常注意保健养生的饮食习惯也有密切的关系。

茶也被用来礼敬神佛或祖先。和中国寺庙以茶供佛，日本人以茶供神的习俗一样，冲绳也有以茶供神或祭祖的传统。据当地闽人后裔告诉我，以往冲绳人早上起床的第一件事就是烧水沏茶，第一杯先给佛龛供上之后，老爷爷老奶奶才开始喝早茶，然后准备一家的早饭，老冲绳人的一天就是这么以茶开始的。在"闽人三十六姓"后裔的门中会"久米梁氏吴江会"的清明祭祖典礼上，我就多次见识了他们用茶敬祖的做法。祭神的时候必须用"浮茶"，也就是要让一片茶叶浮在茶盅上，大概是如此才能让诚意和心愿随一叶茶芽渡往彼岸吧。无论祭祖还是供神，茶叶以"清明茶"为佳。冲绳人办丧事时，出殡的前一天有通宵守灵的习惯。本土的日本人通宵守灵时通常是依靠喝酒闲聊来打发时间的，但冲绳人守灵时不能喝酒，只能喝茶，才能取悦逝者和神明。

册封使眼中的琉球茶事

比起日本，冲绳饮茶文化起步很晚。早期冲绳茶事究竟始于何时，以什么样的形态出现，限于资料缺乏无法考证。明清两代合计向琉球派出的册封使团达24次之多，册封使留下的公务日记和备忘录，借助这些文本，对大航海时代以后冲绳的茶文化风貌会有比较清晰的了解。

最早记录冲绳饮茶历史的文献是陈侃《使琉球录》一书。明嘉靖十三年（1534），陈侃受命任琉球册封使前往琉球册封尚真王。在抵达琉球后，受到上至王府下至士族和宗教界的热情欢迎和接待。某日应邀访问首里城圆觉寺、天界寺，寺僧招待以别具一格的茶席：

> 设石鼎于几上，煎水将沸，用茶末一匙于钟，以汤沃之，以
> 竹刷瀹之，少顷奉饮，其味甚清。

陈侃的这段文字言简意赅，却是有关琉球茶事的难得史料，从中可以了解16世纪初期琉球国饮茶习俗的大致形态。当时琉球人的茶席颇为考究，有专用煮水的石釜，茶罐里装着研成粉末状的绿茶，喝茶时用

茶勺舀取茶粉放入茶盅，注入热汤，用竹制的茶筅击拂后再奉献给客人品尝。这则记录很有意思，蕴藏着丰富的信息。首先在当时的琉球国流行的是在明朝已经消失了的宋人末茶法。末茶法源于宋代点茶法，到元代逐渐式微，在明初洪武年间更因朱元璋废止团饼茶而后趋于消亡，取而代之的是更为便捷的"瀹茶法"，也就是沸水和茶叶反复冲泡的煎茶法，不过末茶法却因日本茶道的严守道统而存续下来。不难看出，陈侃领略的琉球喝茶法显然是来自日本的影响。

由于地缘上的原因，琉球自古和日本九州南部和本州西部也有着颇为频繁的商贸往来。十五六世纪，茶道在日本迎来繁荣发展，尤其是寺庙都普遍把抹茶当作修行辅助和接待礼仪。在相当长的历史时期内，王都首里城周边的一些大寺庙，尤其是与王府渊源很深的禅寺，如琉球王家菩提寺、圆觉寺都聘请日本京都寺庙出身的僧侣任住持，并成为惯例。这些日本禅僧身份的茶人，不但将大和的茶道传入琉球，也不同程度介入琉球国的政治、社会和文化生活中并产生影响。最有代表性的是16世纪后期尚宁王时代，在王府担任顾问的喜安入道就是来自日本和泉国堺港的茶人，在冲绳茶界有一种流传很广的说法，即喜安入道是战国后期大坂堺港茶人千利休的门徒之一，只是在利休的门下弟子花名册中不见这方面的记录。喜安在冲绳茶文化史上是一个著名人物，他留下的《喜安日记》是研究古琉球茶文化的重要文献，其中就有很多有关在王府中传授茶道或举办茶会的记录。

1609年，江户幕府岛津萨摩藩在征服琉球后，将其置于压榨盘剥的境地。随着王府权力中枢的亲日派全面上台，日本文化进一步对琉球施加影响，日本茶道在国中大为流行。茶道作为一种技艺，甚至成了琉球王国录用官员的一项指标。在17世纪中期琉球三司官羽地朝秀（汉名向象贤，1617—1676）颁布的法令《羽地仕置》中，列举了12种士族必备才艺，其中有属于行政职能的"学文""算勘""笔法""笔道"；

属于专业技术的"医道""庖丁""容职方""马乘方";还有属于艺能方面的"谣曲""唐乐""茶道""立花",要求每个官员至少必须精通其中一项技能。一艺不通者,无论出身门第如何,概不任用。

琉球国对茶事的重视,在明清册封使笔下也有生动的记录。李鼎元在《使琉球记》中写道:"余每出游,茶吏携茶瓯随。"说的是琉球王府外事部门中设有"茶吏"一职,是专门负责执掌茶事服务的官员,在外交活动中提供无微不至的服务。

值得一提的是,册封使还记录了很多别具一格的饮茶习俗,为冲绳茶文化留下珍贵的资料。清嘉庆五年(1800),前往琉球册封的大清副使李鼎元到琉球士族梁焕家里就领略过一种古法末茶:

> 遇所敬客,乃烹茶。以细米粉少许杂茶末,入沸水半瓯,搅
> 以小竹帚以沫满瓯面为度。

李鼎元记录的是当时琉球国上层社会中流行的待客茶道。其特征是将米汤加入茶汤里,用茶筅打出大量泡沫,加上各种佐料品饮,把茶汤、泡沫连同佐料一起吃进,是一种典型的古法末茶。这种饮茶方式在过去极为普遍,也曾长期存在,冲绳民俗学家伊波普猷称之为"琉球茶道"。据说在"二战"前霸市区一带,每到夏天经常可以看到挑着担子沿街叫卖的"布谷布谷"茶摊,是当地一种消暑食品,后来这种习俗随着社会的巨大变动慢慢消失了。20世纪90年代,在复兴琉球传统民俗文化的热潮中,经过民俗学家和民间艺人的努力才得以复原。复原这道失传的古法饮茶的一大依据就是李鼎元《使琉球记》中的相关描述。有趣的是,大学者钱锺书先生撰写《宋诗选注》时,在描写如何向现代读者介绍宋人"分茶"时,借助的资料就是徐葆光、李鼎元的记录。所谓"布谷布谷茶",就是李鼎元领略过的"搅以小竹帚以沫满瓯面为度"的古法末茶,"布谷布谷"在琉球方言中是"噗噗噗"冒泡的拟声词。客人在榻榻米落座之

后，店员井然有序地将茶道具摆上桌子。一个大号桑木做成的钵子，直径约有25厘米，像个小脸盆；一支大号茶筅，竹管做成，长度有二十几厘米，像一把小型的竹帚。接下来将预先沏泡好的茶倒入钵里，再加入炒米煮的汤汁混合，用茶筅调均，用竹勺子舀出，放入每个人的茶碗里，大概一半。接着用竹帚将钵子里剩下的一半茶汤打出泡沫，击拂时食指和中指嵌入竹管之中，用拇指和无名指抵住竹管外侧，左右往返，随着快速搅动，钵里开始冒出泡沫，仔细谛听，还能听到泡沫冒出后破裂时发出细微的声响，好像沸水冒出的细密水泡声，这大概就是"布谷布谷茶"的由来吧。泡沫越堆越多，像云朵一样往上堆聚。女店员再用茶筅把泡沫均匀分到每个碗中，让茶碗上形成一个高高隆起的泡沫团，最后在泡沫四周撒上花生米碎粒，喝的时候不借助筷子或汤匙，直接端起茶碗啜饮，这种喝法非常别致，有点绿茶味道，又像是享受泡沫的乐趣，一小口一小口啜饮，不知不觉喝了许多茶泡沫，就像喝了啤酒似的打嗝，大家便边打嗝边相视而笑。

"琉球茶道"起源于冲绳本岛，接地气，自由随意，与日本茶道相比，没有那么多规矩和礼仪程序，自由随意，在轻松愉快的氛围中，吃茶，打嗝，谈笑，轻松自然，真称得上是"快乐茶道"。

福建茶传入琉球

17世纪中叶，明清易代，清朝取代明朝成为中国的统治者。在对琉球的交往上，清朝延续了明朝的封贡制度。随着清朝与琉球之间交流往来的频繁，煎茶法也从福建传入琉球并于18世纪初期在琉球开始流行。

康熙五十七年（1718），徐葆光以册封副使的身份随使团前往琉球，因为台风天气的原因，在琉球滞留了近一年的时间才回国。旅居琉球期间他广泛考察当地的社会风情，留下了《中山传信录》一书。有关琉球的饮茶习俗，他注意到，在当时琉球国盛行两种不同的喝茶方式，除了抹茶法之外，还有一种是盖碗茶冲泡法，推断是从中国学来的献茶方式。这两种饮茶法并存于琉球国的上层社会，根据接待对象使用不同的饮茶方式。比如，接待清朝使节时用的是盖碗茶；而在接待萨摩藩派驻琉球的大员时用的则是抹茶。但到后来，更加便捷的煎茶法渐渐取代了传统的抹茶法，并成为琉球国官民普遍流行的饮茶方式。

为了适应这种饮茶习惯的变化，琉球国派遣技术人员前往福建学习制茶、种茶等相关技术。根据琉球史书《球阳》卷十三记载，琉球士族向秀美于雍正九年（1731）赴福州学习制茶技术，归国后受命在西原町山地开发御茶园，专供王府。这是有关琉球与福建茶文化交流的最早记录。又根据琉球首里士族家谱《首里系家语》记载，向秀美归国时，"自带制茶器物而归，在琉球试制茶叶大获成功。其中清明、武夷、松罗等品，馥气扑鼻，味亦甘美，与中华茶不稍相异焉"。毋庸赘言，随着茶叶同时传入冲绳的显然还有中国的茶具和饮茶礼仪。成书于1762年的《大岛笔记》曾详细介绍了从中国传入的"淹茶法"。所谓"淹茶"，即散茶冲泡法：在盖碗中放入约一汤匙的茶叶备用，用俗称"穿心罐"的陶壶把水烧沸，注入茶碗中盖上瓯盖。给客人上茶时，将盖碗中的茶液均匀倒入每个茶碗里，而茶叶则留在盖碗之内，一人一碗各自品饮，每个人碗中的茶液浓淡恰到好处。

《大岛笔记》还记录了冲绳"淹茶"所使用的茶叶、茶具和饮茶礼仪等内容。根据其中的叙述，可知18世纪的冲绳饮茶有如下几个特点：第一，流行于中国的散茶瀹饮法已传入琉球群岛；第二，所使用的茶叶主要是福州鼓山所产的清明茶以及丹桂、兰香等福建茶叶；第三，茶具大多是杭州于潜县的无釉陶器。类似的饮茶风景也出现在18世纪后期担任三司官的伊江朝睦的日记里。伊江朝睦是个嗜茶成癖的高官，每次喝茶，所用的道具或茶叶都津津有味地写在日记里，可知他常用的茶具有"盖茶碗""煎茶茶碗""茶家（茶壶）"等，这些都是用于散茶冲泡的茶具，而不是抹茶道具。从中可以了解到，这一时期来自中国的饮茶方式已对冲绳人产生了决定性影响，冲绳饮茶习俗完成了由日式抹茶到福建工夫茶的转变。

曲折的茶业振兴之路

由于气候、土壤等自然条件方面的原因，琉球群岛不适合栽种茶树。明清册封使在琉球期间考察当地物产和风土人情时，就注意到琉球气候土壤不适合种茶，茶叶只能依赖外国进口的事实。根据相关史料的记载，直到17世纪之前，冲绳基本上没有茶树栽培，明万历八年（1580）出使琉球的萧崇业在《使琉球录》就写道"（此地）乃顾不宜于茶，即艺之亦弗萌云"的记述；万历三十四年（1606）前来琉球册封的夏子阳也说："地不宜茶，凡茶皆从日本至也。"

冲绳植茶始于17世纪初期，似乎是从萨摩传入的。据琉球本土史料《琉球事始旧记》载，明天启八年（1628），琉球王子尚朝贞访问岛津萨摩藩，"得茶种而归，栽之于金武郡汉那邑，遂遍及于国中。茶树始于此"。金武郡汉那邑是王子尚朝贞受封的领地，位置相当于今天的宜野湾市宜野座村汉那。宜野湾市位于冲绳中部，与厦门缔结友好城市。这一带后来因为修建水库已经被淹。为了纪念这段历史，当地政府在水库边上建了一块"冲绳县茶发祥之地"的纪念碑，今天去游览茶园时还能看到。

种植茶树，不但需要相应的自然条件，对种植栽培技术也有很高要求。这两个条件冲绳都不具备，这也许是本岛茶叶生产进展缓慢的主要原因。徐葆光到琉球时，虽然本地已经开始种茶，但数量十分有限，产量远远无法满足需求。为了实现自给，琉球一方面向中国派遣技术留学生学习种植技术，另一方面努力探索一条符合本国国情的茶叶生产之路。

19世纪中后期，通过明治维新走上了资本主义发展道路的日本积极同欧美发展贸易关系，用优质农产品换取宝贵外汇，购买外国先进机器设备，进行现代化建设。在这一过程中，日本的茶叶生产被纳入世界资本主义体系。凭借积淀深厚的农业生产经验和管理技术水平，日本出产的很多农产品在国际市场上取代中国。随着茶叶成为大宗出口商品，国内茶园已经无法满足出口的需要，于是，刚刚在明治政府推行的"废藩置县"中被强行吞并的琉球国，也被卷入日本茶叶生产和贸易体系中。

明治政府曾花大力气试图在冲绳推广日式茶叶种植。冲绳本岛最北部的国头郡奥地的山原，被认为是冲绳岛最适合栽茶的地区，被开辟为种茶基地，所产茶叶称为"奥绿"。这里气候较之本岛温暖，每年三月下旬"奥绿"即可上市，比日本本土早一个月，刚开始一度受到日本消费者的青睐，不过最终也没有打开局面。1894年，中日甲午海战开展前夕，明治政府在冲绳举办地方产业博览会"九州冲绳共进会"，冲绳产茶叶得到的评价很低，被斥为"不良品"，说明当时冲绳的茶叶生产的局限性。

长期以来，红茶在国际市场上备受青睐，为了迎合欧美市场的饮茶喜好，明治政府曾经尝试在冲绳发展红茶生产。冲绳中部地区，因为和印度阿萨姆的纬度相近，被视为最有希望发展红茶产业的地区，进行了试验性的红茶生产。但由于风土条件和制茶技术等诸多方面的原因，冲绳的红茶生产以失败而告终。为了提高冲绳的茶叶自给率，日本政府于昭和七年（1932）制定了《茶业奖励规定》，通过向茶农提供茶苗、肥料、资金补助和技术援助等措施，提高茶农的栽茶积极性。但好景不长，随着太平洋战争爆发，冲绳也被拖入战争泥潭，旷日持久的对外侵略战争消耗大量的物资，粮食生产成为政府产业政策的重点，大片茶园被改种粮食作物，冲绳的茶叶生产再次受到沉重打击。经过整整两代人的努力，饮茶才重归冲绳人的日常生活。

茶的气息和滋味已经深深渗入冲绳人的每一个毛孔，岛民对茶的需求量很大，冲绳人从未放弃振兴本岛茶业的尝试。战后冲绳人致力于茶叶的种植，国头郡除了奥地以外，大宜味村东村和金武町，以及名护市、宇流麻市和山原也是冲绳的重要茶叶产地。值得一提的是，在当地茶农和地方政府的努力下，借助先进的农业科技，冲绳终于开发出自己的煎茶品牌——山原茶。

近十年以来，冲绳在本岛中部重新启动了红茶产业振兴计划，获得了国家的支持，本地出产的"琉球红茶""山城红茶"等红茶品牌不但在日本拥有知名度，也受到中国香港、中国台湾、英美的红茶业界认可，不少大陆游客到冲绳旅游，也将冲绳红茶当作当地的特产购买。冲绳正在成为备受世界红茶市场关注的新兴产区。

日本茶会以抹茶为主流，点出的茶，稠绿、青涩、浓厚，再加上茶会时间长，为了克服空腹饮浓茶造成的饥饿感和肠胃不适，在中间需要点心或简便的餐食，茶子、茶怀石和茶泡饭就是在茶会中诞生的饮食文化之花，无论从形式和内涵，都完美地体现了茶道的美学，某种程度上浓缩着饮食文化的审美意识。

这种审美意识本身也是源自茶道文化的影响。

在千利休为代表创造完成的侘茶之道，综合了禅宗和到此为止的日本古典文化，是一种高度浓缩的文化哲学，由于具备了带来新发展契机的特质，对日本人的日常生活产生深刻的影响，所涉及的领域有建筑、园林、书画美术、插花、铁艺、漆器等，而对于饮食文化的影响就更为明显。

日本的饮馔，讲究发挥食材自有的天然风味，讲究简素淡雅，饮馔的美学要求象征性地反映节序的微妙变化，室内的装饰要与季节的流转相呼应。其中象征着各个季节的菜肴成为餐桌的主角，同时注重摆盘和餐具的艺术性，禅意十足。

京菓子物语

和菓子是日本茶文化的有机部分

　　绿茶是日本茶的主流。在日本，无论是一板一眼的茶道会席上的抹茶，还是轻松随意的自家流煎茶，几乎无一例外以绿茶为正宗。绿茶讲究清新自然，在一盏茶汤之中，能见山川之色，能感受惠风拂面之和畅，能闻天籁之音。不过，日本人在赏味上有自己的执着和嗜好，喜欢略带微妙的苦味和涩味所交混的多元层次口感，而非一味只是清淡。所以在凸显绿茶色、香、味的美学内涵上，和菓子扮演了非常重要的角色。

　　京菓子是日本茶点文化的顶点。传统日本茶叶的品种，无论是唐代传入，还是南宋时期输入的，都是浙江天台山或天目山的绿茶。日本产的茶叶只适合制成绿茶，调制方法与口味比较单一。也许是因为这个原因，导致日本茶人将主要兴趣和注意力，从口味追求转向对饮茶艺术及品位，如茶室营造、室内装饰、茶具工艺、点茶技法、茶汤冷热分寸等，而对茶最重要的内在品质也就是色香味不甚在意。这是中日饮茶文化的最大区别之一。因为日本绿茶皆为蒸青工艺制成，无论抹茶还是煎茶，都带有略微的苦涩和草木的生腥味，因此如何在口味上丰富茶味，在颜色上凸显茶汤的美学，历代茶点工匠殚精竭虑与精益求精，造就了和菓子文化的发达。

　　因此，和菓子是日本茶文化的一个有机部分。

和菓子是日本传统的茶食，据说有着上千年历史，但作为一个专用名称并非有多么古老。明治维新后日本结束了两个多世纪的锁国体制，大量欧美的物资与技术源源不断涌入日本，其中包括很多日本原来就有的事物，如服装、房间、茶点等。为了加以区分，人们形成了用"和"与"洋"来区别本国固有之物和外来输入之物的习惯。比如和服与洋服、和室与洋室等。茶食的菓子也一样，出现了"和菓子"与"洋菓子"的习惯性称呼。饮食虽小道，却牵涉一个民族历史生活文化的方方面面，可以说一部和菓子的进化史，浓缩了一部日本饮馔文化史。

京菓子进化史

京菓子的历史非常悠久。从字面上看，"果"字之上加"草"字头，最早指的是草本植物的果实。在刀耕渔猎的远古绳文时代，烹饪和食品制作技术还不发达，食物来源大多仰仗大自然的恩赐，古代日本人对于点心的观念，实际上就是天然的水果或水果干，比如柿子饼、梅干、栗子等。日本最早的官修史书《古事记》里讲了一个很有意思的故事：有一个叫"多迟摩毛理"的人奉垂仁天皇敕命，历经十年从常世之国带来了橘子之类的香果。这个"多迟摩毛理"确有其人，在《日本书纪》里写成"田道间守"，是出身但马国（今兵库县丰冈市）的一个地方守护，他就是今天日本点心制作师傅的行业祖师爷。日本最早培植橘子的和歌山县南海市有一座"橘本神社"，供奉的神主就是将橘苗从神界带来日本列岛的田道间守。从这个传说，可知水果与点心的最早渊源。这是和菓子发展史上的第一阶段。

绳文时代后期开始，东亚大陆的水稻耕作技术开始传入日本，到弥生时代已经有明确稻作记录，在飞鸟时代（6世纪末到7世纪末）已在列岛普及。稻作文化是一种综合性文明，与水稻栽培一起传入日本的还有铁器、陶器制作、烹饪技术和食品制作等，日本人的饮食生活发生跨越式进步。与副食品点心制作有关的就是出现了用米谷、小麦、豆类等加工制作的饼和团子。这是日本最初的手作点心，也是和菓子史上的第二阶段。

公元7世纪至9世纪，日本从唐朝引入律令制等制度，以及代表唐朝时尚文化的众多"唐物"，各种名目的茶食点心制作也是其中一大舶来品，被称为"唐菓子"，是高级点心的代名词。从奈良时代后期开始，唐菓子就在贵族的茶会中华丽登场。其中最有名的是古籍《厨事类记》中所列举的"八种唐菓子"：

梅子　桃子　桂心　黏脐

餢𥹝　团喜　馄子　餲𩠄

京都学派汉学家青木正儿在《中华名物考》中对这八种茶点做了非常详尽的考证，可知这些唐菓子的做法，一般就是指把米粉、面粉制成面团，下油锅炸，然后用葛粉提取的糖分调制成带甜味的佐茶食品。这类点心，在现在看来比较粗糙，但在当时唐风盛行的氛围之下，唐物被奉为至高无上，唐菓子成为皇室重要典礼，如祭祀祖神、登基履祚或婚冠喜庆等场合都不可或缺的食品，并作为传统延续下来。现存一份天皇家饮食资料《皇太子御元服御膳调进图》用图画解说的方式，记录了享保十八年（1733）在京都御所里皇太子元服之礼上进献的点心，其中就有上述的八种唐菓子。在奈良、京都，很多寺社至今还保存着以唐菓子敬奉神明的做法，如奈良的春日大社，京都的平鸭神社直到现在依旧严守用一千多年前的八种唐菓子做神前贡品的规定。

在自做的饼和团子基础上，融合唐菓子的新式点心制法，日本的菓子制作技术发生了很大变化。平安时代晚期开始，日本律令制国家渐渐走向解体，武家势力把持国家政权。在接下来被称为日本中世的镰仓时代与室町时代中，以禅宗为中心的中国文化再一次对日本产生深刻影响。禅宗是一新佛教，12世纪后期经由渡宋僧传到日本，他们不仅带回禅门教义，同时也将各种各样禅寺丛林的饮食习俗，如饮茶与点心制作也带回日本。与此同时，也有大量中国僧人如兰溪道隆、一山一宁和尚等来到日本传道，他们虽然接受了日本皇族、公卿和武士的皈依，但在寺院中却依旧保持中国的生活习惯。宋元时代，人们将定食三餐之外的进食称为点心，中日禅僧将禅宗与点心的习惯传到日本。镰仓时代日本的饮食是早晚两餐，点心一般作为其间的零食，叫"间食"，或沿用汉语的"点心"。在这个过程中，又有宋元时代流行的点心传入日本，如馒头和羊羹就是日本中世出现的两种重要的茶点，至今是和菓子的代表，也成了日本茶食史上第四阶段的代表作。羊羹起源于中国，原是羊肉切成小丁块煮成羹汤，再冷却成冻佐餐食品，其法在袁枚的《随园食单》中记之甚详。镰仓时代随着禅宗传入日本，但由于僧侣戒律不能食荤，作为替代品，以红豆为原料，加入面粉、葛粉或琼脂熬煮，冷却后凝成果冻状豆制食品，将羊羹从烹饪菜肴中独立出来，成为禅门茶点。茶人们对羊羹的美学不断创新和改造，逐渐演变成为一种色泽优雅、口味清甜的茶食，到室町时代后期，羊羹已经在茶道会席中占据主流点心的地位。馒头是日本茶点中的重要角色，与中国的实心馒头不同，日语中的馒头相当于包子，只是馅是甜味红豆沙。青木正儿在一组名物学系列考据文章《唐风十题》中对日本馒头的起源做仔细的考证：

> 关于馒头的做法传到日本的由来，据说是京都建仁寺第二世龙山禅师渡海入唐土之际，带回了一个名叫林净因的馒头师傅，于是，馒头就在日本流行了起来。这是元代顺宗至正元年的事。正当我国南北朝的初期后村上天皇的兴国二年（1341）。林净因改姓为盐濑，在奈良开业，所以世称奈良馒头。

有趣的是，这个名为林净因的面点师，是宁波奉化大贤村人，还是北宋以"梅妻鹤子"闻名的诗人林逋（和靖）后裔，与南宋时期写出经典素食菜谱《山家清供》的晋江石狮人林洪似乎是同宗。他追随龙山到京都建仁寺，为寺庙制作面点，他将故乡奉化肉菜包子改良，以甜豆沙为馅，松软的面皮与细腻香甜的红豆沙浑然一体，"很适合茶食的资格"，非常受欢迎。林净因后来改日本名盐濑，到奈良以制作馒头点心为业。龙山圆寂后，林净因归国，后来不知所终。后人继承了他的暖帘和技艺，由于得到战国时代大和国（今奈良）大名、千利休弟子松永久秀的庇护，独家经营馒头点心，生意非常兴隆。林净因的其中一个儿子将馒头生意扩展到京都，成为宫廷和大名的御用点心铺。店铺位于京都乌丸三条大街南面，是为乌丸盐濑馒头之祖，街以店闻名，这条街道被称为"馒头屋街"沿用至今。到了江户时代，盐濑家的馒头点心生意扩展到江户城，在日本桥、新端和京桥的三家分店是江户点心业的佼佼者，也是幕府将军的一大茶食专供商家。林净因被后世尊为"馒头之祖"。1949年，在奈良汉国神社里建立了一座"林神社"，就是为了纪念林净因传播茶食文化的功绩，在日本开点心铺的业主每年都要来朝拜。林净因的馒头至今已传34代，他的后裔不久前还组团到浙江奉化大贤村祭祖。

　　和菓子是在外来饮食文化的影响下发展成熟起来的。这其中，不仅有来自东亚大陆朝鲜半岛的因素，随着历史的进程，还打上了西洋点心文化的烙印。在日本饮食文化中，还有一个出现频度很高的词汇，叫"南蛮"，比如说"南蛮料理""南蛮菓子""南蛮烧"，这是大航海时代来自西欧的饮食方式在日本生活中留下的烙印。十五六世纪，随着世界地理大发现，西班牙、葡萄牙、荷兰等西欧海洋国家开始闯入东亚海域。葡萄牙和西班牙人以传播基督教和贸易为目的，经由吕宋、澳门等地来到日本。日本根据中国古代华夷之辨，将来自国门南方的欧洲人称为"南蛮人"。南蛮人带来了很多新奇的事物，包括西欧的饮食方式，这些被称为"南蛮料理"的就包含了欧式糕点。日本和菓子又进入到一个深受外来饮食文化影响的阶段。

南蛮菓子制作的最大特征，一是大量使用当时在日本很珍贵的砂糖，二是在糕点中添加鸡蛋。日本不产蔗糖，长期以来，点心中的甜味使用的是从葛藤煎煮后提取的糖分，甜度较低。而来自海外贸易的砂糖、蔗糖则作为药引，非常珍稀。因为佛教禁忌，日本人也少有吃鸡蛋的习俗，点心制作一般以使用植物性食材为原则。所以将蔗糖和鸡蛋导入点心制作中在日本和菓子史上是一个革命性变化，标志着日本点心进入第五阶段。南蛮菓子最具特色的是被写成汉字"加须底罗"（读若kasutera，日语片假名"カステラ"）的长崎蛋糕，主要材料是面粉、砂糖和鸡蛋，至今已经成了和菓子的一个分类。

综上所述，和菓子在经历了草木果实、米饼米团子、唐菓子、宋元点心和南蛮菓子这五个历史阶段的发展和演变，在江户时代中期（约17世纪中后期）成为具备日本特色的"和菓子"，大放异彩。

与茶道一起发达的和菓子

纵观和菓子进化史，可以看到一条清晰的发展路径，也就是日本的茶食是在茶道中培育，并且一同发展繁荣起来的制果技术与文化。可以说，和菓子与茶道的关系就像一辆向前奔跑的车的左右两边的轮子，无论跑多远，在大地上留下的车辙都是平行的。

和菓子起源于京都。京都、奈良是日本的古都，也是大和民族文化的源头，因而被誉为日本人的精神故乡。另外，奈良、京都也是古代日本吸收学习东亚大陆文明的据点。整个奈良时代和平安时代初期，日本积极学习中国先进的政治制度，也从唐朝引入物质文化包括饮食风尚，饮茶和茶点是其中之一。

和菓子与茶道的不解渊源，一方面，点心是茶席茶会上不可或缺的配角。日本的茶道会席，礼仪规矩繁复，时间很长，再加上使用的是连叶芽带枝梗一起喝进肚的抹茶，浓度很高，肚子容易饥饿，所以茶会过程中必须辅之以点心或转为为茶席而设的怀石料理。随着茶道的发展，茶食也成了茶道中的一个环节，甚至制作茶食也成了考验茶人技艺的指标。比如战国时期的茶人千利休也精于制作茶食，和菓子中的酱油味煎饼，据说就是出自他的发明。这种礼仪至今仍是日本茶道师匠的基本技能。我在日本参加过的茶会上，不但品尝到师匠亲手制作的茶菓子，还见过他们制作茶点的情景，真是趣味盎然。另一方面，茶道与唐点心在传到日本后都受到禅宗的深刻影响，走上了与它们的原乡迥然异趣的发展路径。在茶道上，建立起一整套完整缜密细致的熔宗教、审美为一炉的生活艺术；而在点心一途上，则由华丽转为简素，由浓厚转为淡雅，成为一种日本风味特点和审美特色的制菓艺术。这种茶食工艺，可以用日本茶食千年老字号"虎屋"所追求的"五感艺术"的理念来概括。所谓五感，第一，要味美，红豆和砂糖的清香要醇正，要能凸显每种不同食材的真味，这是最重要的；第二，是嗅觉之美，鼻子能品出小豆与糯米、面粉等食材融合后散发出来的幽微香气；第三，用刀或木片切菓子时，或牙齿舌头触碰到点心时那种微妙的触觉；第四，用眼睛欣赏和菓子美妙形色的视觉之美；第五，在品尝菓子时，不但能听到点心在舌齿间Q弹筋道的妙响，随季节而变化的外形和包装，要能让享用的人倾听得到文学或历史的回响，令人如闻流水松竹清音的空灵与禅意。由五感艺术凝练而成的茶食，简直就是一件件完美的艺术品。所以，禅传到日本，无论对塑造日本人精神底色，还是物质文化生活都打上深深的烙印，这种影响几乎遍及日本人生活中的每个方面。

茶道会席中有关茶菓子的记载，在各种茶人的日记和手记里屡见不鲜，因为有诸多庞大的文字资料记录，所以后人对和菓子的发展有了清晰的了解。日本茶道自古延续一个制度，就是每次举办茶会，都要由书记记录茶会始末，包括茶人、参会者、茶庵、点茶名器、茶歇料理和点心都要巨细无遗记录下来。所以，有关茶食与茶道的资料非常丰富。比如，在安土桃山时代（1568—1603）奈良大豪商松屋三代留下来的茶会记录《松屋会记》中，记录了在天正十一年（1583）某月某日举行的茶会上出现的茶食，除了葛饼、薄皮馒头、干饼、烤麸等加工食品之外，还使用了松茸、柿子、核桃、石榴、葫芦干等果品做成的点心，其丰饶程度可见一斑。又如，江户时代宗和流茶道创始人金森宗和记录宽永十一年（1634）某次茶会上，供应的茶点就有23种之多，其丰裕程度远超今人的想象！

"上菓子"：京都茶食的极品

任何一种事物，在经过充分的发展到了某种成熟阶段就会出现极致，饮食之道也不例外。和菓子在漫长的历史中不断成长，将外来文化结合日本人的味觉诉求与审美嗜好进行本土化改造。从江户时代中期起，和菓子迎来了全盛期，标志之一就是面向高端的"上菓子"与面向一般普通百姓庶民的和菓子齐头发展，和菓子真正进入体系化的最后阶段。

所谓上菓子，全称叫"京风上菓子"，特指京都的顶级和菓子。上菓子的"上"，是一个社会学概念，泛指高居社会金字塔顶端的阶层，在江户时代的日本，意即向朝廷、幕府、公卿、大名和门迹（皇族出身的僧人）、大寺社等献上的点心。在和菓子发展史上，一些创业悠久积淀深厚的制菓商号凭借雄厚的实力与精湛的技术成为权贵之门的御用点心铺。他们的产品是顶级和菓子的代名词。

京都是和菓子的发祥地，几乎所有上菓子屋老字号都来自京都。在京都行走，随时可见各种百年老店，甚至不乏至今仍在传承的千年老铺。在京都诞生的各种和菓子中，馒头、羊羹、团子、煎饼、草饼等数不清的菓子种类中，每一种类的菓子都有数不清的老字号推出其代表作，而且每一地区又有属于当地特殊口味，带有鲜明的本地特色和人文色彩。比如，京都和菓子的老字号"虎屋"，创业于奈良时代（710—794），已经有1200多年了，店号一脉相承，至今传了17代。先祖就是在平城京天皇御所担任菓子司的职人。一千多年来，一直是天皇家的御用点心铺，据说平成天皇今上美智子皇后、雅子妃都喜欢买虎屋的茶食名品"残月"送别国际友人。

代表和菓子极品的上菓子源自京都茶道会席，是与茶道一起发展起来的。据说在千利休时代，茶食都是茶人自己制作，在茶席上与鱼类蔬菜等烹饪佳肴一起端出。茶会隆盛期，对茶食的审美要求提高了，出现了在豆馅里加入面粉或糯米粉以便更易于捏摆各种造型的菓子。在江户时代造型上百花齐放与口味上精益求精的基础上诞生了上菓子。

上菓子的种类，一般也不出炼羊羹、馒头、煎饼、团子等，只是做法更精练，用料更讲究。好的上菓子还有一项极高的标准就是鲜度，像鱼贝类的刺身一样以鲜为生命，所以这类上菓子被称为甜点中的刺身。因为讲究现做现吃，常见于高级料亭、茶寮或茶席上。京都也有现点现做现吃的上菓子店，在上京区今出川通车站附近，前往晴明神社或京都御苑都会路过，有一家"京果匠鹤屋吉信"，是创业超过两百年的京风上菓子老铺，在全国有九百家分店。进店就像进了料理店，制菓"匠人"捯饬得清爽利落，在寿司台一样的制作台前，一手一双超长细竹筷子，精雕细刻出一件件精致绝伦的"生菓子"，然后小心翼翼摆放在粗朴的"乐烧"陶制碟子里，配上一支手工削成的竹签，再由服务员端到客人手中。因为现做，根据客人点的茶的种类或浓淡，在甜度上会进行调节。一招鲜吃遍天。一百五十年前，这家店研制出一款柚子饼奠定了百年基业。柚子饼至今是鹤屋吉信的代表作，用上等的小豆沙糯米粉，加入香柚，然后像寿司卷一样成型，切片，软糯细腻，柚香沁人心脾，无论与浓稠的抹茶还是清香的煎茶都很相宜。

闪耀着文学之光的京菓子

京菓子，不但可以品味，可以观赏，可以聆听，可触，可闻，也可以阅读。和菓子扎根于悠久的文化传统，回应日本民族的审美诉求，经过千年锤炼，不仅成了食品制作工艺，而且也进入诗人的歌咏与文豪的书写。

但和关东著名的茶食"羊羹"比起来，"团子"只能算是"粗陋"的点心了。知堂老人在他的随笔中形容羊羹"形色优雅，最适于茶食的资格"，可见它在日本茶食中的重要地位。"羊羹"是用海藻熬制后凝练而成的条块，呈半透明的深褐色，吃起来香滑爽口，甜而不腻。其制法最初传自中国的唐代，经过日本人的加工改良，在羊羹块中加入了豆沙、果酱、板栗、柿子等馅料，丰富了它的品种，成了佐茶的佳品。在日本朋友的家中或茶会上，我多次领略了不同羊羹的风味，至今回味无穷。日本人偏爱羊羹，给了它一个颇具诗意的术语——"寒天"。的确，拈起一小块色调深沉的果冻羊羹仔细端详，真仿佛是寒云密布，晴日不开的苍穹。羊羹的雅致和细润，蕴藉幽玄之美，使古往今来的文人墨客对它钟爱有加。日本文学大师谷崎润一郎提到品尝羊羹的感觉时写道：

> 那玉一般透明的朦胧表层，仿佛其内部深处在吸取日光，如梦如幻般地衔着微光，那色调的深沉与复杂，西方的点心不能与之比拟……口中含着冷凝润滑的羊羹，会感觉到室内的幽暗仿佛变成了甜美的固体融化在舌尖……

那凝练着千年古都风雅的京菓子，每一颗都是匠心独运之作，每一颗都闪耀着文学的珠玑之光。

怀石忘饥

——起源于茶会的高端料理

　　酒会醉人，茶也会，而且茶醉造成的不适，感觉并不亚于酒醉。小学时第一次领教什么叫"天花烂醉"，不是酒，是茶。

　　那是一个大夏天，我下午放学回家，饥渴交加，倒了茶壶里喝剩下的乌龙茶铁观音，倒满大杯，"咕咚咕咚"一气喝下，就去写作业。没多久一阵天旋地转，头晕心悸，肚里翻江倒海，干呕连连，吐出的却只有白沫，恶心感绵绵无期。刚好父母下班回来，问清情况，连呼"茶醉"，舀两勺白砂糖用开水匀开，灌下，醉意大为舒缓。从此，得到一个教训，不能空腹喝茶。就像喝酒要有菜肴垫肚子一样，喝茶要有甜点或轻食，减轻茶碱对肠胃黏膜的刺激，才不会醉。

　　日本料理中有一种菜式，专门为茶会举办时提供的饮食，就是茶人为了对抗空腹饮茶的不适创制出来的，是茶道的衍生品，这与日本茶道中奉行的宋代末茶有很大关系。著名文物专家孙机写道：

　　　　日本茶道中饮用末茶，原是从南宋饮末茶的做法中学来的。但中国的饮茶法自元以后有了很大的变化，茶道却一直沿用那在中国已趋绝迹的末茶，因而无法与中国茶事的新发展相接续。日本生产不出像中国宋代那样的高质量的茶饼，却又要保持饮末茶的成规，乃将茶叶直接粉碎为茶末，其色绿，其味苦涩；特别

是点出的浓茶，几乎难以下咽。日本人也觉得如果空腹饮这种浓
茶恐损伤胃黏膜，所以要先吃"茶怀石"（一顿茶食，包括拌凉
菜、炖菜、烤鱼、酒、米饭和大酱汤）垫补之后才饮。（《中国
古代物质文化》，孙机著，中华书局，2014年）

　　江户时代以前，日本茶道中的茶会以抹茶为主流，就是将茶粉放
入茶盏调匀，用茶筅击拂打出泡沫的宋代点茶法。这样点出来的茶，
连茶叶、茶芽或叶茎全部喝下，茶浓度非常高，味道青涩，对肠胃黏
膜刺激性大；再加上茶会时间很长，因此茶会的中间需要有甜点或简
便餐食垫肚。孙先生所说的"茶怀石"，全称为"茶怀石料理"，是
茶道在发展到完备阶段与和食完美结合的产物，在这个意义上不妨称
之为日式茶餐。

　　唐宋以来，日本从中国全盘引入佛教文化的同时，作为方丈丛林
制度一环的寺院素食方式也被日本佛门所接受。"料理"原是古代皇
家和公卿贵族之家享用的高档餐饮，侧重于食材的新鲜和得当的调理方
法。镰仓幕府时代之后，武家势力崛起，一些豪强领主富甲天下，也刻
意模仿王朝贵胄优雅的食事活动，发展出精益求精的"本膳料理"，作
为武家至尊的饮食形制，本膳料理从食品内容、数量和进食礼仪都有严
格的讲究和规范。16世纪战国时代，日本社会陷入延绵百年的内战动
荡，但茶道却是在一片刀光剑影中孕育出最娇艳的花朵，迎来鼎盛发展
阶段，内容和形式更趋于成熟完美。茶道宗师努力开创一种适合茶事活
动的饮食方式，从寺院素食与本膳料理获得启发进行改造，同时融入茶
文化元素，在饮食中体现"和、敬、清、寂"的审美旨趣，讲究食品简
素自然，赏心悦目，讲究器具美型美色，使餐盘菜肴与茶室外流转的四
季变化相对应，也就是将世俗饮食上升到一种审美乃至精神修炼宗教境
界，这就是所谓"怀石料理"。

所谓怀石，字面上的意思，是怀揣石头，实质上是源自中土佛门的一种僧俗。说来话长。古时僧人为一日两餐，过午不食。佛门清修艰苦，打坐念经参禅的功课，常常从午后延续到深夜，修行尚浅的僧人耐不住饥寒，将石头放在火上烤热，包上布敷放入怀中腹边，以此来抵抗阵阵袭来的饥饿感，叫"温石"，也叫"怀石"。后来寺院清规渐有松弛，默许禅修间隙吃点简便的食品点心，这类食品也被称为怀石。唐宋时代，禅宗与饮茶比翼齐飞，双双迎来全盛期，以禅修为核心，寺院里的一饮一食，一茶一饭，也都被赋予形式和规范，比如百丈清规中有关茶饭法的规定，可以说是日本怀石料理的原点。由此观之，镰仓时代（1185—1333），在南宋江南丛林大行其道的禅宗和饮茶由荣西和道元两个法师先后传入日本，此后禅门清规与禅僧戒规也得以在日本禅寺里确立。道元法师是日本禅宗曹洞宗始祖，在天童山师学禅，得到衣钵印可状，回日本在福井开创永平寺。他仿造《百丈清规》的样式，制定《永平清规》，来改造日本和尚。其中有素食制度，就是运用中国烹调手法，用蔬菜、藻类、米面、豆制品、菇菌类等食材来制作禅门美食。因为食材清淡，制作精细，又是为禅僧所用，所以称为精进料理。精进料理，以其典雅庄重，被武士阶级所仿效，后来形成了代表武家高档饮食生活水准的"本膳料理"。

有关本膳料理的内容形态，从成书于1146年的日本类书《聚类杂要抄》里记载着某年正月内大臣藤原中通家里的飨宴食单可见一斑：

唐菓子四品、木菓子四品、干物四品、生食四种、贝类四种、装在高脚盘的神馔八种，合计二十八种，配有盐、酒、醋、酱四种调味料。

这些菜肴被摆放在四脚的桌形餐台上的台盘里。

与此同时，禅茶文化也在荣西、道元和圆尔辨圆等僧人传入日本后得到进一步发扬光大。在饮茶和茶礼上，经过田村珠光、武野绍鸥等几代人的努力，一直到战国时代晚期一代茶人千利休登场，最终确立了具有日本审美底蕴的侘茶，也就是影响深远的日本茶道。千利休等茶人，在清简素净的茶庵里款待客人时，除了经过一系列严格规范的茶礼后奉上的抹茶之外，为了防止饮茶过多出现的不适感和饥饿感，茶前或茶后还会奉上简便的饮食。这样的饮食原先只是称为"茶会料理"或"会席料理"，用以区别有饮酒的酒宴酒席。将"会席料理"命名为"怀石料理"，据说滥觞于千利休茶道传人之一的立花石山的创意。立花写有一部被后世称为茶道经典的《南方录》，记录利休的言行和历次举办茶会的情况。在这部书里首次将"茶会料理"命名为同音的"茶怀石"，散发着飘逸出尘的禅宗气息，被后世所采用。

有关千利休"茶会料理"的形式，可以从他辞世后，其门下弟子整理记录的《利休百会记》中清晰地窥察其轨迹。其基本形式应该是"一汤三菜"，但也未必固定不变。比如，在1590年9月22日这一天上午，千利休在招待出身美浓国大名的门人古田织部时，茶会上奉献的食单如下：

烤鲑鱼、小鸟汤、柚子味噌、米饭、鱼刺身、茶食两品（烤麸、栗子）。

从食单可知，这是典型的"一汁三菜"，是战国到江户时代武家饮食的基本形态，当然并非一成不变，根据场合与档次，一汤数菜，甚至数汤数菜的宴席都有。这种料理，看似寒酸，种类少，用料简单，食材普通，与我们国人心目中燕鲍翅席、满汉全席的规模和层次不可同日而语，但由于日本人口味尚简，而且在选材和烹饪上精益求精，所以怀石料理在日本人心目中自古是高档餐饮的象征。

进入江户时代，日本宇内太平，商品经济进入前所未有的发展阶段，商人市民阶级成长，成为消费的主体，城市出现了高度繁荣，饮食文化得到迅猛发展。原本在寺庙或茶会上出现的怀石料理，被高级武士、权贵、豪商等上流社会所采用，成为一种豪华奢侈的饮食样式。菜品上，内容越来越多，程序上越来越繁复，规格越来越讲究，后来导入了室町时代中后期形成的本膳料理的形式和内涵，更加讲求食物本身的精美。当时有一部茶道资料文献《茶汤百亭百会之记》，其中记录着在元禄元年（1688）八月中秋前日，京都某豪商在府邸中举行茶会席招待大名武士的情景。在书院造茶屋中，悬挂当时最名贵的中国元代名画《四睡图》，床之间摆放着利休生前用过的"高丽筒"花瓶，战国时代井户茶碗，客堂里悬挂留学明朝的画家雪舟的山水画。当日的茶席菜单一菜五汤，外加对虾煮的清汤，排场远在利休时代之上。虽说是茶会料理，但是规模和内容不断扩大，已经远远超过茶道需要本身，变成以吃喝享乐为中心了。而且用餐场所，也从原来利休提倡的草庵茶室，渐渐变成在豪华敞亮的书院造建筑物里举行。

江户时代中期以后，怀石料理成了一般社交的餐饮方式，形成了一套比较固定的菜式和礼仪。一般端上来的餐盘，放有饭碗、汤碗和刺身小碟，然后盛上米饭和味噌汤，取出碟子里的菜肴下饭下酒，酒三巡，此为初献；接下来献上烤鱼或禽类，斟酒三次，为二献；然后撤下饭碗汤碗，献上高级汤，再上酒三巡，此为三献。三献之后，吃最后上来的点心水果，到外面庭园稍事休息，之后再到茶屋里举办茶会。江户时代中后期的怀石料理，据说就是这样在大城市里扎根下来的。

至今，怀石料理是高规格的餐饮形式，红白喜事或正式宴请，大都会选在怀石料理店里宴请。大宫就有好几家怀石料理，冰川神社近旁的高鼻町、大宫驿站东口西武百货楼下就有两家怀石菜老字号，分别创办于明治和大正时期。我曾经在西武百货楼下参加过忘年会的宴请。菜的内容早忘了，能记得的是桌子上摆满了大大小小的餐盘，满眼花花绿绿，程序非常繁复，受邀者一身正装，很多又彼此不认识，拘谨得要命，只见身穿和服的女服务员进进出出，白袜子的脚丫在榻榻米上端盘撤盘，一丝不苟却让人看了觉得累。菜肴的内容和味道无论如何也想不起来了。也许这也是日本料理给人的感觉：刻意追求赏心悦目，但赏味倒在其次。

　　比起实质，形式似乎更被注重。日本文化的很多方面似乎也多如此。

茶泡饭的滋味

——粗茶淡饭有真味

　　近来爱看日本导演是枝裕和的电影，我认为在刻画日常生活的质感上颇有几分小津安二郎的味道。当然只是一种感性印象，证据之一就是影片中做饭、吃饭的画面多，绘声绘色，并且不是与表现主题无关的闲笔。于是又将已经打包入箱的小津系列碟片翻找出来看。

　　小津安二郎是个对日常饮馔充满兴趣和爱意的导演，他的电影很多都与饮食有关，如《秋刀鱼的滋味》《茶泡饭的滋味》《麦秋》《东京暮色》等，讲述的都是普通人的日常人生，几乎全由琐屑生活细节堆积起来的叙事，没有起承转合，甚至也没有称得上支撑故事的骨架，却自有一种打动人心的力量。小津电影给我的突出印象，就是吃饭场面多而且不厌其烦，饮馔琐事成了推动情节，或者用来隐喻某种人生况味的道具，平平淡淡看完却有一种回味无穷的清甘之味。比如《茶泡饭的滋味》，讲述的是一个和茶泡饭一样稀松平常的故事：一对"见合"（相亲）成婚的中年夫妇，平淡寡味的日常生活。丈夫是一个循规蹈矩勤勤勉勉的上班族，妻子爱好虚荣时尚，反差极大的个性让夫妇生活中充满了磕绊，后来因侄女的婚事意见相左而爆发，妻子盛怒之下负气出走。丈夫受公司临时派遣去南美乌拉圭，妻子回家已人去楼空，想起丈夫的好处，不禁悔恨交加。就在此时取消出国的丈夫返家，过了正餐时间了，于是夫妇一起吃了茶泡饭……影片到此戛然而止，那茶泡饭到底是什么滋味，留给观众去想象。

那么，小津安二郎镜头下的茶泡饭是什么滋味呢？

在日本，茶泡饭是一种非常庶民化的日常食品，日语写若"御茶渍"，是名副其实的清茶淡饭。做法极其简便易办：用白天或晚上吃剩的冷饭，加上少许精盐、鲣鱼干刨花、海苔等调味料，再注入滚热的绿茶就可以食用，可当作消夜或早餐。已故作家汪曾祺称之为"茶粥"，颇为贴切。虽不是什么了不得的美餐，却也简素清淡，别具一番风味，尤其是当那热茶冲泡后蒸腾而起的混合着米饭、海苔和绿茶清香的气息，沁人肺腑，催人食欲，无论是正餐前的轻食或晚酌后的压酒消夜都很相宜。早年在日本勤工俭学，手忙脚乱吃不上正经饭，常常用袋装茶泡饭打发。

不过，别小看这一碗平淡无奇的茶泡饭。平凡之处不寻常，一粥一饭背后都有渊源来历和故事。

中日是东亚海域的近邻，双方往来的历史非常久远。因为靠近一个成熟的文明体，所以从很早的时候起，日本就积极从大陆输入各种物质文化。大概因为如此，以致一谈起日本的风物，信手拈来，好像都能在中国找到寻根依据，就连茶泡饭好像也是这样。以茶做粥，在中国也是古已有之。至今在中国南方，如浙江、福建的民间，仍然习惯将喝茶叫吃茶，貌似粗鄙，但实际上隐含了古代中国人对茶的最早利用源于食用的历史。西晋文字学家郭璞为在解释被称为槚的茶叶时，注释说："槚，苦荼。树小如栀子，冬叶生，可煮做羹饮。"也就是采摘野生或人工栽种的茶叶，放在水里煎煮，烹煮成羹汤，像菜汤一样食用，这一古老的菜羹汤食用法，可能是茶粥的雏形吧。至今，在西南少数民族聚居的山区仍有存留。日本作家陈舜臣曾深入云南勐海了解当地茶文化，当地茶农以古法烹茶招待他：采摘茶树嫩叶，在火上烤得半焦，然后放入锅里加水煮沸，像煮菜汤一样，然后倒在碗里啜饮，像菜羹汤。魏晋南北朝时期，茶树种植在江南已经颇为普及，与茶有关的饮食习惯在吴越广为流行，杨晔所撰的《膳夫经手录》就记载当时吴越一带流行用茶叶煮粥的习俗："茶古不闻食之，近晋、宋以降，吴人采其叶，是为茗粥。"可能是以茶做粥的最早记录，这种茶粥在很长时期内存在着，唐代储光羲诗云："淹留膳茶粥，共我饭蕨薇。"描述他被朋友挽留，享用茶粥的情景。唐代茶粥的烹饪之法，从陆羽的《茶经》里可以窥见一端：将茶叶与姜、枣、橘皮、茱萸、薄荷等食材在研磨钵里用杵细细磨成齑粉状，放铁铛里加水煮沸后再啜而饮之。名为煮茶，不脱羹汤的痕迹，或许是当今仍保存在南方山区（比如闽北将乐县）的擂茶的前身。

日本从七八世纪的奈良时代开始大量输入中国文化。遣唐使从中国带回佛经，也带回了大唐长安城的食尚。以茶入馔，据载也是奈良、平安时代从唐朝输入的习俗。在此之前，日本上层社会就有吃泡饭的习俗。根据《源氏物语》《枕草子》等王朝时代女流文学的描述，当时的皇族贵胄有"间食"的习惯，就是在正餐之外的点心，最常见的就有"汤泡饭"（お湯漬け），即将蒸熟的米饭中注入热水，配精致小菜；而在夏季，则换成冷却过的水，是一种消夏食品。这种食俗在日本有着久远的历史，是稻作文化在饮食上的一种呈现。随着饮茶在上流社会的流行，茶汁取代汤水，变成了茶泡饭。据大正昭和年间著名料理研究家山本荻舟《饮食事典》中的介绍，茶泡饭最早起源于奈良的东大寺和兴福寺，是僧侣修行的辅助食品。山门冷庙，寒夜苦长，青灯经卷的和尚难耐饥肠辘辘，便以白天剩饭，加入煮沸的茶水，佐以咸菜，啜而食之，充饥抗寒又提神醒脑，也免去炊事的麻烦，可谓一举数得。9世纪后期开始，日本废除了施行两个多世纪的遣唐使制度，唐朝文化的影响渐渐式微，饮茶习俗随之从日本社会消失。镰仓时代，京都和尚荣西和道元禅师先后从南宋的浙江传入茶种和茶礼做法，饮茶习俗文化在日本复兴。战国时代，为了争夺土地和势力范围，诸侯大名之间彼此征战不休。茶泡饭简便易办的特点，成为标准的"阵中食"。

茶泡饭在日本人的日常生活中扎根，至少已有三四百年历史。茶泡饭作为快餐食品，在江户时代才得到迅速普及。江户是一个新兴城市，又是一个典型的单身汉社会，百万人口中从地方随藩主单身赴任的武士占了将近一半。这个庞大的单身工薪族，吃饭是个大问题，于是各种形态的便捷餐饮形态，比如流动食摊应运而生。1657年，一场史无前例的明历大火将江户城烧去一半。灾后重建，最先吹响复苏号角的就是餐饮业。江户城第一家对外营业餐馆是17世纪中期在待乳山（今天的浅草金龙山）开张的"奈良茶饭屋"，这是一家奈良老字号餐饮店在江户的分店。据通俗小说家井原西鹤随笔《西鹤置土产》一书记载，当时"奈良茶饭屋"推出的一份五文铜钱的茶泡饭套餐，除了茶饭之外，还有豆腐汤、卤豆子，还附送一小碟精致的咸菜，套餐味道可口，使用精美雅致餐具，很受江户人欢迎，尤其大受那些不方便自炊的下级单身武士、工匠们的青睐。元禄年间在江户城外深川芭蕉庵隐居的松尾芭蕉就是奈良茶泡饭的拥趸，他将奈良茶泡饭这样的新生事物写进俳句，呈现一种枯槁清淡而又回味的通俗美。他说"只有吃过三石（读担，计重单位，一石约150斤）才能领会俳味的妙处"。说的是奈良茶泡饭平常、清雅而又有味道、有品位。在芭蕉看来，这就是俳谐之道的真谛。以茶泡饭为起点，各种方便单身汉用餐的饮食方式，如屋台生鲜寿司、鳗鱼饭、荞麦面等在江户城前面的日本桥商业大街次第出现。到19世纪，奈良茶泡饭店铺已经在江户城遍地开花。对此，描写幕末时期江户社会风俗百态的随笔作品《守贞谩稿》写道："现在在江户各地出现了不计其数的茶泡饭店，名称各异，价位也从一份三十六文到四十八文，甚至有七十二文不等。"由于商品及经济的迅猛发展，物价像盛夏温度计里的水银柱一般直线上涨，茶泡饭套餐价格翻了数倍，连靠出售俸禄大米为生的下级武士都纷纷破产。《守贞漫稿》的作者喜田川守贞就是一个浪人武士，靠教书和写作为生，经常穷得有一顿没一顿。在他眼中，一碗茶泡饭已经是奢侈的美食了。

茶泡饭非常简素，但是清淡之中却别有风味，虽是居家食品，但也不是像吃饭一样顿顿都来茶泡饭。某些特殊时候，如病中、酒后和外出饮食违和之际才能体现茶泡饭的好处。卧病口舌枯淡，米饭海苔与茶香混合一道的茶泡饭特别开胃，犹如我们中国人的清粥小菜，但茶泡饭粥菜一体化，操作更便捷；日本人喜欢下班聚饮，一家连着一家排闼直入喝将过去，串台似的，喝得晕头转向，深夜归宅，那就来一碗茶泡饭，简单易办，又有清肠醒酒之效。日本人口味较狭隘，出国尤其到食风迥异的海外旅游，随身必带的除正露丸之外，泡面和袋装茶泡饭调味包必不可少。地震灾害时很多人房屋被毁，住在简易临时帐篷里，日常食事陷入困境，茶泡饭和方便面成了最及时便捷的疗饥食品。据说，日清拉面公司已经开发出像方便面一样的即食茶泡饭了。

由于历史渊源，奈良、京都的茶泡饭最负盛名，我印象中不曾有过在奈良吃过茶泡饭的经历。但奈良那种即便是咸菜（奈良渍）和豆豉（奈良纳豆）都"包含历史的精练的文化"的古都气质，让我无端相信世间对奈良茶泡饭的口碑并非无缘无故。在京都吃过几次茶泡饭，也是路途歇脚的垫肚子点心并非刻意品尝。既能充饥，又有些口味之美，花费不多，又不至于占据胃口影响真正值得期待的古都正餐的食品。京都的茶菓子、茶泡饭是最理想的"轻食"，至今在南禅寺、东山祇园和城南的宇治一带，还颇有几家历史悠久的茶泡饭老铺。比如其中的"瓢亭"就是一家自古在文艺名流间享有盛誉的精进料理，至今的菜单中还保留着古法制作的茶泡饭。谷崎润一郎在小说《美食俱乐部》中写一个美食家G公爵，为了一碗京都茶泡饭，不惜从东京搭乘列车，驱驰六个小时到京都茶泡饭老铺大快朵颐后，再坐夜行列车回东京的段子，据说就是他的亲身经历。

　　毕竟是千年古都，文化积淀非常丰厚，一块茶点、一碗酱汤、一条腌萝卜都讲究品位格调。京都茶泡饭的品类更是洋洋大观，有些老字号极尽考究，以秋田的小町大米、宇治山的玉露茶、当季的鲣鱼干刨花为料，据说有的名店一碗茶泡饭的价格顶得上东京一顿高级寿司。比起千年古都，东京是新都，即便把江户时代算进去，也不过四百年。所以两个地域的住民互相看不惯，都觉得自己好。京都人看不起江户人不脱泥土气质，过张宴之门，饿着肚子也要剔牙签招摇而过，"死要面子活受罪"。江户人则看不惯京都人的节俭又爱装清高风雅，讥之为"一碗茶泡饭的京都人"，意即京都人抠门，连茶泡饭也好意思拿来招待客人，还要装得文化兮兮，真让人受不了。不过食神北大路鲁山人却给予很高评价：

> 京都人这种吝啬劲做出来的料理是难能可贵的，能把极为廉价的东西做成美食，京都人堪称一流。

　　鲁山人就是土生土长的京都人。

　　说到茶泡饭，中国每个地区都有，不过似乎都没有发展出一种具有文化个性的饮食形态来，想起周作人在《喝茶》中，对茶泡饭有这样的见解：

> 日本用茶淘饭，名曰"茶渍"，以腌菜及"泽庵"（福建的黄土萝卜，日本泽庵法师始传此法，盖从中国传去）等为佐，很有清淡而甘香的风味。中国人未尝不这样吃，惟其原因，非由穷困即为节省，殆少有故意往清茶淡饭中寻其固有之味者，此所以为可惜也。

　　不为贫穷或节俭，而是刻意从清茶淡饭这样的寻常事物中寻找固有的滋味，乐天知命——这似乎是源自日本古典《方丈记》《徒然草》所称道的"清贫"美学传统。或许也可以看作日本人天性中的一个特质。不禁感叹，周作人对日本文化，尤其是饮食文化的把握还是很精准的。理解这一点，或许你就能理解小津安二郎镜头下一碗茶泡饭的滋味吧。

从茶道衍生的饮馔美学

——食神北大路鲁山人

"要理解日本食文化的精髓，就读读北大路鲁山人"

茶道是一大综合艺术。茶道虽然以饮茶为目的，但围绕着喝茶，衍生出一个森罗万象的美学世界，不必说茶庵的建造，园林技艺，茶室内的装修，更不必说茶器、茶具以及茶室内的书画艺术，就连茶会上的饮食等都要与茶道所体现出来的"侘寂"之美相和谐。这种茶道美学观念传统对日本文化的影响几乎是全方位的，甚至在日常饮食生活中也留下深深的投影。所以对于茶道和日本料理的关系，川端康成说："茶道不止于喝茶，如果不加上怀石菜就品不出茶道的意趣。即使不懂茶道，茶道的饭菜能让你接触到日餐的大部分。"

在现代日本，将茶道理念在饮馔美学上发挥到极致的是一代食神——杰出的陶艺家、书画艺术家北大路鲁山人。

"要理解日本食文化的精髓，就读读北大路鲁山人。"这是日本"厨神"神田川俊朗先生对北大路鲁人的评价。

神田川俊朗是在日本几乎尽人皆知的当代"厨神"。20世纪90年代日本东京电视台主办的"料理铁人争霸赛"风靡一时，神田川俊朗先生以大阪老字号料理店"板前桑"资格登台应战，一举斩获"料理铁人"桂冠而成为日本家喻户晓的人物，风头比当红明星或政治家还旺。他撰写的《鲁山人的食卓》较为清晰地展示了令日本所有从事饮馔业者奉若神明的北大路鲁山人。

北大路鲁山人不但会吃、会做，还会为美食制作陶艺，以美食美器立世，赢得身后不朽之名。如果说世间有所谓美食家，那么没有人比北大路鲁山人更有资格获得这个称号了。

尤其难得的是，北大路鲁山人还会写，有《北大路鲁山人著作集》传世，分陶艺、料理和美术，洋洋三大卷。今天，鲁山人在中国的饮食行业和陶艺领域也已不再陌生，这主要得益于他的不少有关美食、陶艺的随笔作品，如《日本味道》《料理王国》《鲁山人陶说》等被译介到中国。

坎坷历程，逆袭人生

北大路鲁山人是现代日本著名全才艺术家，拥有美食家、陶艺家、书法家、画家等身份。在日本，他最广为人知的是"食神"。常言说"三代做官才懂得穿衣吃饭"，极言造就一个美食家之不易。但北大路的出身来历，与锦衣玉食不但毫不沾边，甚至可以说是相当卑微贫寒。

今天到京都旅游，在位于北区贺茂山的森森古木中有一座历史悠久的上贺茂神社，被列为世界文化遗产，值得一看。传说天照大神曾降临在神社西北面的秀峰神山，因此在第四代天皇时期的白凤六年（678），建造了这座神社。此后作为皇家神社，得到历代天皇的巡幸和供养。在社内后面的片冈御子神社后山，有一块小小的石碑，上书"北大路鲁山人出生地"。一个皇家神社为一介布衣立碑纪念，本身就不同寻常。这块石碑也揭开了碑主坎坷离奇的身世。

北大路鲁山人是京都人，原名房次郎，明治十六年（1883），他出生于上贺茂神社后面的片冈御子神社后院。父亲北大路清操，属下的分社神官之家，母亲名登女，是京都农家之女，房次郎是次子。北大路家虽然属于皇家神社，却是众多下层社家之一的神职人员，等级和俸禄都很低，家境原本就清寒，加上明治维新后在激烈的社会变革中，父亲失去了俸禄，不得不为了生计在夹缝中艰难求生。

对房次郎来说，尤为不幸的是那带着原罪的身世。因为忍受不了极度的贫穷，作为神官之妻的母亲外遇中怀上他。得知这一真相，天性孤高的父亲精神崩溃，在房次郎出生前夕蒙羞自杀。在房次郎出生后的第七天，母亲将他寄托给滋贺县大津一个农家之后，也匆匆失踪。被临时托付的农家久久不见婴儿母亲来领，就转而将他给了一个姓服部的巡警，这样他登记在户籍上的名字成了服部房次郎。但是两个月后，服部巡警不知何故也失踪了，妻子积忧成疾，同年病逝。巡警夫妇的养子夫妇收留了房次郎，但在房次郎四五岁时，兄长精神病发作而死，无依无靠的嫂子带着他一起投奔娘家。嫂子也出身清寒之家，视寡女带来的房次郎为拖累，极尽虐待之能事，几个月后就把他送给京都中京区一个名叫福田武造的浮世绘板画师家当养子。从此，鲁山人作为福田家养子，被冠以福田房次郎之名。一直到33岁，北大路家的长子去世，房次郎作为北大路家的血缘至亲回原籍继承兄长的家业，改名北大路鲁山人。他晚年回忆时，谈起自己的不幸早年，神色黯淡地说："有一段时间，我都不知道自己有几个父母。我被送到这样的家庭，所以从没被人当作亲生子养育过。我活到今天，没有兄弟姐妹，没有伯父叔父、姑妈姨妈，总之，凡是与血缘有关的，都与我无关。"一方面，北大路鲁山人在极度缺失爱的环境中成长，形成了孤高不羁又孤僻狷介的个性，与周遭世界落落寡合；但另一方面，北大路鲁山人对艺术却有着超乎寻常的执着，全副身心扑在美的追求上，戛戛独造，凡所用心，都有奇拔造诣。

出生在既没有血缘亲情呵护，甚至连日常粗茶淡饭都要全力以赴才能获取的家境，无论如何，很难将他与闻名天下的美食家和艺术家相关联。但苦难的生活是一把"双刃剑"，可以扼杀生机，也可以激发生命的潜力。要么被它甩到生活的底层，在碾压与忍耐中挣扎；要么以此为养料能量苗壮成长。而天才往往属于后者。北大路鲁山人注定是一个不同凡响的人，只要他接触过的领域，都会留下光彩熠熠的造诣。

艺术全才

北大路鲁山人首先是个书画艺术家，书画支撑起他造型艺术的骨架。

鲁山人从小对美就有强烈的感受力。有一篇研究鲁山人生平事迹和艺术成就的《不可不知的鲁山人》写道：鲁山人在3岁时，有一次嫂子带他在神社山后散步，他的注意力被路边一丛盛开的杜鹃花吸引住了，久久不愿离去。据他本人说，这时候就开始有了自觉的审美意识。养父福田武造是个画师，不务正业，喝酒赌博，一辈子穷困潦倒，家里经常断炊。鲁山人在京都梅屋寻常小学刚毕业后，就被画师送到一家汉方药店"丁稚奉公"（学徒工）。有一次在送药的路上，他看到一家名叫"龟政"的料理店，上面的广告灯上一笔画成的龟和文字，内心受到深深的冲击。那是出自店主家的长子，当时京都画坛翘楚的画师竹内栖凤的手笔，那一刻鲁山人就立志成为一个画家。他曾央求家里送他到画画私塾学画，但因家里实在太穷而作罢。药店学徒期满后，他回到家里给养父福田画师打下手，开始学习书法、画画和篆刻，并且很快在书画艺术上显出才华，几次参加悬赏都获奖。17岁时，一次偶然的机会，他听说画广告牌能获得报酬，便开始学习，并很快成了画西洋广告牌的高手。1904年，21岁的鲁山人到东京，参加当年日本美术协会主办的展览会书法比赛，凭着一手漂亮的隶书"千字文"，斩获展览会一等奖。此后，鲁山人入西洋画家冈田可亭门下学画，前后三年。25岁左右，鲁山人开始出国游历，先是到当时日本殖民地的朝鲜总督府工作，回国后不久又到上海，师从沪上艺术家吴昌硕学习书画和篆刻。回国后，鲁山人被滋贺县长滨大财主河路丰吉聘用，并在他的扶持下从事书画创作。在滋贺县因缘际会，鲁山人终于和心仪已久的竹内栖凤相识，并得到竹内的提拔，成功进入当时的日本画坛。

美食天赋

北大路鲁山人在日本最为人津津乐道的是他的美食家身份。他对美食的天分，从小就表现出来了。

穷人的孩子早当家。在穷愁潦倒又自暴自弃的画师家当养子，是没有幸福童年可言的，鲁山人从小就包揽家里的杂活，9岁起做饭做菜就是他生活中的一部分。他每天起早帮养母做饭，做好饭才去上学。为了不被责骂，就必须经常琢磨怎样把饭菜做好吃，后来成了一种乐此不疲的爱好。不幸的身世与对美好生活的向往，成为他通往美食家之路的基石。

鲁山人虽然出身清寒，但天性脱俗心气高，于穷困中能够活出精神来。在他青年时代美食天性已开始显露端倪。他曾在一家公司当文员，薪水低，生活拮据。但他在吃的方面表现出匠心和趣味：彼时日本工薪族上班，都是自带家里做好的便当在公司吃午餐，鲁山人为了省钱，只带最便宜的豆腐去吃。不同的是，蘸豆腐的酱油却是自己在家特制的，而盛装豆腐的器皿——一件古董刻花红琉璃茶碗，是自己用辛辛苦苦攒下来的大价钱买的。白豆腐、红玻璃碗、暗红酱油、青翠葱花，把最廉价的豆腐吃成优雅、风致的上品佳肴，连上司都艳羡，看出他的与众不同。这样体面节俭下来的钱财，再去投资自己的爱好——追求饮馔之美的极致，他在随笔《美味畅谈》写道：

只要认准一个地方，那就一定要吃到自己的舌尖彻底佩服为止。因此我自己的工资，就这样全部吃掉了。

而立之年，他凭借一手过硬的书法篆刻，在北陆金泽的古玩商家当食客。在富而好文人家里见识了饮馔的精髓后，鲁山人将兴趣投注于吃喝之道，研究菜肴艺术，自己动手烹制，后来名气爆满，经营起全日本一流的美食俱乐部——星冈茶寮。

星冈茶寮：日本顶级美食俱乐部

日本大正时期著名文学家谷崎润一郎写有一部《美食俱乐部》的长篇小说。小说叙述了一个养尊处优的贵族绅士对清淡单调的日本菜肴感到乏味，而外出探索美食的故事。主人公G伯爵是个深度美食控，人生的最大意义就是享受饮馔极致之乐。有一次，他邀请远近同好前来体验魔法般的料理，有芳香的鸡汁鱼翅，"如同葡萄酒般的甘甜弥漫整个口腔"；火腿白菜，"涌现丰厚的汤汁，白菜纤纤绕于齿际舌际"，幻觉中如啃美人玉指；还有高丽女肉，"裹在她身上的绫罗衣裳，乍看之下是白色绸缎，实际上全是天妇罗的酥皮"……据说，小说中的"美食俱乐部"和G伯爵，背后就有北大路鲁山人和"星冈茶寮"的前身"美食俱乐部"的影子。

鲁山人在开画廊的时候，嫌弃厨师做的菜不好吃就干脆自己动手做饭菜，同行也跟着一起吃，朋友称道他做的比老字号料理店的还好吃，就建议说："不如自己搞个餐馆吧。"就这样，他们合伙搞了一个美食俱乐部，来吃饭的人越来越多，甚至经常性造成了交通拥堵而受到警察的训诫。最后，为了解决经营场地问题，经朋友介绍，租下了高级料亭"星冈茶寮"，成立了会员制的高级私房美食会馆。

所谓"茶寮"，是明朝饮茶文化用语，原指僧寺的饮茶场所，后来被文人、艺术家引入日常家居生活中。晚明文人热衷品茗，就在书房边上自建独立的品茗雅室。比如，文震亨在《长物志》中说："均一斗室，相傍山斋，内设茶具，教一童专主茶役，以供长日清谈、寒宵兀坐，幽人首务，不可少废者。"这一做法也随着煎茶传到日本被仿效。江户时代茶道盛行，举办一次茶会，时间很长，一场茶会往往大半天甚至一整天，所以中间必须要用餐，而且茶会中的膳食必须与茶道侘寂精神相配套，于是在此基础上发展出"茶怀石料理"。有的茶主难以自办宴席，后来出现了专门承办高档宴席的"茶寮"，哪里办茶会就上门办席，如创办于1720年的老字号茶寮"柿传"。东京星冈茶寮是一家颇有来头的高级料亭。明治初年，三井财阀创办人三野村利助提议在位于东京日枝神社边的空地上开设一家高级饭店，作为接待政府要人的社交场所，得到岩仓具视的批准。三野村投入巨资一万日元兴建，于1884年竣工后，招聘茶道名家松田道贞在茶寮里为华族和政要讲习茶道，或举办社交茶会，一时冠盖如云。1923年茶寮在关东大震灾中严重受损，渐次荒废。1925年，北大路鲁山人和京都古玩商中村竹四郎集资将"星冈茶寮"包租下来，作为高级私房菜经营场所，"星冈茶寮"采用当时富人俱乐部通行的会员制，只对少数具备相当财力与身份的人士开放，德川家第十六代当主、当时担任贵族院议长德川家达第一个响应，成为"星冈茶寮"的首位会员。财界、政界人士以及富裕的文人艺术家也纷纷加入，一时成为当时轰动社会的新闻。经过改造装修，以高级料亭重新开业，中村竹四郎任店长，鲁山人担任美食顾问。

　　鲁山人认为料理创作需要美学知识，还要有执着的爱和对艺术的追求。他说："在我看来，做料理是要注意整体美感的。料理之美与绘画、建筑或是大自然之美相比，无论在本质上，还是在表现上都无二致。"他之所以能成为料理名家，是因为他本身就是杰出的艺术家，他是以艺术家的眼光和修养来处理日常饮食。另外，对于精通日本传统文化的鲁山人而言，他的料理世界也是日本茶道精神在饮食生活上的投影，散发着日本文化的馨香，所以通过他的料理可以理解日本文化。

　　料理之美首先在于味道本身，要在烹饪上追求真善美。鲁山人说："料理就是探索食材的合理性。"这就是说，料理应该发挥食材的特点，才能调理出美味佳肴。但不是简单地切好材料，下锅煮煮就能做到。日本料理的理念是发挥材质的优势，根据季节因地制宜，还要考虑用餐的对象，做到有的放矢，营养平衡。在料理选材上，鲁山人有独到之处。在谈到选材时，他说："黄瓜就是黄瓜，蚕豆就是蚕豆，各有各的味道，在制作时，要想办法发挥各自的天然味道。"好料理需要最适宜的材料，选材是料理的关键所在。日本料理的特点在于食材新鲜，选材严格，原汁原味。外国人对日本料理的印象，一是色泽鲜艳，味道清淡；二是不但餐具搭配，而且店里的装饰也与菜肴相得益彰，并且和餐馆外的季节流转相呼应，吃日本料理可一边品尝味道，一边欣赏谈论五光十色的餐具，一边欣赏庭院中的园艺，将日常饮食升华到一种艺术审美境界。这种将美进行到底的食文化旨趣与鲁山人的极力倡导和身体力行有着莫逆关联。

鲁山人说："没有审美价值的菜算不上好菜，看在眼里越漂亮越好。食指大动，在于色彩、造型之美，在于香气，所以菜肴首先要愉悦眼鼻。"也就是说，料理的美学还体现在外观的审美上，除了口味得正、切割得法之外，还要讲究与之配套的餐具。"料理再好，食器粗俗，就不能让人感到愉悦""食器是料理的衣裳"，美观的食器使料理生辉，低俗的食具令菜肴失色。"星冈茶寮"里使用的餐具，都是鲁山人根据自己的眼光，从江户时代或明清输入的陶瓷精品中选出的，后来食器不够用，或者说既有的陶瓷餐具不足以表现自己的美食境界，于是"为了让菜肴穿上漂亮的衣裳"，甚至建造窑厂烧制杯碟盘碗。早年他在金泽古董商家当食客搞创作时，经常为当地代山温泉的窑厂刻制招牌，得以见识烧陶的工艺与妙趣，对日本传统制陶大为倾心，转而研究江户时代的茶碗烧制艺术，也积累了不少经验心得。有了自己的窑厂就可以随心所欲地烧制自己心仪的餐具。当时的日本陶瓷模仿整饬华丽的清代陶瓷，鲁山人则反其道而行之，从桃山时代（1573—1615）的茶人古田织部的茶碗中汲取灵感，创造出有个性的陶器。鲁山人为人孤高桀骛，我行我素，表现在艺术上就是奔放不羁。他烧制的餐具，豁达奔放、不拘一格，刻意打破均衡性、完美性，比起技术更在乎审美上的妙趣横生。有的餐具在坯胎时出现裂纹，他也不扔掉，随手给裂缝涂一道金，烧制出来就有奇趣，传为绝品；普通的酒壶花瓶，外观上用竹刀划一道伤痕就生动起来。

美食加美器，星冈茶寮不仅是美食天堂，还是高档优雅的艺术天地，一开业就成为轰动首善之区东京的大事件，令帝都多少老饕食客为之神往，趋之若鹜。每天夜幕降临，东京永田町财界政界食客开始鼓舌，络绎不绝前来星冈茶寮，甚至惊动警察。

侘寂的美食，简素中的奢华

日本料理以简素为宗，因为简素能产生自然的风味，好比一张白纸最好画画。简素是日本文化的根基，个中既有日本民族根深蒂固的审美嗜好，也与禅宗文化的影响有关，更与讲究侘寂之美的茶道艺术对饮馔文化的全方位辐射有很大的关联。

日本料理中，最能体现茶道侘寂之美的是茶泡饭。茶泡饭日语称"御茶渍"，其做法一如字面所示，就是用白天吃剩的米饭，加入调味，注入煎茶的简易餐食。日本茶泡饭最早起源于奈良的东大寺和兴福寺，是僧侣修行的辅助食品。寺僧深夜念佛打坐难耐饥肠辘辘，便以白天剩饭，加入煮沸的茶水，佐以咸菜啜食，可以充饥抗寒又提神醒脑。后来，随着茶道的兴盛，茶泡饭被改造成具有侘寂简素之美的餐食，成为举办茶会中不可或缺的简餐：选用精白如玉的米饭，略带苦涩味的煎茶或抹茶，再点缀海苔丝、芥末、梅子、鲑鱼、泽庵萝卜等配料，盛在考究的陶碗或黑漆碗中，这样一碗茶泡饭，不但可食，而且可以参禅冥想，可谓茶禅一味。

千年古都奈良和京都，是日本茶文化积淀最为丰厚的地方，以饮茶为核心的饮食形态极为发达。奈良、京都的茶泡饭冠绝日本，不但历史悠久而且品类繁多，更不乏将简素的餐食做成奢华御膳的数百年老字号。以秋田的小町大米、宇治山的玉露茶、纪州的梅干、仙台的纳豆、当季的鲣鱼干刨花为料，在奈良有的老铺一碗茶泡饭的价格，在东京可以享用一顿高级寿司。

出身京都的北大路鲁山人对茶泡饭情有独钟，他的饮馔随笔中有关茶泡饭的心得要领的篇什有不少，有金枪鱼茶泡饭、纳豆茶泡饭、海苔茶泡饭、鳗鱼茶泡饭、咸鲑鱼茶泡饭、天妇罗茶泡饭、对虾茶泡饭、杜父鱼茶泡饭等不一而足。平常心是道，化腐朽为神奇，才是大师的本色。他在《日本味道》中写道：

"总之，能把简单的东西做成顶级美味，才配叫作美食家。"

京都吃茶记

到京都总是要吃茶的。提起京都，走过的每一条街道，每一座寺院，每一个角落都会在记忆中浮起，随即萌生一种"晴日去旅行"的期待，仿佛觉得旅途中每一面飞檐低垂的粉墙下都有一家历史悠久的吃茶店在等候似的。因为京都是日本茶文化的起源地，从寺院到民间，自古饮茶之风非常浓郁，与茶有关的历史积淀非常深厚，比如怀石料理、精进料理、普茶料理，还有京菓子等，这类代表日本顶级吃喝的元素都与京都茶事的发达有关。京都不但有很多与茶有关的史迹文物，还有活在今天百姓日常的风俗，令人感受到茶道与这座古都的不解之缘。

茶在京都既是历史的，也是现实的；既是文学的，也是日常的，总之是一种美好的邂逅。

第一次游京都，是暑假和学校同学修学旅游去的。东京是个令人居久生烦的超级大都会，高度繁华的另一面就是高节奏与高强度，行走其中，时常有琳琅满目、应接不暇的炫幻之感，以及由此产生的感觉上的疲劳感。然而一走入京都，仿佛进入另一个时空似的，一切都显得慢慢悠悠，一切似乎都变得天长地久。到处是掩映在苍松翠柏中古老的庙宇神社，到处是低矮的旧时屋居，到处是小桥流水和精致的茶亭酒馆，一切景象和充斥着摩天大楼及虚张声势的霓虹灯构成的大都会截然不同。京都人就连走路的样子也和东京大异其趣。在京都，绝对看不到东京银座、新宿、六本木街区上那像消防队风火一样急走的人流。京都似乎永远生活在遥远的往昔时光之中。在祇园鸭川河岸或朱雀桥边，时常可以看见趿着木屐悠悠漫步的老人或身穿古典盛装姗姗远去的艺伎，无论是散步或赶路他们的身影都像天上的云彩那样自然，像河水一样自在……如果不是街路上豪华的轿车及闪烁的信号灯的提醒，真还以为是不小心走进《源氏物语》或《枕草子》的世界中。

京都有很多喝茶的好去处。在京都行走，不期然就会和历史悠久的老字号茶店相遇。有一次，我从大阪带着地图一人去京都的东山祇园一带转悠。从八坂神社鸟居出来，沿着门前町古街前往清水寺，走着走着，越走越熟悉，一看路标，赫然写着"三年坂"，颇有一种走入画中的意外惊喜。"坂"在日语中是坡道的意思，这条街道依山而建，曲曲折折，从山脚下的八坂神社外延伸到清水寺前。为什么叫三年坂呢？这典故我至今没弄明白。只知道那是一条名副其实的千年古街，据载兴建于9世纪初，是连接清水寺与山脚下的圆山、八坂神社的"参道"，作为寺社的门前町而繁荣起来。我住的公寓墙上挂着一幅浮世绘版的《三年坂》，是用旧挂历的画作制作的镜框。构图很简单，色调低沉，但画面中那种恍如梦中初醒的迷茫与怠倦感吸引了我，寂寞的青石板和路边打瞌睡似的石灯笼、隔着纸窗从茶屋里映出昏黄的灯火，有一种神佛护佑下的安详宁静。之所以会产生穿越的错觉，是因为眼前的景物：石板路、店铺外白色的遮阳棉布伞下猩红的座毯、靛蓝与柿红为主色调的帘布店招大体上依旧保持着浮世绘中的模样。那是8月中旬，虽说天已立秋，但在京都暑气犹炽，走长了路，正在脚酸口渴人思茶之际，看到三年坂商业街道两旁鳞次栉比的茶馆冰饮店，好像景阳冈上的武松望见在树林里隐现的酒旗一样，顿时来了精神，就近掀开暖帘进入一家名叫"洛匠"的茶屋休息。

这是一家专做冰饮的京都风吃茶店，兼营咖啡和手工冰淇淋等茶菓子。店名本身就很有京都味，或者说很有古都底蕴和意趣。8世纪末期恒武天皇从奈良迁都于此，一直到明治天皇定都东京之前，京都成为日本首都的历史超过一千年。平安京是仿照唐朝的长安和洛阳而建，分别以"京""洛"来命名京都城的不同区域，至今沿用，很多老字号的命名都带着"京"或"洛"字，显示出不凡的渊源和底蕴。町屋建筑的店面很小，但是非常雅致，那天游客不多，冷气开得也很足。我挑了靠窗的一角落座，可以观景。窗外对着一个山崖，可以欣赏一片天然的庭园，几块苍苔斑斑的巨石围成一个深潭，水里斑红、粉白、黝黑几条大锦鲤肥胖雍容往来游弋，印象中好像店内临窗的地方还专设一个榻榻米的茶桌。这家店的茶是和点心一起搭配赠送的，我要了一份招牌茶点，好像是蕨草榨汁与糯米做成的草糕，切成长块状，撒着黄豆粉，与浓绿清雅的煎茶很相配。留在记忆中的还有京都饮食店的待人接物，无论男女有一种勘破尘心的淡定从容。女店员是个中年妇女，淡绿色棉布围裙，头上系着头巾，很优雅地在马尾辫后绑一个花结。说话细声细气，手脚麻利又从容，与东京服务行业女性元气满满、咋咋呼呼的劲儿大不一样。

　　真正领略到在京都喝茶的妙处是在回国以后。在日本，上学工作都在东京首都圈，古都再怎么优雅深邃得令人向往，毕竟隔了近三个小时的新干线，不可能说去就去，首先费用就不允许。回国后工作上的关系，几乎每隔一两个月就往大阪跑。在大阪出差，京都、奈良乃至整个关西近畿周边都有工作上的联系。而且其间总有一两天的间隙，我常就近去半个小时电车程内的京都，那里清净、舒适，是旅途中最好的休憩之地。这样几年之后，对京都的吃茶之乐才有一些体验心得。

　　有一段时间，我去京都都会往左京区寺町一带走动。春日赏花，秋日看红叶，一年四季，日日是好日。那里是古代皇城的中心，古迹多，寺庙多，绿化多，书店多，还有就是各种老字号的饮食店多，几乎具备了旅途中所有令人赏心悦目的元素，尤其适于一人一日半日自由自在的勾留。日本建造都城的历史始于7世纪，起步很晚，但因为善于学习模仿进步很快。尤其是在建京都平安京时，由于有了此前建造奈良平城京和长冈京的经验，后来兴建京都平安京各方面都成熟了。平安京综合了唐朝首都长安城和东都洛阳的特点，横平竖直，上北下南的格局，以朱雀大道为中轴分为左右两京，左京（东）曰洛阳；右京（西）曰长安。右京区因为地势低洼，历史上经常闹水灾，城市的中心渐渐往左京区迁移，"洛阳"这一古称在京都也遗留至今，京洛文化保存最完好，也让前来的中国游客引发怀古幽思。寺町大街是一条南北走向的古街，战国时代后期，丰臣秀吉被赐封关白之职位，位极人臣，大力改造京都，将寺庙都集中到平安京东部来，寺町一名就源于此。从紫明街笔直向南一直走到五条大道是为寺町通（街道），沿途经过三大名水之一的梨木神社、紫式部写作《源氏物语》的庐山寺、京都皇居御所，还有织田信长丧命的本能寺。这条大街上，古老商铺鳞次栉比，京都风茶铺也很多，位于中京区的"一保堂"也是一家供应手工现磨的抹茶老铺，历史更悠久，店头招牌显示创立于享保二年（1717），迄今已经有三百年了。这家茶铺坚持古法抹茶，用石磨，抹茶粉颗粒精度达到4500目（"目"是人工研磨出的颗粒的精度）以上。由于密度大，茶筅打出的乳色"茗渤"也很丰厚，味道略带青涩与微苦，再佐以店里搭配的手工甜味茶食，有一种无法一语道尽的甘美细腻之余韵。

位于右京区清泷川畔的栂尾山高山寺，是京都秋天观赏红叶的名所，也是日本茶叶种植发祥地。12世纪末期，从南宋修禅归来的荣西法师，将从宁波带回的茶种分赠三粒给高山寺住持明惠上人。明惠上人（1173—1232）将茶籽种在寺中的"十无尽院"，位置在今天寺内清泷川对岸的深濑，这里成了日本植茶发祥地，在三株古茶树旁立了一块石碑，上书"日本最古之茶园"。后来，明惠上人又将茶苗移植到宇治，于是那里成了日本种茶的起源地。从14世纪到17世纪，宇治茶园得到朝廷和幕府的支持和奖励不断扩大，扩展为"宇治七名园"，成为御用茶园，是日本茶道抹茶的正宗。江户时代，宇治玉露茶已经海内闻名，是家康、秀忠和家光三代将军以来的幕府御用茶。每年初夏采茶季节，幕府派出的武士抬着40个大竹笼，耀武扬威往返于江户日本桥到京都三条大桥之间，将宇治茶送到江户将军居城里，这就是日本历史上恶名远扬的"御茶壶道中"。御茶壶行列一百多人，相当于钦差出行，沿途所到之处，百姓必须停下活计跪着迎送，就是连进江户参觐交代的大名也必须退避谦让。这项恶政直到幕府垮台才告终结。

明惠上人是栂尾山高山寺的开山祖，也是个诗僧，有《明惠上人歌集》传世。川端康成称他为"月亮诗人"，说他的诗中有月，有禅，体现了"风雅就是寒"的日本美学传统。像"冬月拨云相伴随，更怜风雪浸月身""山头月落我随前，夜夜愿陪尔共眠""心境无边光灿灿，明月疑我是蟾光"等这些句子空灵幽玄优美，滋养了"美丽的日本"。徜徉在茶园周边，我的思绪穿越到800年前，仿佛可以看到明惠上人吟咏和歌参禅入定的身影。高山寺是京都保留较为完好的寺庙之一，禅堂石径依山而建，古木森森隔开了世间的尘嚣，这样的环境，人很容易与清风明月融为一体。明惠上人一生精进修行，孜孜求道，川端康成说他在山上禅堂中打坐，思索着宗教、哲学的心和月亮之间微妙的呼应关系，写出的诗"具有心灵的美的同情和体贴"，人与月浑然一体。据载，明惠每晚都坐禅到深夜，要靠喝茶来提神醒脑，所以饮茶是高山寺修禅礼仪。寺庙周边密林之间有一大片茶园，采摘茶叶在春秋两季进行。为了纪念茶祖明惠上人的功德，每年11月8日，在高山寺的开祖堂举办献新茶法会，参会的除了寺庙僧人，还有来自全国各地的茶道流派。

古都风情最浓郁的茶店大都集中在宇治一带。宇治位于"洛南"，也就是京都南部，既是《源氏物语》故事的舞台，也是日本茶叶一大发祥地。每年的春秋两季新茶上市之际，"新茶祭"与"观月茶会"是宇治万人空巷的两大茶文化盛典。明朝末年，福建禅僧隐元和尚来到京都宇治开基临济黄檗宗，将明朝流行的瀹茶法（沏茶法）传入京都，比起繁文缛节的抹茶，煎茶法简便易行，经济实惠，饮茶才得以在社会各阶层畅行。今天的宇治茶并非专指京都，与京都府相邻的滋贺县、三重县所产的绿茶，拿到宇治按照古法炒制加工的茶叶也叫宇治茶，因为茶树是不存在行政区域划分的。宇治所产的玉露茶是高级绿茶的代名词。玉露茶制作考究，从采摘前近一个月开始就要进入特殊照料期，茶丛上覆盖着黑色防晒篷，以减少阳光照射，在阴暗处缓慢生长的茶芽嫩叶柔嫩细腻，富含水分。采摘之后直接蒸青，再揉捻，最后再用机械烘干包装。宇治煎茶冲泡出来的茶汤，颜色鲜绿，气息清爽，口味中有一种焉有似无的涩味。在日本国内上等抹茶中，宇治产的占了很大一个比重。用来制作抹茶的原料只能用春茶。采摘前也是遮阴蔽日，采摘后蒸青，直接烘干，使茶叶保持原状，然后用石磨一圈一圈研磨成粉末状，再用细密的罗筛筛出。抹茶除了运用于茶道会席、茶馆之外，主要用来食用，如制作茶食、蛋糕之类的点心等，此法古已有之，于今为盛，宇治的抹茶食品扬名四海。

宇治不但出名茶，而且闻名日本的"天下名水"也出于宇治，两者结合便是珠联璧合。永禄八年（1565）正月二十九日，奈良多闻山城主松永久秀邀请当时日本茶道界的茶道宗师千宗易负责主持茶会。松永久秀从宇治桥附近的泉眼运来"天下名水"，用的是宇治森园特制的上品茗茶，展出包括价值连城的"付藻茄子"在内的多件"唐物"，成了驰名日本列岛的茶汤盛事。千宗易"一会"成名，他就是后来在日本茶道史上大放光芒的千利休。三年后的织田信长率大军进入京都，松永久秀献出"付藻茄子"不但得以幸免屠城之灾，还获得对奈良南部的统治权。千宗易则先后被织田信长与丰臣秀吉聘为茶头，步入事业人生的顶点。

由于地处名茶产区，宇治很早就出现了带有经营性质的私人茶摊茶店。当时有一部《七十一番职人歌合》，用连歌的形式将当时社会上各行各业所操的营生唱个遍，是日本工匠文化的重要文献。其中《今神明》一章，歌咏了在宇治栗隈神社前摆茶摊卖茶汁的女人。足见经营茶汤在当时已经成为一项职业。茶叶好，水好，做工讲究，喝茶的环境赏心悦目，这是宇治茶店流传至今的美名。宇治茶店最集中的宇治川沿岸一带仍有好几家坚持古法制作抹茶的老店铺。从JR奈良线宇治车站出来前往平等院，不到百米就有一家抹茶老字号"中村藤吉"。这是一家19世纪创业的抹茶店，可以说是以宇治茶为主题的茶餐厅，好像在东京银座和香港都有分店。这家老茶馆经营方式很科学，中午和傍晚用餐高峰时间供应茶餐，比如抹茶荞麦面、茶泡饭，其余时间则是茶饮甜品。我曾和一个京都龙谷大学的讲师在这里歇息喝过茶。印象最深的是抹茶，用石碾一圈一圈磨出来的茶膏，很浓稠，放在茶碗里，用茶筅飞快地来回涮，直到起一层白泡沫，再啜而饮之，感觉有点宋人点茶遗风。抹茶是连茶叶带茎梗一起喝下的，茶汁浓度高，略带苦涩味，所以配上甜度较高的京都茶食，比如红豆馅团子很相宜，有一种细腻的舒坦在舌苔上弥漫。我第一次在茶道会席以外的地方喝抹茶，感觉很特别，原本以为抹茶只是茶道会席上的特有形式，没想到在京都的茶餐厅就能随意品饮，不禁暗自感叹：不愧是日本茶道起源地啊！

在宇治，最富文学浪漫气息的喝茶地方要数宇治川河沿一带。宇治川发源于滋贺县琵琶湖流出的濑多川下游，曲曲折折，穿山越岭，流经京都盆地南部时，河面变宽，水流变得平稳，两岸风景如画。春有烂漫樱花，夏枕一川清流、纳凉赏月，秋日满山层林尽染，冬日雪晴之日可以在川边的长廊煮酒、烹茶、观景。在平安王朝时代，皇室、贵族便在宇治川岸边兴建私人别墅，俯仰天地，呼吸晨昏享受太平盛世的良辰美景。紫式部的《源氏物语》五十四帖，其中压卷的《宇治十帖》，讲述的光源氏的儿子薰、孙子匂宫与出生于宇治川畔三姐妹之间凄美的恋情就在这一带展开。《源氏物语》也是在宇治川画上句号。书中最后一帖《梦浮桥》中的舞台就在横跨河流东西两岸的宇治桥。薰出门远行前往比叡山深谷寻找昼思夜想的意中人浮舟，此时浮舟已经削发为尼。捧读薰熟悉字迹的书信，仿佛可以闻到信笺上熏过的花香，浮舟掩面而泣，她是放弃青灯古寺的苦修呢，还是看破尘世情缘的虚无？故事到这里戛然而止，余韵千年不绝。桥在《源氏物语》的终章里没有出现，后世推断那只是联结现实与梦幻，此生与彼岸的津梁。这座桥坐实到空间上，便是连接奈良与京都的宇治桥，桥边矗立着紫式部的雕像和镌刻着"梦浮桥"石碑。王朝时代以来，宇治川畔成了京都一大游乐胜地，随着茶道的流行，在宇治川西岸鳞次栉比兴建了许多茶屋和料理店。夜幕降临，华灯初上，在露天茶座，品茶，赏月，看河岸明灭如幻的流萤，听江流有声，脉脉悠悠，好像在讲述千年不朽的物语。

也许深受王朝时代优雅美学趣味熏陶的缘故，京都的茶馆也极富文学气息。京都作为古都的优雅风情，展现在老街旧式住宅町屋，乃至商铺所挂的各种古香古色的招牌、暖帘上。暖帘也就是店招店号，一般挂在门上。京都老铺喜欢用蓝、白、茶、柿红色等天然染料染出的颜色，在棉布上印出自家店号。从颜色大概可以窥见业种，像和服店、清酒店喜欢用色调很纯的靛蓝；艺伎茶屋游廊用浅葱色；菓子茶食铺用白色；茶叶店、茶馆、苗圃则喜欢用茶褐色暖帘。最妙的是，京都的茶店也像人一样会根据季节来换衣服，一般分为夏季冬季两种，夏天用看起来能让人产生清凉意趣的白色粗麻布，冬天用厚厚的颜色重的棉布，这种对节序流转变化高度敏锐的感受力似乎为京都人所特有。暖帘是古都文化底蕴的符号。在京都，暖帘无处不在，每一片未曾掀开的暖帘后，或许有几百年甚至上千年的执着或积淀下来的味道在等待开启，那是一种很美妙的体验。那种兴奋与期待，或许可以和古代新郎掀起新娘的红头盖比拟吧？

忆京都，最忆是吃茶。历史、文学、记忆，阳春白雪与下里巴人，都在一盏茶汤里相遇。

东京吃茶店风俗志

一

早年在国内学日语，读到会话里经常出现"吃茶店"一词，便心生亲切，闭目都能联想到在日本茶馆林立的景况。身临其境才知道是望文生义的误会，在日本，所谓的"吃茶店"并不是茶馆或品茗的地方，而是咖啡店，或许翻译成"日式咖啡馆"更贴切。时间久了，进出次数多了，又感觉出它与一般意义上的咖啡店不尽相同。吃茶店，作为一种在日本都市生活中扎根很深的生活方式，不仅仅是饮料店，还包含了更为丰富的内涵，既是世俗的，又是精神文化的。

吃茶店在日本遍地开花，用"有市井处就有吃茶店"来形容想来并非夸张。不必说东京、京都、大阪这样的大都市，也不必说大都市圈外的城郊，就是偶尔乘坐只有两节车厢慢悠悠往返城乡的电车外出时，在那下雨天或打瞌睡就可能错过的小站外，隔着几十米远都能看到各样的"吃茶店"。据全日本咖啡协会（All Japan Coffee Association）的统计，去年（2016），全国挂牌营业登记在册的"吃茶店"有67000多家，这个数量与20世纪八九十年代全盛期相比已经大大缩水，但总数上几乎与寺社、便利店和派出所这类在日本最为常见的场所相当，足见其普及性。吃茶店是都市生活的驿站，无论是约见、聚谈或独处，吃茶店提供了各种意义上的公共空间，成为日本人日常生活中密度最高的所在。

我喜欢吃茶店，更甚于纯粹喝茶品茗的茶楼茶馆，只因便捷、舒适，还有经济实惠，而且比茶馆更寻常可见。余生也晚，20世纪90年代东渡扶桑时，曾经在日本如火如荼的吃茶店全盛期已经进入尾声，不过客居东京数年，进进出出或耳闻目睹的吃茶店还真不少，甚至本人就有在吃茶店短暂打工的经历，留下或深或浅的记忆，清点汇总起来，或许就是一本私家版的《东京吃茶店风俗志》。

二

"吃茶店"一词，平白如话，追根溯源拓展开来，却自成一部风俗文化编年史。

"吃茶"是汉语词汇，源于唐朝五代时期禅门寺院饮茶修行的丛林家风，典出《五元灯会》赵州和尚"吃茶去"公案。12世纪末期，归国的渡宋僧荣西和尚撰写《吃茶养生记》，倡导吃茶健康养生的理念。这本书用纯正的汉文写成，献给第三代镰仓幕府将军源实朝，在他的支持下，饮茶之风得以推广开来。室町时代，随着茶树栽培在各地传播，茶叶产量逐年增高，饮茶也开始走出寺院向民间渗透，甚至出现了最早的经营性质的吃茶店。

距离今天京都火车站西南方向步行不到十分钟的地方，有一座大寺庙东寺，是世界文化遗产，观其建筑史，与平安京营造几乎同时，其中的五重塔是国宝级纯木构造建筑。寺内所藏一份珍贵的《廿一口方评定引付》是研究室町时代京都社会风俗的宝贵文献。其中就有经营性茶点的记录，"应永十年（1403），在东寺南大门前，有人开起吃茶店，一服一文钱"，这或许是信而有征的日本茶文化史上最早出现的吃茶店；又，"永享五年（1433），东寺的院墙外，沿街吃茶店已经非常兴隆"，从中可知，早期的吃茶店是由寺庙向外扩散的。今天到京都旅游，在古寺神社的周边随处都能邂逅创业几百年甚至近千年的吃茶店或茶叶店、茶菓子老铺，可以说与扎根京都深厚的饮茶历史与文化有关。

战国时代后期，日本列岛烽烟四起，诸侯大名之间互相攻伐杀戮征战未休，饮茶之道却于战火和刀光剑影中迎来鼎盛。进入江户时代茶汤大兴，继千利休的草庵茶（侘茶）之后，出现了武家茶和町人茶。茶道有一整套繁复的规矩和礼仪做法，这种阳春白雪的吃茶费钱、费力、费时间，不具备大众化，而且门槛很高，一踏入草庵露地，茶还没喝到肚子里，就被处处要求修正自己的人生观，已经近乎宗教境界的修行，看起来虽美，却不是一般人愿意承受的。不具备日常性、大众性的事物当然无法普及。

17世纪中期明清易代，福建黄檗山万福寺禅师隐元赴日，传去了在明朝普及的煎茶法（泡茶法，一名瀹茶法）。煎茶法是将散茶放入茶壶或茶瓯，注入热水，茶叶与茶汁分开，可以反复冲泡，多人饮品，相对于程序繁复的古典抹茶是一种现代饮茶法。从此，这种比抹茶法更简便易行的吃茶方式，在以万福寺为中心的京都寺庙之间流传。后来万福寺和尚月海在祇园东山开了一家名为"通仙亭"茶馆，采用最新潮的明清"煎茶法"，这是日本茶文化史上第一次出现对公众开放的煎茶法吃茶店，与室町时代京都东寺南门出现的抹茶吃茶店隔了整整三百年。以此为滥觞，煎茶道在江户时代中期崛起，吃茶店在江户、京都、大坂等地的城下町闹市、寺社以及各地通往江户的五大参勤街道上流行，甚至还传到了已经沦为江户幕府附庸的琉球国。

茶是东亚的传统饮料。近代以前，绿茶是吃茶店的基本饮料，也是除了饮酒以外的最主要社交饮料。大航海时代后，咖啡随着西方传教士和商人进入日本。日本历史最早记录咖啡的文献，是1804年问世的随笔集《琼浦又缀》。作者大田南亩是个下级武士，生于1749年，善于狂歌，兼通汉诗，一生作汉诗4000多首。琼浦是长崎的雅称，江户幕府奉行锁国政策，只允许长崎对清朝和西欧的荷兰开展海上贸易。《琼浦又缀》用汉文随笔体记录了他在长崎奉行所任职期间的一些见闻。他曾在阿兰陀（荷兰）商馆喝到过一种怪味的"南蛮"（西欧）饮料：将豆炒得焦黑粉末状，与蔗糖搅拌啜饮，"焦臭不堪其味"，不禁吐槽连连。大概这种南蛮人爱喝的咖啡，无论颜色、味道与日本人崇尚清淡细腻的味觉格格不入，所以即便在长崎也没有流行。

伴随着日本开国步入近代化的进程，咖啡才开始进入日本人的生活。1853年夏天，佩里率领四艘涂了黑漆的铁甲蒸汽动力军舰，兵临江户湾的浦贺，撞开了日本闭锁两个半世纪的国门，全国上下鸡飞狗跳。"黑船事件"成了日本开国的前奏。随着横滨、函馆成为开放港口，西方物质文化潮流般涌来，咖啡作为一种摩登风尚，渐渐被与外国人打交道的日本人所接受，在欧美商馆林立的横滨、神户港口流行。1858年，咖啡豆作为一种征税商品出现在《日美修好通商条约》中，可见咖啡需求已经成为一种消费趋势。

三

明治二年（1869）5月，年轻的明治天皇在三千随从簇拥下浩浩荡荡巡幸江户，从此不再回銮，京都的朝廷和维新后成立的政府机构也随之搬迁过来，翌年江户改名东京。新首都诞生，东京成了政界、财界、文化界重镇，得风气之先，银座、京桥等交界地带因为近邻政府所在地，率先引进西方的吃、喝、娱乐文化，一片繁荣，东京成了现代吃茶文化的策源地。

1888年4月，位于东京下谷黑门町的"可否茶馆"正式开业，这是第一家真正意义上的咖啡店，兼营西餐。店主是一个福建人后裔，名郑永庆（日本名西村鹤吉），据说是郑成功后人。他从小在长崎长大，曾留学美国耶鲁大学，在大藏省当会计。据说青年时代曾随父亲在北京生活过，对北京的茶馆赞不绝口，又曾见识过欧美的咖啡沙龙，决计将两者结合移植日本，创造一种全新概念的社交、聚会场所。"可否"（かひ）是英语"coffee"的汉字音读。两层楼的西洋建筑，一楼是台球室，二楼有西式咖啡座，还可以下棋、打扑克、看书、浏览各国报纸。咖啡价格是一杯纯咖啡一钱半，加牛奶两钱，当时一日元相当现在的两万日元，教师月薪5—8日元的时代，在当时算是高消费。因此，咖啡店成了当时少数富豪精英的社交场所。但彼时社会对这种场所和饮食方式需求的消费层还没有培植起来，咖啡店开张六年后难以为继，关门大吉。但作为日本近代吃茶店的元祖，却给后世同行提供了灵感和参照。

1911年的阳春三月，位于今东京银座八丁目六番地炼瓦街一角，一家名为"蒲兰丹咖啡"（Café Printems）的欧式吃茶店开业。这家无论在内涵还是外延上都开一代新风的吃茶店，无论在都市风俗文化史或文学史上都留下烙印，值得一书。

"蒲兰丹"店主黑田清辉和松山省三，是东京美术学校西洋油画专业的师生。黑田清辉早年赴巴黎学习法律，后改学西洋油画，师从法兰西学院派画家科兰（Louis Joseph Raphael Collin），回国后任冈仓天心刚创办不久的东京美术学校西洋画科主任，弘一法师也是他的弟子。黑田清辉心仪法国巴黎艺术家沙龙的氛围，意欲将它移植到日本。他命名的"printems"在法语中就是春天的意思，据说出自明治戏剧界的旗手小山内薰的创意，给人以春光无限的欣欣向荣之感。有别于一般日式茶屋的风格，"蒲兰丹"从装潢风格、菜肴供应到服务，都是纯粹法国式的。内饰采用当时东京美术学校秀才的设计，从留下的照片来看，店里宽绰亮堂，点着霓虹灯，雪白的桌布，除了咖啡红茶，还有威士忌、白兰地、红白葡萄酒之类的酒精饮料，在当时还很罕见。在服务方式上，"蒲兰丹"还别出心裁采用法国咖啡馆所没有的女招待服务，选用气质优雅、服饰发饰新潮的年轻女性当服务员，在当时是创举，却也开了后来以美女接客为卖点的"风化吃茶"的恶俗。

"蒲兰丹"开业后成了东京艺术界的聚会沙龙，西洋画家黑田清辉、和田英作、岸田刘生常聚集在此，交流现代美术的最新潮流；文坛作家也闻风而动，来这里举办各种文学聚会，森鸥外、永井荷风、谷崎润一郎、冈本绮堂；还有歌舞伎表演艺术家市川左团次等当时文化界名人都是这里的座上客，使得"蒲兰丹"成为一家文艺气息很浓郁的沙龙，成为大正了昭和时代吃茶店文学的滥觞。在收费上，"蒲兰丹"采用欧美富豪俱乐部的会员制，每个会员缴纳会费50钱，相当于当时一流银行新入社职员月薪的一成，是高门槛消费，只属于少数高大上知识文化精英，普罗大众很难光顾。

将现代吃茶文化普及化的是同年年底开业的"圣保罗咖啡"（Café Paulista），创业人水野龙是专做日本巴西移民劳务出口的富豪。20世纪初，南美洲的巴西发现矿藏，缺乏劳动力，水野龙将在工业化过程中大量失去土地的日本农民送到巴西做劳务。巴西政府为了表彰他的功绩，无偿向他提供9000千克的咖啡豆，作为回报也让他义务宣传巴西咖啡。这个成本优势，成了"圣保罗咖啡"普及吃茶店的有力依托，一杯咖啡外加一个甜甜圈才五钱，这是连乡下来京的穷学生都消费得起的价格。因此，广聚人气，二十几家分店迅速从东京向大阪、名古屋等地扩张。

四

以1923年9月的"关东大震灾"为契机，东京的世俗风气发生很大变迁。

吃茶店在大都市依然保持增长势头，但开始分化出不同的经营路线，一种提供咖啡、红茶、西点的店铺，以漂亮女性服务为噱头的"特殊吃茶"如雨后春笋般出现，这其中以1924年在银座逆势开业的泰格咖啡（Café Taiger）为代表。比起"蒲兰丹"，这类吃茶店在服务上更细腻熨帖。银座近邻新桥、京桥，是艺妓茶屋、会客楼、高级料亭最集中的地区，"特殊吃茶"继承了艺伎茶屋的待客之道，女招待化浓妆，穿高级和服，和男性客人比肩而坐伺候吃喝，陪聊，没有固定收入，靠客人小费作为收入源。女招待与其说是服务生，不如说是更接近风俗酒吧里的坐台小姐，乃至当时正能量满满的媒体记者惊呼："银座已经成了色情泛滥的重灾区了！"呼吁政府加以取缔。但彼时日本穷兵黩武，国家需要税收充当军费，就任其泛滥。这种带有色情意味的"特殊吃茶店"换上"纯吃茶"的名称，换汤不换药继续存在，在警察署管辖下，景气一直繁荣到"太平洋战争"之前，"七七事变"前夕，日本全国各种吃茶店总数超过上万家。

与上述两类吃茶店并行的，还有一种带有文艺色彩的"名曲吃茶"和"歌声吃茶"，数量上虽然不成大气候，但在流行音乐史上也留下温馨的一抹霞光。昭和初年，夏普公司创始人早川德次研制成功矿石收音机，随着投入生产，欣赏音乐不再是高岭之花，但由于收音机、留声机是超级昂贵设备，一般无人问津。吃茶店经营者看到商机及时引进，于是音乐爱好者聚集在一起，听欧美或流行歌手演唱的歌曲，兴之所至也和着曲调引吭高歌，可能是后来日本卡拉OK元祖。这种"歌声吃茶"在战后又卷土重来，20世纪五六十年代在新宿歌舞伎町出现了一家名为"灯"（あかり）的"歌声吃茶"咖啡馆。"灯"来自一首俄罗斯同名民谣。原本是一家战前白俄人开的餐馆，后来生意惨淡关门大吉。店主的儿子毕业于早稻田大学，感到俄罗斯餐厅富有异国情调，于是稍加改造，成为播放苏联唱片的"歌声吃茶店"。其时正值学生运动和工人运动在全世界如火如荼展开的年代，这家歌声吃茶店迎合了年轻人对社会主义苏联的浪漫幻想，加上"二战"结束后，很多原在中国东北被俘虏到西伯利亚的关东军士兵后来回到日本，播放苏联革命歌曲的歌声吃茶店成了他们怀旧的地方，也成了"灯"的一大消费群体，他们时不时聚在一起，喝着咖啡或威士忌，和着留声机齐声高唱翻译成日语的苏俄歌曲。这种吃茶店很快传播到东京以外的日本各地，在"歌声吃茶"的黄金期，整个日本有上百家苏俄风格的"歌声吃茶"，成了那个时代特有的文化景观。七八十年代以后，一方面是苏联社会主义步入衰退，另一方面是卡拉OK出现，"歌声吃茶"渐渐从都市文化中撤退乃至绝迹。

吃茶店折射出现代日本都市文明生活中五色斑斓乃至光怪陆离的一面，所以也往往成为现代文学家描摹世俗的对象。大正、昭和年间，很多文学家不但成为各种吃茶店的常客，还把吃茶店的故事带入文学史。荷风年轻时代出洋留学，深受法国唯美主义文学影响，奉行孤立主义、艺术至上原则。荷风生活上放荡不羁，独居麻布六本木上流社会住宅区，每天像不输给风不输给雨的勤勉的上班族一样搭乘地铁外出，混迹于银座、浅草的吃茶店和酒廊，并以此为文学写作的据点，洞察世道人心的几微，捕捉写作题材。广津和郎的《女招待》、谷崎润一郎的《痴人之爱》都是直接以银座、浅草的吃茶店女服务生为主题的作品。女作家林芙美子早年父母离异，随母亲从九州来东京谋生。由于家贫，林芙美子高中毕业后就出来找工作，从事过各种各样艰苦屈辱的活计，也在银座的"特殊吃茶店"当过三陪女招待，这些历练成了她的文学养料。1930年林芙美子的大部头自传体小说《放浪记》出版，一问世就成为畅销书。林芙美子一举脱贫，拿着巨额版税，像贵妇人一样到中国、法国漫游。

"太平洋战争"爆发后，日本海上物质通道受阻，咖啡豆无法进口，国内以咖啡为依托的吃茶店纷纷倒闭。1945年，在对日本本土狂轰滥炸后，美军占领日本，盟军总司令麦克阿瑟衔着子弹壳做成的大烟斗从容自若地走下战斗机，宣告一个崭新时代的到来。美军统治下的日本，咖啡与巧克力重新成为时尚，吃茶店又重新繁荣。日本现代风俗史上曾记载着，在战后的东京，曾经有过一个妙龄女郎，只要一杯咖啡外加一个甜甜圈或巧克力，就可以和美国兵哥睡觉的年代。

五

在东西方冷战时期，美国看到了日本在与社会主义国家阵营角逐世界霸权格局中的独特价值，放手让其发展。以朝鲜战争为契机，日本迅速从一个被占领的战败国成为冷战时期"反共防苏"前哨。借助特需景气，社会生产得以重新焕发活力，实现高速成长的日本，很快迈进发达国家行列。饱暖思淫欲，曾经的风俗业"特殊吃茶"又死灰复燃，在高歌猛进的经济复兴时期甚嚣一时。1964年，东京奥运会召开在即，为树立国际形象，日本政府对包括吃茶店在内的风俗行业进行整改。散发文艺青年清新气息的"纯吃茶店"在东京奥运会后大量出现，某种程度上或许可以看作对"特殊吃茶"恶俗的自我矫正。

"纯吃茶"走清纯文艺路线，去除酒精饮料，将吃茶还原到有个性、有尊严和品位的正道上来。专注于咖啡口味醇正的吃茶店增多了，店主往往把全副身心灌注在一杯咖啡上的奇崛人士，也都拥有当时很稀罕的"行业资格认定证书"，为了一杯上好咖啡可以押上身家性命，将多年搜寻来的豪华家具或古董摆在店里，让如花似玉的女儿也在店里端茶送水，成为"看板娘"。当时很多乡下才俊，不惜十年寒窗苦读考到东京读大学，就是对首都充满浪漫情调的吃茶店美少女的想象。那是一个有梦想，有奔头，每个日本人都活得很带劲的年代，尤其是青年学生，他们聚集在东京的吃茶店，热血沸腾，声讨被象征为罪恶的美国及走狗，抒发对象征革命和进步的红色中国的向往，信誓旦旦要给被压迫被剥削阶级和民族带来公平、正义和饭团。

但时代风气变得太快，所谓"学好三年，学坏三天"，人心不古，"纯吃茶"终究输给"风化吃茶"。随着日本"左翼"运动受挫，激情燃烧的岁月不再，今朝有酒今朝醉的资本主义人生价值观回潮，世界也由红色年代转向黄色年代。红色是代表敢于和旧制度宣战的激情热血和为理想献身的精神文化符号；黄色是赤裸裸的金钱和官能享乐欲望。世界彻底翻转后，充满败北感的日本社会精英阶层将改造世界的热情转向酒池肉林，奢靡享乐风气盛极一时，日本色情业迎来战后的初度辉煌，纯吃茶纷纷沦陷，"人妻吃茶""未亡人（寡妇）吃茶""无内裤吃茶"之类的"风化吃茶"席卷东京、大阪、神户等大都市，是今日人妻、熟女、超熟女、女仆人俱乐部等风俗业的前身。吃茶店回归到真正拥有尊严、有文艺馨香和品位的时代，费了一段相当曲折漫长的时间。

与此同时，日本的大都市里还流行过"爵士吃茶"，虽短暂，却美好，至今余韵犹存。这是战后婴儿潮出生的所谓"团块世代"们青春梦想的集结地。当代文坛上已经步入古稀之年的作家，像中上健次、宫本辉、村上春树、村上龙等都属于这个年代，在经历了战后美国文化席卷日本，经济腾飞后的纸醉金迷和左翼文化思潮挫败的创伤之后，美国现代文学和爵士乐文化成了很多人的圣经。比如村上春树，自幼喜读美国小说，收集欧美爵士乐名盘，20岁从神户到东京读书，大学时代就和同学阳子结婚，为了养家，用打工攒下的钱和向亲戚借款，在东京两国电车站附近开了一家名叫"彼得猫"的爵士吧。生活安稳了，有余力回过头清算青春，于是每晚打烊后在酒水单背后写自己的青春故事，这就是后来斩获群像文学奖并得以步入文坛的祭旗之作《听风的歌》。

六

据说西方的咖啡（Café）文化起源于佛罗伦萨，日本人却把它发扬光大，将吃茶店变成家与职场之外的另一个奇妙的解压空间，利用它来谈生意、约会、打瞌睡、读书、写作或发呆消磨人生。作为一种社交或休闲的公共场所，吃茶店被称为"第三空间""都市庭院和绿洲"，意为介于家庭和职场（学校）的另一种释放疗愈身心的特殊存在。日本人比较注重个人隐私，多数情况不喜欢串门或被串门。聚会娱乐也是经过细分的，酒场餐馆之类的饭局并不能涵盖所有社交活动，无论业务性或私人性的会面空间，比起料亭居酒屋，吃茶店更具灵活性和普遍性，也可以说是吃茶文化呼应了现代都市生活节奏的要求而获得了强大的发展空间。

韩国当代日本文化学者李御宁说：小中见大，螺蛳壳里做道场，善于在有限的空间里做文章等，这种"缩"的本领是日本人的一个特质。日本人的住宅较为狭隘，乃至曾被欧美人讥为"兔小屋"，拥有书房或客厅对大多数人来说是梦想。这样，就有人将住处附近心仪的吃茶店当作自己书房、工作间或家里会客厅的延伸。一个自由撰稿人掰着手指算了一笔账，在当今日本大都市，一杯咖啡大约500日元，一个月就算每天去一次，也不过15000日元。而在东京、大阪这样的城市，每个月房租之外加上15000日元是无论如何租不到另带书房或客厅的房子的，况且还无须为清扫、整理、做卫生操心。因此，将心仪的吃茶店作为私家书房或创作工作室的文人大有人在，也演绎出各种版本的悲喜传奇。

明治文学家森鸥外的长女森茉莉，幼年在慈父过度的呵护中长大，丧失了在逆境中苦壮成长的能力。晚年居无定所，生活相当潦倒，去世前十年几乎每天都在小田原线下北泽站一家名叫"邪宗门"的咖啡馆里度过。森茉莉年轻时几度离婚，父亲著作版权过期就断了经济来源，没有学过任何谋生技能，年过半百才拿起笔写文章维持生计。"邪宗门"有她固定的座位，她在那里写稿，会见编辑，整理账单，其间还悄悄恋上邻座一位小她十六岁，和她一样每天风雨无阻出入咖啡馆的中年绅士，只是至死没有表白。森茉莉1987年故去，享年84岁，"邪宗门"至今还在营业，据说店里森茉莉固定的座位还留着。都说日本人执着，一根筋，但执着也罢，一根筋也罢，背后一定是比黑咖啡还要黑暗苦涩的无奈。

吃茶店里有我喜欢的氛围，游学时代那里是我写作业、看书发呆或无所事事消磨时光的好去处。人流进出频繁，哄谈、清谈声此起彼伏，人与人之间互相交融又彼此保持独立，远比一人独处强。大宫车站东口有一家"多娜姿"美式吃茶店，位于宿舍、学校和车站"三点一线"的中间，是典型的学生街吃茶店，一杯美式咖啡和一个甜甜圈也就100日元，咖啡无限续杯，可以从早晨待到深夜。假日我常常在那里看书，写家信，约见师友，真是一家想起来令人心头暖洋洋的吃茶店。长久没到大宫了，当年学生街上的"多娜姿"吃茶店是否还在营业？

吃茶店是一种充满动感的公共社交空间，嘈杂甚至喧嚣，不比安静的书房和工作室。但有人偏偏就喜欢这种氛围，更难得的是能在这种环境下集中注意力并产生成果，令人不得不惊叹日本吃茶店的特殊魔力。十年前去世的作家井上厦，家里有阔绰的书房，却习惯以吃茶店为自己的"写作工坊"，几十年如一日，通勤似的往返于家与固定吃茶店之间，在他心仪的店里有自己的专用包厢或指定席位。他在那里写文章、读书或与媒体编辑会面洽谈，也在那里用餐、打瞌睡，吃茶店成了他的家外之家。日本最权威的莎士比亚研究家小田岛雄志，早年家居狭隘，没有独立书房，大学上课之外以临街的吃茶店为书房。著作等身、治学生涯的绝大多数成果就是在店里一角的小方桌上写成的。后来换了新居，住上了带庭院的独户小楼，但要治学写作，还得走几条街到稔熟的吃茶店才能动笔，家里宽绰漂亮、功能齐全的书房反倒成了摆设和书刊收纳库。

一花开五叶，结果自然成

拙著《日本茶道一千年》脱稿并即将付梓之际，我在感到一种如愿以偿的快慰之余，又有几分未能尽意的缺憾，赘言几句，权当后记。

本书是我多年来涉猎日本茶道文化的一些研究心得和习作。作为业余爱好者涉足这一领域，已有多年。如果从第一篇发表在《中国烹饪》杂志的《东瀛茶道见闻录》（2001年第7期）算起，到近期刊发于《寻根》杂志的《径山茶禅，传脉扶桑》（2020年第3期），也有20年。积累下来的上百篇长短文字，只是浅尝辄止的遣兴而已。将部分旧作重新进行整理归类，汇成一书，分别从日本茶道文化发展脉络，以及茶人茶事等方面，展现日本茶道文化千年流变的基本风貌。

形而上者谓之"道"，"道"意味着最高规范与法则，因此本书的写作，主要聚焦于作为思想文化史的日本茶道这一主题，重在勾勒其作为一种文化形式的发展演变轨迹，并揭示其发展演变的内在逻辑，而对于其中具体的技术制作或法式的展示则尽可能从简，因此本书不是作为茶道操作指南书。固然"技"与"道"，互为表里，谈论茶道当然要从技术开始，但过分拘泥于此，最后还是止于"技"，而与"道"相远了。

中国茶文化东传扶桑，是古代中日文化交流的结晶，也是历史上中国主导的海上丝绸之路在东亚海域留下的又一绚丽壮美的史诗。每触及这一话题，首先浮上心头的是如下四句：

> 吾本来兹士，
>
> 传法救迷情。
>
> 一花开五叶，
>
> 结果自然成。

这四句偈语载于《六祖坛经》"付嘱第十"，据传为达摩传道心法，说的是佛教传入中国后，所创立的禅宗分流繁衍派枝繁叶茂的盛况。其中以"一花开五叶，结果自然成"两句最广为人知，也最富内涵。"一花"即是禅宗之源，即达摩传入中土的如来禅；"五叶"则有两种说法：一种说法是，达摩东渡传道以后，禅宗经过发展演变形成五大宗派，即沩仰、临济、曹洞、法眼、云门南禅五宗；另一种说法是，自达摩之后，又历经慧可、僧璨、道信、弘忍、慧能五代，禅宗一门堂皇始大并臻于大成，成为中国佛教第一大宗。"一花开五叶，结果自然成"这两句的意思大致是，不管修哪个宗派，无论追随哪位祖师，最后指向的结果都是为了自性解脱，最终都会通往成佛之路。

如果不拘泥于指向的具体语境，将这两句话用来形容某种原生文化在对外传播过程中所呈现出的奇观，也是很贴切的，比如中国茶文化的海外流播，——实际上"一花开五叶"的翰墨就经常以茶挂的方式出现在日本的茶道空间里。通过对日本茶道美学的追根溯源，可以发现，在形式上，它受惠于唐宋的吃茶礼仪；在哲学理念上，则起源于中国的禅宗文化；在艺术创新上，茶道则深深扎根于日本自古以来一脉相承的审美传统。

众所周知，中国是世界茶文化的母国，无论从茶树的原生，还是茶的开发和利用，无不起源于中国。在历史上，茶叶从陆地上沿着古老的商道往西传到印度，后来又进一步传到中亚、西亚；起始于闽北武夷山的万里茶道向北传入广阔的西伯利亚；在海上商路，茶叶以福建沿海港口为起点，经由海上丝绸之路，向南经东南亚，再向西流传到欧美；向东传到朝鲜半岛和位于世界最东端的日本列岛。这个过程最意味深长的是，往西、往北、往南传播的茶叶，后来成了该地区的重要饮料和商品；而东传到朝鲜、日本等汉字文化圈的茶，则在中国文化的影响下，逐渐形成了极富东方文化气质的茶文化。尤其在日本，成为一种超越茶的植物学、农艺学、饮食学领域，进入一种形而上的"道"的层面，不仅是一种追求"和、敬、清、寂"的灵修仪典，也是一门熔建筑、造园、书画、插花、饮食、陶艺、插花为一炉，融日常生活与审美体验为一体的艺术宗教——日本茶道。

茶道艺术可以说是日本将外来文化进行本土化改造的成功范例，是日本的国粹之一。自日本有史以来，没有一种外来文化能像茶一样全方位影响日本人的物质和精神文化生活。在日本，茗饮既是一种日常生活，更是一场审美体验，一种心灵的试炼与修行。与自然为友，以简素为美，以侘寂为风雅，在残缺的生命中成就某种完美——在这种生命哲学的观照下，茶就脱离了日常饮品的范畴，上升到一种艺术审美的超然境界：日常琐事无处不是禅，一杯清茶中可见大千世界，从啜饮的须臾之间体味人生的永恒。流风所及，千百年来，以禅宗为底蕴的茶道美学全面塑造了日本人的文化心理。直到今天，如果到日本，我们依然可以从日本人的家居、园艺、料理、文学、美术，甚至服装时尚去感受这种美学传统在岛国留下的文化烙印。作为汇集日本古典文化的一大综合艺术，茶道可以说是理解日本文化的最佳切入口。对此，不妨借助冈仓天心在其茶论经典《茶之书》中的相关阐释来加以认识：

> 茶道大师们对艺术所做出的贡献真是不胜枚举。古典时期的建筑及室内装潢，受他们彻底革新，成为之前在"茶室"一章所提到的建筑风格，甚至进而影响到16世纪之后的皇宫与寺庙。多才多艺

的小堀远州，在世上留下许多证明自己天赋的伟大痕迹：桂离宫、名古屋城、二条城以及孤蓬庵。每一座著名的日式花园，都是由茶道大师所擘划的。在茶会中所使用的器皿，必须仰赖制陶师运用精心巧思，并且全力以赴。可知日本的制陶水平，若不是受到茶道大师的启发，恐怕没办法达到后人所见的那般杰出的程度，任何研究日本陶瓷者，对所谓的远州七窑定是耳熟能详。许多中国的织品，是以其设计花色的茶道大师为名。事实上即是：无论哪个艺术部门，必然可见茶人的踪迹。去提及他们对他们在漆器和绘画等方面的影响，根本就是多此一举。日本绘画中有一个极为重要的流派，那是以茶道大师本阿弥光悦为始祖，他同时也是一位制陶家与漆器艺术家。光彩如他孙子光甫，以及光甫之甥光琳与干山的作品，在光悦本人的创作之旁，他几乎变得黯淡无光。整个琳派，可以说都是在呈现茶道精神，我们似乎可以由他们所爱用的粗犷的笔触中，感受到大自然的生命力。

　　茶人带给艺术的影响如此之大，然而与其他的生活面比起来，恐怕还是微不足道。不只是社会利益的惯俗，甚至在日本人任何的居家的细枝末节，都可以见到茶道大师的影子。许多精致料理的做法，以及上素菜的方式，是他们的发明；待在家中必须着素色衣装，是衙门的教诲；赏花弄草，以什么样的态度才属应该，是他们的要求。他们强调人类生来即爱好的简谱，并且展现出谦逊退让所具有的优美风采。事实上，茶在他们的宣扬之下，成了人们生活的一部分。（《茶之书》，冈仓天心著，谷意译，山东画报出版社，2010年）

　　茶道大师作为一流的艺术家对日本的艺术与生活美学等诸领域所产生的重大影响，冈仓天心充分的肯定和高度的礼赞，可以说是淋漓尽致、风光无限。我也是在以往读到冈仓天心《茶之书》，才对日本茶道有了更全面的认识。由此感到，茶道在理解日本文化的过程中的确有一斑窥豹的作用。

基于这种认知，我萌生写一本"私家日本茶道史"的书。从文化史和思想史的视角，对日本茶文化的千年发展历程，以及在茶道美学影响下的各种艺术和生活领域进行简单的勾勒，为中国茶文化爱好者提供了解日本茶道的基本路径。既然定位为私家著述，难免带有较为浓厚的个人色彩，也就是在写作上的个性化。本书刻意规避教科书或学院式的宏大架构，从小处切入，再纵向贯穿与横向拓展，力图展示一个比较完整全面的茶文化发展图景。具体来说，以人物故事的展开来带动文化图像的扫描这样一个写作模式，因为人才是文化创造的主体，研究一种文化，就要"不遗余力研究人，推究人"。本书从中国茶东传日本的平安时代（794—1185）到日本茶道走向世界的明治时代（1868—1912）这一千多年的历史长河中，对其发展、嬗变和最终宣告完成的历程进行追根溯源的求索。从以大僧都永忠为代表的遣唐僧、嵯峨天皇，以荣西明庵为代表的渡宋僧，以及足利义满、足利义政、能阿弥、一休宗纯、村田珠光、武野绍鸥、千利休、松平不昧、井伊直弼、田能村直入、山中吉郎兵卫（簔笠翁）、住友春翠、岩崎弥太郎等，一直到将日本茶道推向世界的冈仓天心，将日本茶道史上继往开来的十八个文化人物，从生平事迹到美学创造，展示于笔端。行文上，在尊重历史事实和权威文献的前提下，力求通达晓畅，并且加入自己旅居日本期间亲炙茶事的体验、田野调查和旅途感受，以期构建一部翔实严谨而又新鲜活泼的日本茶道文化史。

需要指出的是，以我的专业出身、学问素养或从业经验，本不足以写出这样一部学术著作。我既不是受过严格茶道修炼的业界中人，研究领域方面甚至和茶文化也不沾边，充其量只能算是一个茶文化爱好者，如白居易笔下的"爱茶人"（《山泉煎茶有怀》有云：坐酌泠泠水，看煎瑟瑟尘。无由持一碗，寄予爱茶人）而已。激发我20年来甘之如饴从事这一领域读写钻研的最大动力，首先是源于自身对茶文化由衷的兴趣和嗜好，另外还有些许寻根探源的研究兴趣，以及对日本文化特质的某种心得感悟。

我从小生活在铁观音工夫茶文化十分浓郁的闽南，种茶、做茶、贩茶曾是祖上的家传生计，至今生生不息。茶不仅是寻常百姓居家的"开门七件事"之一，也构成地域民俗文化的一个重要特色。以茶为媒介，闽南沿海还和广阔的世界建立起强韧的连带关系，不仅是泉州刺桐港、漳州月港，还有近世以来"以茶开港"而著称于世的厦门港等，历史上都是海上茶路的主要起点，可以说闽南沿海的每一座山，每一条河，每一个码头，乃至每一条街道，至今依然飘逸着乌龙茶叶的芳香。因此，行踪所到之处，对于当地的茶事首先就有一种与生俱来的稔熟与亲近，然后是持久的关注、观察与琢磨。犹记得20世纪90年代初到日本，有机会接触日本茶事，惊诧于日本茶道与中国茗饮的巨大差异。这种诧异，不知不觉间转而成为一种研究兴趣。初来乍到，我曾在一家寿司老铺勤工俭学，百年老字号自有一套世代相承的待客之道，连端茶送水之类的细节都很考究。我所在的学校为留学生开设日本文化课，在任课老师的带领下前往各种茶文化中心亲身体验茶道的做法和礼仪，结识茶道师匠，也在好奇心和求知欲的驱使之下研读相关专业著作。我在日本接触的第一本茶文化著作，是历史小说家陈舜臣的《茶事遍路》。这本购于神田书店街地摊上的二手书是我研究茶文化的入门之书。虽然所论几乎全是中国茶事，但小说家一支生花妙笔深入浅出，处处紧扣日本茶道与中国的不解渊源，写得非常流利生动，不仅提供了丰富的茶文化知识，直接或间接也为我进一步了解日本茶道提供了门径。以这本书的阅读垫底，我又购读了久松真一的《茶道的哲学》等现代茶道文化论著。正是由于这种爱好的推动，在旅日数年间通过阅读、交游、实地考察和走访，我对日本茶事有了大致完整的了解和认知。归国后短暂的赋闲中，我开始有意识地把日本文化作为一个题目来写。而切入口，就是我所熟知的日本饮馔之道，而其中写得最多的就是日本茶道文化，其间一度还为本地晚报写过专栏。一方面希望以亲身体验和文献研究给予中国茶文化爱好者一个比较完整的日本茶道文化的真实面貌；另一方面也希望通过对日本茶文化的阐述，揭示出日本文化的某些特质，让中国读者对日本文化或日本人的审美意识有另一个侧面的解读路径。当时恰逢茶文化热在国内兴起，这些研究日本茶文化的习作颇受报刊垂青，几年间刊发在《中国烹饪》《华夏美食》《东方美食》《海峡茶道》《书屋》《书城》等各种期刊的习作也有百来篇，历年收集起来的习作样刊，积了满满一大纸箱。这些束之高阁的旧作后来有幸得到湖南长沙《书屋》编辑部副主编刘文华老师的谬赏，建议我集结成书，并热心为此书的出版牵线搭桥。2020年8月炎夏，刘老师与资深出版人董曦阳莅临厦门商议出版事宜，在筹划的最初几本出版物中，本书也有幸列入。本书能出版问世，完全拜刘文华、董曦阳两位师友的提携襄助之所赐，如此高谊厚爱，世间难得。此外，厦门著名藏书家、文友兼茶友张云良兄在我执笔此书期间曾给予种种有益教示，并慨然提供诸多难得的参考文献，友人间的温情一并记之于此，铭感不忘。

值得庆幸的是，承蒙文化发展出版社的厚爱，本书成为继《日本，一种纸上的风景》和《摆渡人：塑造日本文化的24人》之后在该社出版的第三本书，而且有幸继续由肖贵平老师担任本书的责编，更是喜出望外。在本书进入编辑出版之际，得到肖老师和社里领导的具体指导和多方建议，拙著如能以稍微理想的面貌出版问世，那也与肖老师的指教斧正之功密不可分，在此致以诚挚的感激。

局限于个人趣味和研究水准，我没能将本书写成一部严格意义上的学术著作，充其量只是一部打上个人烙印的日本茶道思想史的文化随笔而已。茗饮之道，虽小犹大，它所涉及的领域如此之广，门道如此之深，很多话题远不是我这种"爱茶人"所能置喙的。因此，书稿虽告一段落，但留下的缺憾多多，还有需要留待今后继续系统深入研究。比如，受限于篇幅，书中对于日本茶道与中国茶艺之间的共性与差异性，无论从具体表现到学理逻辑的阐述都显得薄弱；又如，虽说"茶禅一味"，但具体到禅宗在茶道形成和最终确立过程中所发挥的作用，虽有所触及但不够深入而显得浮光掠影；还有对于与茶道密切相关的其他艺术领域，如造园、插花和陶艺，则限于专业修养未能做更深一层的探究；此外，还有茶道作为一种古典文化，在日本应对西方文化冲击的过程中如何满血复活，并在西方世界获得广泛而持久的影响力等等。因为学力不足，资料欠缺和时间仓促，书中贻笑方家之处更是在所难免，种种文责全在于己。

呦呦鹿鸣，求其友声。将多年心得刊印于书，既是对自己多年的研究进行一番梳理小结，与同好如切如磋的同时，也希冀得到各位方家和读者的勘误指正，为本书今后进一步修订完善提供宝贵参考。

中日文化交流，是一个说道不尽的话题，茶是一个最恰当的切入口，就当作为这段伟大的历史叙事献上的一朵五叶花。有道是：

华夏嘉木，东传扶桑。以茶为道，千年流芳。花开五叶，叶叶可观。山川异域，日月同光。

周朝晖
辛丑年阳春三月于海沧嵩屿渔湾

参考文献

[1] [美]威廉·乌克斯.茶叶全书[M].侬佳,刘涛,姜海蒂,译.北京:东方出版社,2011.

[2] [日]陈舜臣.茶事遍路[M].晓潮,译.桂林:广西师范大学出版社,2009.

[3] 吴觉农.茶经述评[M].成都:四川人民出版社,2019.

[4] [日]吉田孝.日本诞生[M].周萍萍,译.北京:新星出版社,2019.

[5] 汪祖荣.古代中日关系史话[M].北京:中国青年出版社,1999.

[6] 刘可维.丝路的最东端:从倭国到日本[M].北京:商务印书馆,2019.

[7] 赵大川.径山茶图考[M].杭州:浙江大学出版社,2005.

[8] [日]松崎芳郎.年表:茶の世界史[M].东京:八坂书房,2012.

[9] [日]森本司朗.茶史漫话[M].孙加瑞,译.北京:农业出版社,1983.

[10] 王仁湘,杨焕新.饮茶史话[M].北京:社会科学文献出版社,2012.

[11] [日]桑田忠亲.茶道六百年[M].李炜,译.北京:十月文艺出版社,2016.

[12] [日]桑田忠亲.千利休:その生涯と芸术の业绩[M].东京:中央公论,1981.

[13] [日]久松真一.茶道の哲学[M].东京:讲谈社,1987.

[14] [日]桑田忠亲.千利休[M].京都：宫带出版社，2011.

[15] [日]熊仓功夫.南方録を読む[M].京都：淡交社，1983.

[16] [日]田中仙翁.茶道的美学[M].蔡敦达，译.南京：南京大学出版社，2013.

[17] 沈冬梅.禅与宋代社会生活[M].北京：中国社会科学出版社，2015.

[18] [日]奥田正造，柳宗悦等.日本茶味[M].王向远，译.上海：复旦大学出版社，2018.

[19] [日]青木正儿.华国风味[M].范建明，译.北京：中华书局，2005.

[20] [日]北大路鲁山人.食神漫笔：你不了解的日本料理[M].杨晓钟等，译.西安：陕西人民出版社，2014.

[21] [日]北大路鲁山人.鲁山人说陶[M].何晓毅，译.北京：北京联合出版公司，2019.

[22] [日]黑田草臣.美と食の天才　鲁山人[M].东京：讲谈社，2007.

[23] [日]青木直己.3000岁的和菓子：日本风味人间[M].五俊英，译.北京：社会科学文献出版社，2019.

[24] [日]荣西禅师.吃茶记[M].施袁喜，译.北京：作家出版社，2018.

[25] [美]梅维恒，郝也麟.茶的真实历史[M].高义海，微堪，译.上海：生活·读书·新知三联书店，2018.

[26] [日]平凡社丛书.小堀远州：绮丽さびのこころ[M].东京：平凡社，2009.

[27] [日]町田宗心.片桐石州の生涯[M].东京：光村推古书院，2005.

[28] [日]讲谈社编.片桐石州の茶[M].东京：讲谈社，1987.

[29] [日]山中吉郎兵卫.青湾茗宴图志[M].杭州：浙江人民美术出版社，2018.

[30] [日]富田升.近代日本的中国艺术品流转与鉴赏[M].赵秀敏，译.上海：上海书画出版社，2014.

[31] 纯道.日本茶挂：中国禅宗美学智慧读本[M].上海：文汇出版社，2018.

[32] [日]柳宗悦.茶与美[M].李启彰，译.南京：江苏凤凰文艺出版社，2019.

[33] [日]冈仓天心.茶之书[M].谷意，译.济南：山东画报出版社，2010.

[34] 孙宜学.从泰戈尔到莫言：百年东方与西方[M].上海：生活·读书·新知三联书店，2015.

[35] 闻中.瑜伽文库11：印度近代瑜伽之光——辨喜的生平·思想与影响[M].成都：四川人民出版社，2019.

[36] [日]寿岳章子.千年繁华：京都的街巷人生[M].上海：生活·读书·新知三联书店，2000.

[37] 福建省委对外宣传办公室编撰."八闽茶韵"丛书：福建茶话[M].福州：福建科学技术出版社，2019.

[38] 谢必震，胡新.中琉关系史料与研究[M].北京：海洋出版社，2010.

[39] 赵大川.径山茶图考[M].杭州：浙江大学出版社，2005.

[40] [日]谷崎润一郎.阴翳礼赞[M].陈德文，译.上海：上海译文出版社，2010.

[41] 夏子阳，陈侃，萧崇业.使琉球录三种（全）.台湾文献史料丛刊 第三辑（55）[M].北京：人民日报出版社，台湾大通书局，2009.

[42] [日]吉村喜彦.食べる 飲む 聞く：冲绳——美味の岛[M].东京：光文社，2006.

[43] [日]石毛直道.日料的故事：从橡子到寿司的食物进化史[M].关剑平，译.杭州：浙江人民出版社，2018.

[44] 蔡定益.香茗流芳：明代茶书研究[M].北京：中国社会科学出版社，2017.

[45] [日]冈田武彦.简素[M].钱明，译.北京：社会科学文献出版社，2016.

[46] [日]大久保洋子.江户食空间[M].孟勋，陈令娴，林品秀，译.北京：中国工人出版社，2019.

[47] [日]熊仓功夫，姚国坤编.荣西《吃茶养生记》研究[M].京都：宫带出版社，2014.

[48] [日]诹访胜则，古田织部.引领美学革命的武家茶人[M].东京：中央公论新，2016.

[49] [日]山本兼一.寻访千利休[M].陈丽佳，译.重庆：重庆出版社，2016.

[50] 孙机.中国古代物质文化[M].北京：中华书局，2014.

[51] 滕军.日本茶道文化概论[M].北京：东方出版社，1997.

[52] 滕军.中日茶文化交流史[M].北京：人民出版社，2004.

[53] 张建立.艺道与日本国民性[M].北京：中国社会科学出版社，2014.

[54] 关剑平.茶禅：礼仪与思想[M].北京：中国农业出版社，2017.

[55] 关剑平.茶与中国文化[M].北京：人民出版社，2001.

[56] 关剑平.禅茶：清规与茶礼[M].北京：人民出版社，2014.